高等院校"十二五"规划教材

画法几何与机械制图

刘伟　王军锋　主编

张彬　张新予　刘书灵　副主编

人民邮电出版社

北京

图书在版编目（CIP）数据

画法几何与机械制图 / 刘伟，王军锋主编. -- 北京：
人民邮电出版社，2014.9（2019.3重印）
高等院校"十二五"规划教材
ISBN 978-7-115-36757-0

Ⅰ. ①画… Ⅱ. ①刘… ②王… Ⅲ. ①画法几何－高
等学校－教材②机械制图－高等学校－教材 Ⅳ.
①TH126

中国版本图书馆CIP数据核字(2014)第183933号

内 容 提 要

全书共分为15章，主要内容包括：制图基本知识与技能，投影法和三视图，点、直线、平面的投影，投影变换，直线平面的相互关系，基本体的视图，立体表面的交线，组合体的视图，轴测图，机件的表示法，标准件与常用件，零件图，装配图，展开图和焊接图，以及计算机绘图简介。与本书配套使用的《画法几何与机械制图习题集》同时出版。

本书各章均配备了较多的立体效果图，便于教师讲课以及学员的自学和理解。

本书及配套习题集适合于高等院校机械类专业教学，也可供其他相关专业使用和参考。

◆ 主　　编　刘　伟　王军锋
　　副主编　张　彬　张新予　刘书灵
　　责任印制　吴宏伟
　　执行编辑　喻智文
　　责任编辑　张佳莹　杨林杰

◆ 人民邮电出版社出版发行　北京市丰台区成寿寺路 11 号
　　邮编　100164　电子邮件　315@ptpress.com.cn
　　网址　http://www.ptpress.com.cn
　　固安县铭成印刷有限公司印刷

◆ 开本：787×1092　1/16
　　印张：22　　　　　　　　2014 年 9 月第 1 版
　　字数：544 千字　　　　　2019 年 3 月河北第 7 次印刷

定价：45.00 元
读者服务热线：(010)81055256　印装质量热线：(010)81055316
反盗版热线：(010)81055315

　　本书是根据教育部 2005 年制定的"普通高等学校工程图学课程教学基本要求（机械类适用）"，在听取多所院校的意见和建议，总结了作者多年教学实践经验的基础上编写而成的。

　　本书的编写本着在传授知识的同时，注重学生智能的培养，以及加强基础、拓宽知识面、增加适应性的思想，以培养学生绘制和阅读工程图样为目的，解决生产实际问题为准则，对传统的画法几何与机械制图课程内容进行了改革。

　　全书按照画法几何、制图基础、机械图、展开图和焊接图 4 大部分形成体系。在编写时既注意了各章的独立性，也注意了章与章之间的前后呼应、彼此联系。使用时教师可根据专业、学时的不同，对教学内容进行适当地取舍。

　　本书在编写中，既重视基本理论的系统阐述，又注意对基本方法和基本技能的训练，同时还严格贯彻有关的国家标准。在培养学生逻辑思维与形象思维的基础上，注意把投影理论与绘图、读图有机地结合起来，由浅入深地培养学生分析问题、解决问题的能力。使学生通过本课程的学习，能够绘制和阅读中等复杂程度的机械图样。

　　在内容编写上，考虑到便于教师组织教学的同时，注重满足学生自学和课后的消化吸收。在文字叙述上，力求做到通俗易懂，简明扼要；在图例选取上，尽量采用经典模型、挂图，机械图部分所选的实例尽量贴近工程实际。

　　本书具有以下几个特点。

　　（1）将制图基本知识与技能作为第 1 章内容，并将绘图工具使用放在最前面介绍，突出了本课程的实践性及遵循国家标准的重要性。

　　（2）将三视图放在点、线、面投影之前介绍，意在首先给学生以感性认识，由具体到抽象，并使三视图的"长对正、高平齐、宽相等"的投影规律贯穿课程的始终。

　　（3）保留了与工程应用关系密切的换面法，并把换面法放在点、直线、平面的投影之后，保证了知识系统的完整性。

　　（4）采用了相关的最新国家标准与行业标准，突出了图样的标准化。

　　（5）加强了第三角画法的内容，以满足国际化就业需求。

　　（6）各章前列有学习目标，章内配有"要点提示"，及时指出知识的要点和绘图的技巧，起到画龙点睛的作用，便于学生自学。

　　本书的参考学时共 120 学时，其中实践环节为 48 学时。各章的参考学时参见下面的学时分配表。

模 块	课程内容	学时分配	
		讲 授	实 训
第 1 章	制图基本知识与技能	4	4
第 2 章	投影法与三视图	2	2
第 3 章	点、直线、平面的投影	6	
第 4 章	投影变换	4	
第 5 章	直线、平面的相互位置	4	
第 6 章	基本体的视图	4	
第 7 章	立体表面的交线	6	
第 8 章	组合体的视图	6	4
第 9 章	轴测图	2	2
第 10 章	机件的表示法	10	4
第 11 章	标准件与常用件	6	2
第 12 章	零件图	6	4
第 13 章	装配图	6	24（包括测绘 16）
第 14 章	展开图和焊接图	2	
第 15 章	计算机绘图简介	4	2
	课时总计	72	48

　　本书由江西理工大学应用科学学院刘伟、王军锋担任主编，由张彬、张新予、刘书灵担任副主编。

　　由于编者水平有限，书中难免有缺陷或不当之处，敬请广大读者批评指正。

编　者

2014 年 5 月

目　　录

第 1 章　制图基本知识与技能

【学习目标】

- 正确、熟练地使用常用绘图工具。
- 掌握国家标准中关于图纸幅面代号、格式、比例、图线和字体的规定及画法。
- 了解尺寸标注的基本规定。
- 掌握线段及圆的等分画法、斜度和锥度的画法及标注。
- 熟练掌握椭圆、圆弧连接的几何作图方法。
- 学会分析平面图形的线段和尺寸，并掌握其画图步骤。

为了能够画出符合国家标准要求的机械图样，首先必须了解国家标准关于制图的有关规定，掌握常用绘图工具的使用、常见几何图形的作图方法，学会分析平面图形并标注尺寸。

1.1　常用绘图工具的使用

只有学会正确使用绘图工具，才能保证绘图质量、提高绘图速度。因此，学生必须首先养成正确使用绘图工具的良好习惯。

1.1.1　图板

图板用于铺放和固定图纸，如图 1-1 所示。图板作为画图时的垫板，表面要平整而光滑，图板的左边作为丁字尺的导边，必须平直。图纸一般用胶带纸固定在图板的左下部。

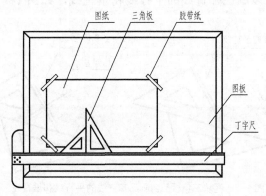

图 1-1　图板和丁字尺等

1.1.2　丁字尺

丁字尺由相互垂直的尺头和尺身组成，如图 1-1 所示。丁字尺与图板配合使用，主要用来画水平线。使用时，必须将尺头紧靠图板导边做上下移动，右手执笔，沿尺身工作边自左向右画线，如图 1-2 所示。

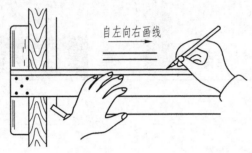

图 1-2　丁字尺与图板配合画水平线

1.1.3　三角板

一副三角板由 45° 等腰直角三角板和 30°、60° 的直角三角板各一块组成。

三角板与丁字尺配合，可画垂直线，如图 1-3 所示。三角板与丁字尺配合还可以画与水平线成 15° 倍数角的斜线，如图 1-4 所示。

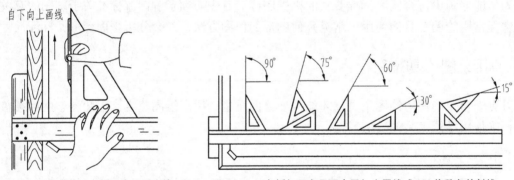

图 1-3　丁字尺与三角板配合画垂直线　　　图 1-4　三角板与丁字尺配合画与水平线成 15° 倍数角的斜线

两块三角板配合还可以画已知直线的平行线和垂直线，如图 1-5 所示。

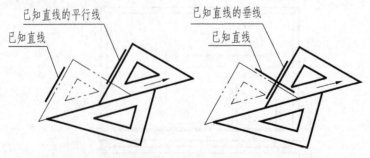

图 1-5　两块三角板配合画已知直线的平行线和垂直线

1.1.4 圆规

圆规用来画圆或圆弧。圆规的两脚中一个为固定插脚,另一个为活动插脚。固定插脚上钢针两端的形状有所不同,带有台阶的一端用于画圆或圆弧时定圆心,台阶可以防止图纸上的针眼扩大而造成圆心不准确。画圆时,活动插脚装上削磨好的铅芯,调整钢针的台阶与铅芯尖端平齐,笔尖与纸面垂直,使圆规顺时针旋转并稍向前倾斜,如图1-6所示。

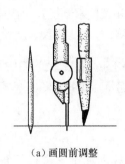 

（a）画圆前调整　　　　　　　　（b）画较大圆时应使两脚垂直于纸面

图1-6　圆规的用法

圆规的两个插脚若都装上圆锥形钢针可作为分规来使用。

1.1.5 分规

分规用来量取尺寸或等分线段,分规的两针尖要调整平齐,其用法如图1-7所示。

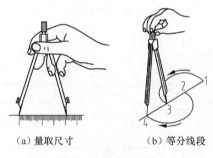

（a）量取尺寸　　　　　　　　（b）等分线段

图1-7　分规的用法

1.1.6 铅笔

绘图铅笔可分为多种型号,分别用H和B表示其软、硬程度。绘图时铅笔的选用推荐如下。

（1）画底稿用H或2H铅笔。

（2）写字、标注尺寸用HB铅笔。

（3）加深用B或2B铅笔。

铅笔的铅芯一般用砂纸磨成所需的形状,画底稿和写字时,应磨成锥形;加深粗实线时,应磨成矩形,如图1-8所示。

除了以上介绍的绘图工具外,绘图时还要用到固定图纸的胶带纸、橡皮、削铅笔的

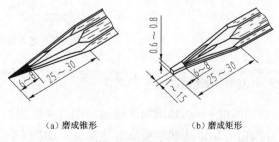

（a）磨成锥形　　　　　（b）磨成矩形

图1-8　铅芯的削磨

小刀、磨铅芯的砂纸、扫灰屑用的小刷、擦图片、画小圆的点圆规、量角器等。另外，还有按比例直接量度尺寸的比例尺，加深非圆曲线的曲线板，绘制图形中常用符号的专用模板等。

1.2 制图的基本规定

图样是工程界进行技术交流的语言，是产品设计、制造、安装、检测等过程中的重要技术资料。为了便于生产、管理和交流，国家标准《机械制图》和《技术制图》对图样的画法、尺寸标注等都做了统一规定。下面分别介绍图纸幅面和格式、比例、字体、图线、尺寸标注等基本规定。

 国家标准简称"国标"，代号为"GB"。例如，标准代号 GB/T 14689—1993，其中 T 为推荐性标准，14689 为该标准的编号，1993 为发布年份。

1.2.1 图纸幅面和格式

为了便于图纸的装订和管理，国家标准首先对图纸幅面和格式进行了统一的规定。

1. 图纸幅面

绘制图样时，应优先采用国标中规定的 5 种基本幅面，如表 1-1 所示。图纸幅面以 A0、A1、A2、A3、A4 为代号，基本幅面之间的大小关系如图 1-9 所示。幅面在应用中若面积不够大，则可以选用国家标准所规定的加长幅面，其尺寸由基本幅面的短边成整数倍增加后得出。

表 1-1　　　　　　　　　　图纸幅面及边框尺寸　　　　　　　　　　（单位：mm）

幅面代号	A0	A1	A2	A3	A4
宽度 B × 长度 L	841 × 1 189	594 × 841	420 × 594	297 × 420	210 × 297
c	10			5	
a	25				
e	20		10		

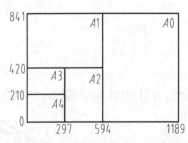

图 1-9　基本幅面之间的大小关系

2. 图框格式

在图纸上必须用粗实线画出图框来限定绘图区域。图纸可以横向或竖向放置。图框格式分为留有装订边和不留装订边两种，但同一产品的图样只能采用一种格式。留有装订边的图纸，其图框格式如图 1-10 所示，一般采用 A3 幅面横装或 A4 幅面竖装。不留装订边的图纸，其图框格式如图 1-11 所示。

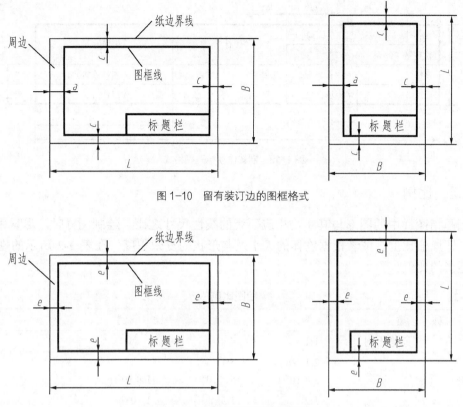

图 1-10 留有装订边的图框格式

图 1-11 不留装订边的图框格式

3. 标题栏

每张图纸的右下角都必须画出标题栏。国家标准中推荐的标题栏格式如图 1-12 所示。

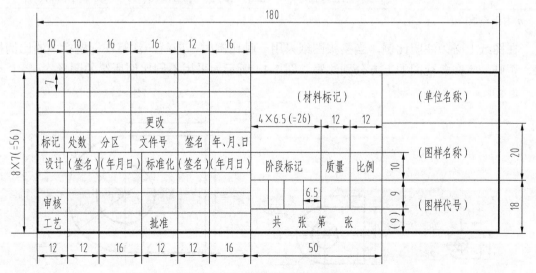

图 1-12 国标中推荐的标题栏

在学校的制图作业中，标题栏可以简化，建议采用图 1-13 所示的格式。

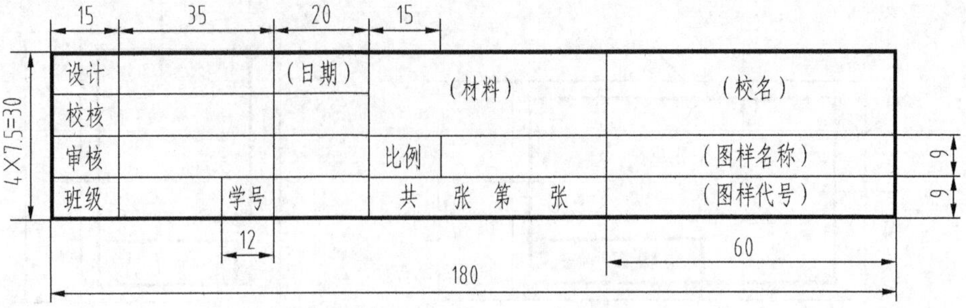

图 1-13 制图作业标题栏格式

1.2.2 比例

比例是指图样中的图形与其实物相应要素的线性尺寸之比。绘制图样时，尽量采用 1:1 的比例，即原值比例，或者根据物体的大小及其形状的复杂程度，在表 1-2 所示的规定系列中选取适当的比例。

表 1-2 　　　　　　　　　　　　　　**绘图比例**

种　　类		比　　　　例				
常用比例	原值比例	1:1				
	放大比例	2:1 $2 \times 10^n:1$	5:1 $5 \times 10^n:1$	$1 \times 10^n:1$		
	缩小比例	1:2 $1:2 \times 10^n$	1:5 $1:5 \times 10^n$	1:10 $1:1 \times 10^n$		
可用比例	放大比例	2.5:1 $2.5 \times 10^n:1$	4:1 $4 \times 10^n:1$			
	缩小比例	1:1.5 $1:1.5 \times 10^n$	1:2.5 $1:2.5 \times 10^n$	1:3 $1:3 \times 10^n$	1:4 $1:4 \times 10^n$	1:6 $1:6 \times 10^n$

注：n 为正整数。

在图纸上必须注明比例，当整张图纸只用一种比例时，应统一注写在标题栏中的比例栏内，否则，应在各视图的上方分别注写。图 1-14 所示为采用不同比例所绘的图形。

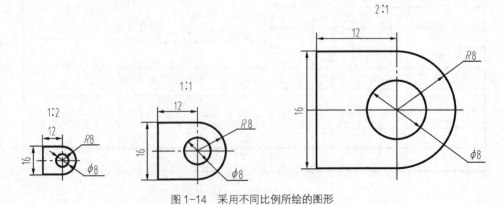

图 1-14 采用不同比例所绘的图形

无论采用何种比例画图，图形中所标注的尺寸都必须是物体的实际尺寸。

1.2.3　字体

图样中字体的号数即字体的高度用 h 表示，其尺寸系列为 1.8 mm、2.5 mm、3.5 mm、5 mm、7 mm、10 mm、14 mm 和 20 mm。如果需要写更大的字，其字体高度应按 $\sqrt{2}$ 的比率递增。

1. 汉字

图样中的汉字应写成长仿宋体。汉字的高度 h 不应小于 3.5 mm，其字宽一般为 $h/\sqrt{2}$。长仿宋体字的书写要领是横平竖直、起落有锋、结构均匀及填满方格。图 1-15 所示为长仿宋体字的书写示例。

10 号字	齿轮油泵　机用虎钳　减速箱
7 号字	机械设计院　机械制图　技术要求　说明
5 号字	制图　审核　姓名　日期　比例　材料　数量　图号
3.5 号字	螺纹齿轮端子接线飞行指导驾驶舱位挖填施工引水通风闸阀坝棉麻化纤

图 1-15　长仿宋体字的书写示例

2. 字母和数字

字母和数字分为 A 型和 B 型。A 型字体的笔画宽度 d 为字高 h 的 1/14，B 型字体的笔画宽度 d 为字高 h 的 1/10。在同一张图纸上，只允许选用一种形式的字体。字母和数字可写成直体或斜体。斜体字的字头向右倾斜，与水平基准线成 75°。

图样上一般采用 A 型斜体字。图 1-16 所示为字母和数字的书写示例。

- 大写斜体字母

ABCDEFGHIJKLMNOPQRSTUVWXYZ

- 小写斜体字母

abcdefghijklmnopqrstuvwxyz

- 斜体数字

0123456789

I II III IV V VI VII VIII IX X

图 1-16　字母和数字的书写示例

1.2.4　图线

1. 图线及其应用

机械图样中常用的图线名称、形式、宽度及其应用如表 1-3 所示。图线应用的示例如图 1-17 所示。

表 1-3   图线

图线名称	图线形式	图线宽度	图线应用举例（见图 1-17）
粗实线	———————	b=0.5～2 mm	可见轮廓线
细实线	———————	约 $b/2$	尺寸线、尺寸界线、剖面线、重合断面的轮廓线及指引线等
波浪线	～～～～～	约 $b/2$	断裂处的边界线、视图和剖视的分界线
细虚线	– – – – –	约 $b/2$	不可见轮廓线
粗虚线	▬ ▬ ▬ ▬	b	允许表面处理的表示线
双折线	—⌇—⌇—	约 $b/2$	断裂处的边界线
细点画线	—·—·—·	约 $b/2$	轴线、对称中心线等
粗点画线	▬·▬·▬·	b	有特殊要求的线或表面的表示线
细双点画线	—··—··—	约 $b/2$	极限位置的轮廓线、相邻辅助零件的轮廓线等

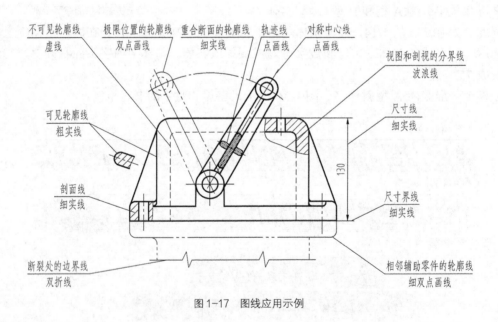

图 1-17　图线应用示例

2. 图线画法的注意事项

（1）在同一图样中，同类图线的宽度应基本一致。

（2）在同一图样中，虚线、点画线及双点画线的线段长度和间隔应各自大致相等。

（3）绘制圆的中心线时，点画线应超出轮廓 3～5 mm，圆心应为线段的交点。点画线和双点画线的首尾两端应是线段而不是点。

（4）图线与图线相交时，应恰当地交于画线处。

（5）两条平行线之间的最小间隙不得小于 0.7 mm。

1.2.5 尺寸注法

1. 基本规则

（1）机件的真实大小应以图样上所注的尺寸数值为依据，与图形的大小及绘图的准确度无关。

（2）图样中的尺寸以 mm 为单位时，无须标注计量单位的代号或名称，如采用其他单位，则必须注明相应的计量单位的代号或名称。

（3）图样中所标注的尺寸为该图样所示机件的最后完工尺寸，否则应另加说明。

（4）机件的每一尺寸一般只标注一次，并且应标注在反映该结构最清晰的图形上。

（5）标注尺寸时应尽可能使用符号和缩写词。尺寸数字前后常用的特征符号和缩写词如表 1-4 所示。

表 1-4 　　　　　　　　　　　　　常用的特征符号和缩写词

名　　称	符号和缩写词	名　　称	符号和缩写词
直径	ϕ	45° 倒角	C
半径	R	深度	⊤
圆弧	⌒	沉孔或锪平	⊔
球直径	$S\phi$	埋头孔	⌄
球半径	SR	斜度	∠
厚度	t	锥度	◁
正方形	□	均布	EQS

2. 尺寸的组成

一个完整的尺寸包括尺寸界线、尺寸线和尺寸数字 3 个要素，如图 1-18 所示。

（1）尺寸界线。尺寸界线表示所注尺寸的范围，用细实线绘制。尺寸界线应从图形的轮廓线、轴线或对称中心线处引出，也可以直接利用轮廓线、轴线或对称中心线作为尺寸界线。尺寸界线超出尺寸线箭头 2~3 mm。

（2）尺寸线。尺寸线表示尺寸的度量方向，用细实线绘制，不能用其他图线来代替，也不能画在其他图线的延长线上。标注线性尺寸时，尺寸线必须与所注的线段平行，其间隔或平行的尺寸线之间的间隔应尽量保持一致，不能小于 7 mm。在标注互相平行的尺寸时，应把小尺寸注在里面，大尺寸注在外面。

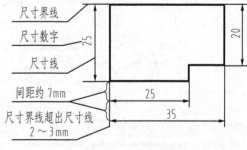

图 1-18 尺寸的组成

尺寸线终端有箭头和斜线两种形式，图样中一般采用箭头作为尺寸线终端。尺寸线终端的画法如图 1-19 所示。

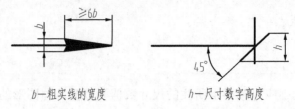

b—粗实线的宽度　　　　h—尺寸数字高度

图 1-19　尺寸线终端的画法

（3）尺寸数字。尺寸数字表示机件的实际大小。同一张图样上的尺寸数字的字高应一致，一般为 3.5 号字。尺寸数字一般应注写在尺寸线的中上方，并且不允许被任何图线所通过，当无法避免时，必须将图线断开。

3．常见的尺寸注法

常见的尺寸注法如表 1-5 所示。

表 1-5　　　　　　　　　　　　　常见的尺寸注法

项　目	图　例	说　明
线性尺寸	(a)　　　　　(b)	1．水平尺寸字头朝上，铅垂尺寸字头朝左，倾斜尺寸应保证字头朝上的趋势，如图例（a）所示 2．尽量避免在图例（a）所示 30° 范围内标注尺寸，当无法避免时按图例（b）所示形式标注
角度尺寸		角度数字一律水平方向书写，一般注写在尺寸线的中断处。必要时可写在上方或外面，也可引出标注
圆、圆弧及球面尺寸		直径、半径的尺寸数字前应加注符号"ϕ"、"R"，尺寸线按图例标注。球面尺寸应在"ϕ"或"R"前加注"S"

项　　目	图　　例	说　　明
小尺寸	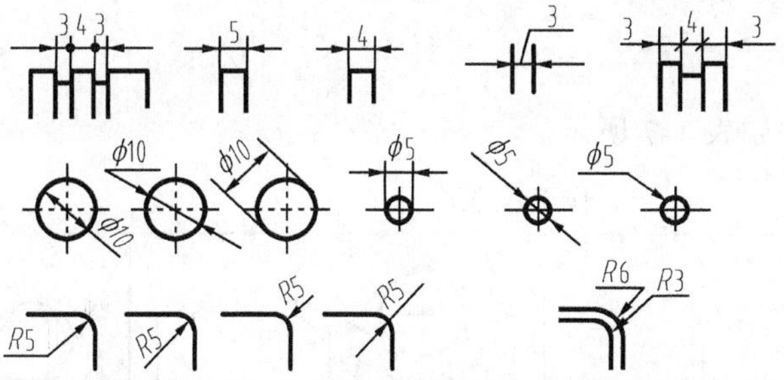	在没有足够的位置画箭头和写数字时，可按图例形式标注
弦长和弧长	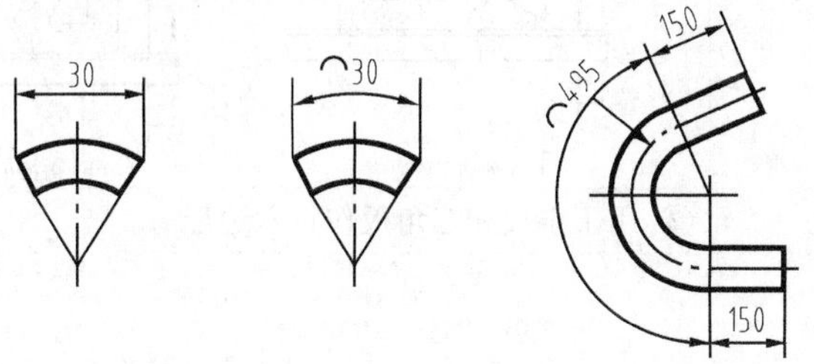 (a)　　　　(b)　　　　(c)	标注弦长或弧长的尺寸界线均应平行于该弦的垂直平分线，如图例（a）、（b）所示，当弧度较大时，也可沿径向引出，如图例（c）所示 标注弧长时，尺寸数字前应加注"⌒"

1.3 几何作图

在绘图过程中经常会遇到各种几何图形的作图问题，下面介绍几种最基本的几何作图方法。

1.3.1 等分线段

无论将已知线段进行几等分，等分的方法都是相同的。下面以六等分线段为例，来说明等分线段的作图方法，如表 1-6 所示。

表 1-6　　　　　　　　　　　　　　　　六等分线段

① 已知线段 *AB*	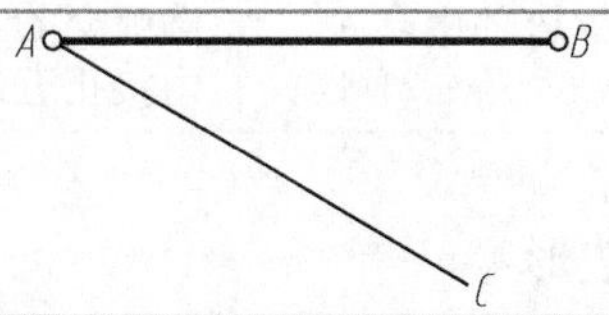 ② 过端点 *A*（或 *B*），任作一线段 *AC*
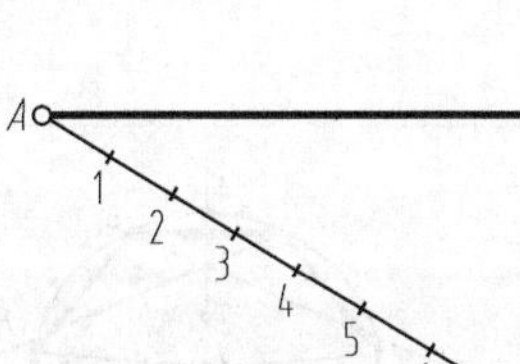 ③ 以适当长度为单位，在 *AC* 上量取 1、2、3、4、5、6 点	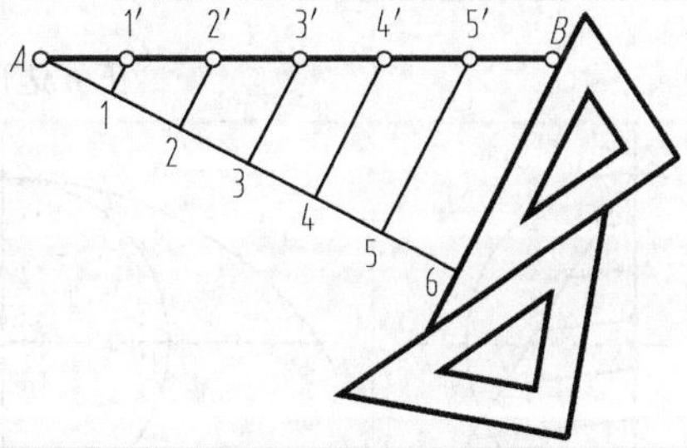 ④ 连接 6*B*，过 1、2、3、4、5 点作 6*B* 的平行线与 *AB* 相交，得 1′、2′、3′、4′、5′点，即为各等分点

1.3.2 等分圆周和作正多边形

1. 正六边形

正六边形的两种作图方法如表 1-7 所示。

表 1-7 作正六边形

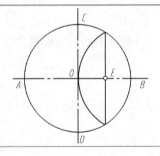

① 用圆规作正六边形	② 用丁字尺和三角板作正六边形
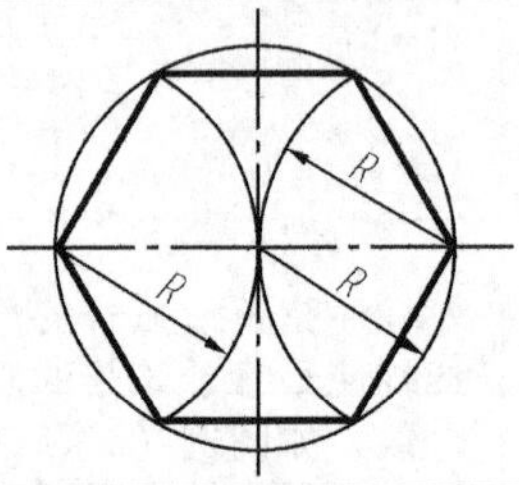	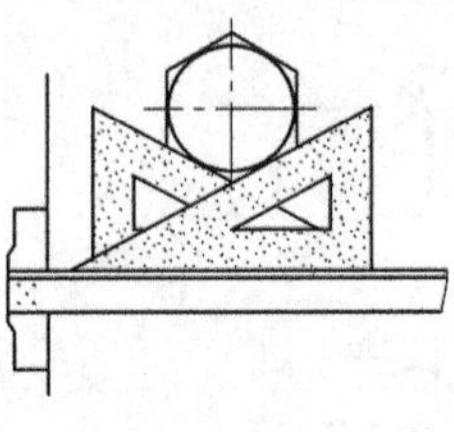 (a) 外切正六边形 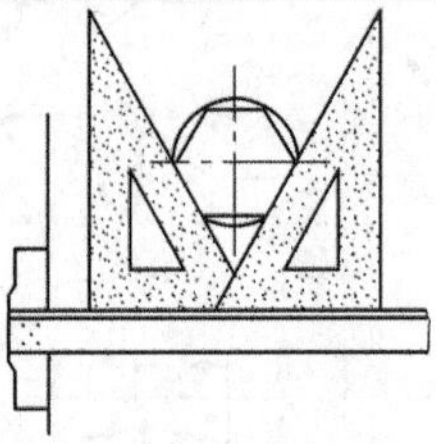　(b) 内接正六边形

2. 正五边形

正五边形的作图步骤如表 1-8 所示。

表 1-8 作正五边形

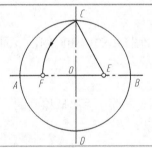

① 作出半径 OB 的中点 E	② 以 E 为圆心，EC 为半径画圆弧交 OA 于 F 点，线段 CF 即为内接正五边形的边长	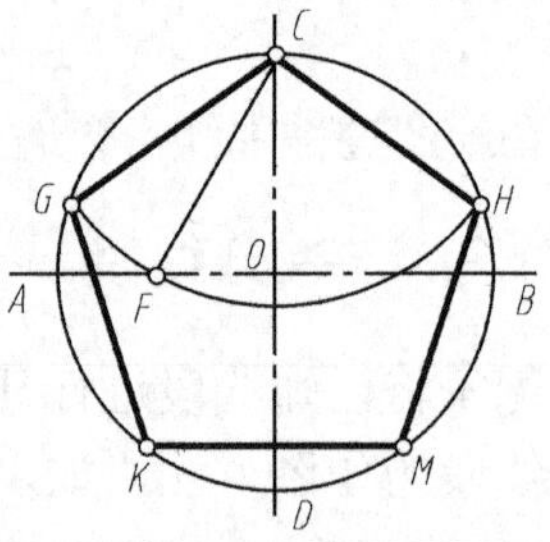 ③ 以 CF 为边长截取圆周，依次连接各等分点即得正五边形

3. 正 n 边形

正 n 边形的作图步骤如表 1-9 所示（$n = 7$）。

表 1-9 正 n 边形的作图步骤

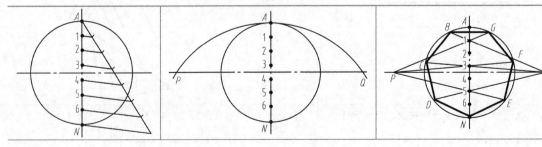

① 画外接圆。将外接圆的垂直直径 *AN* 等分为 7 等份，并标出序号 1、2、3、4、5、6	② 以 *N* 点为圆心，以 *NA* 为半径画圆，与水平中心线交于 *P*、*Q* 两点	③ 由 *P* 和 *Q* 作线段，分别与奇数（*n* 为偶数时是偶数）分点连线并与外接圆相交，依次连接各顶点 *B*、*C*、*D*、*N*、*E*、*F* 及 *G*，即为所求的正七边形

1.3.3　斜度和锥度

1. 斜度

斜度是指一条直线对另一条直线或一个平面对另一个平面的倾斜程度。斜度的大小用它们夹角的正切来表示，并把比值写成 1:*n* 的形式。标注斜度时，在 1:*n* 之前应加注斜度符号"∠"。

图 1-20 所示为斜度符号的画法与标注。斜度符号的高度为字高 *h*，符号线宽为 *h*/10。标注时，斜度符号的方向应与图中斜度的方向一致。斜度的画法如表 1-10 所示。

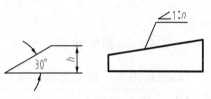

图 1-20　斜度符号及其标注

表 1-10	斜度的画法	
① 作斜度为 1:7 的图形	② 作 *OB*⊥*OA*，在 *OA* 上截取 7 个单位长度，在 *OB* 上取一个单位长度，连接 7、1 点，即为 1:7 的斜度线	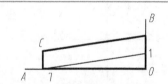 ③ 按尺寸定出 *C* 点，过 *C* 点作 7-1 线的平行线，完成图形

2. 锥度

锥度是指圆锥的底圆直径与圆锥高度之比，并把比值写成 1:*n* 的形式。标注锥度时，应在 1:*n* 之前加注锥度符号"◁"。

图 1-21 所示为锥度符号的画法与标注。锥度符号的高度为字高 *h* 的 1.4 倍，符号线宽为 *h*/10。标注时，锥度符号的方向应与图中锥度的方向一致并应配置在基准线上。锥度的画法如表 1-11 所示。

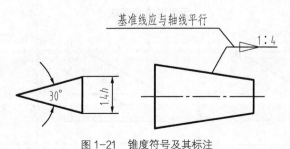

图 1-21　锥度符号及其标注

表 1-11	锥度的画法	
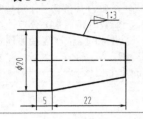	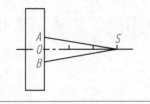	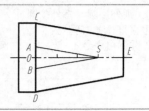
① 作锥度为 1:3 的图形	② 过 O 点在轴线上任取 3 个单位长度，得 S 点。过 O 点在垂直轴线的方向上截取 $OA=OB=1/2$ 单位长度，连接 AS、BS，即为 1:3 的锥度线	③ 按尺寸定出 C、D 两点，过 C、D 两点分别作 AS、BS 的平行线，按尺寸定出 E 点，完成图形

1.3.4 椭圆的画法

椭圆是图样中最常见的一种非圆曲线，常见的椭圆近似画法是四心扁圆法，其作图步骤如表 1-12 所示。

表 1-12	椭圆的画法	
	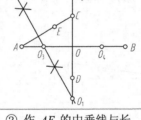	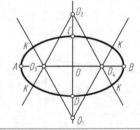
① 画出长轴 AB、短轴 CD。连接 AC，以 C 点为圆心、长半轴与短半轴之差为半径画弧交 AC 于 E 点	② 作 AE 的中垂线与长、短轴分别交于 O_3、O_1 点，作出其对称点 O_4、O_2，连接 O_1O_4、O_2O_3、O_2O_4 并延长	③ 分别以 O_1、O_2 为圆心、O_1C 为半径画大弧；以 O_3、O_4 为圆心、O_3A 为半径画小弧。大小弧的接点 K 在相应的连心线上，即得椭圆

1.3.5 圆弧连接

用一段圆弧光滑地连接另外两条已知线段（直线或圆弧）的作图方法称为圆弧连接。要保证圆弧连接光滑，就必须使线段与线段在连接处相切。作图时应先求连接圆弧的圆心，再确定连接圆弧与已知线段的切点，然后再画连接圆弧。各种线段连接的作图方法如表 1-13 所示。

表 1-13	圆弧连接的画法	
用圆弧连接两已知线段	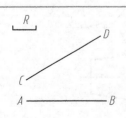	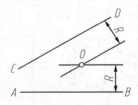	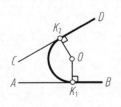

用圆弧连接两已知线段	① 已知条件	② 分别作与两已知线段距离为 R 的平行线，其交点 O 即为连接圆弧的圆心	③ 过 O 点分别作两条已知线段的垂线，得垂足 K_1 和 K_2，这两点即为连接点；以 O 为圆心、R 为半径在两切点间画弧
用圆弧连接一线段和一圆弧			
	① 已知条件	② 作与已知线段距离为 R 的平行线；以 O_1 为圆心、$R+R_1$ 为半径画圆弧与平行线相交，交点 O 即为连接圆弧的圆心	③ 过 O 点作已知线段的垂线，得垂足 K_2；连接 OO_1 与已知圆弧交于 K_1，则 K_1、K_2 为连接点；以 O 为圆心、R 为半径在两连接点间画弧
圆弧外连接两已知圆弧			
	① 已知条件	② 分别以 O_1、O_2 为圆心，$R+R_1$ 和 $R+R_2$ 为半径画圆弧，其交点 O 即为连接圆弧的圆心	③ 连接 OO_1、OO_2 与已知圆弧分别交于 K_1、K_2 点，这两点即为连接点；以 O 为圆心、R 为半径在两连接点间画弧
圆弧内连接两已知圆弧			
	① 已知条件	② 分别以 O_1、O_2 为圆心，$R-R_1$ 和 $R-R_2$ 为半径画圆弧，其交点 O 即为连接圆弧的圆心	③ 连接 OO_1、OO_2 并延长与已知圆弧分别交于 K_1、K_2 点，即为连接点；以 O 为圆心、R 为半径在两连接点间画弧
圆弧分别内外连接两已知圆弧			
	① 已知条件	② 分别以 O_1、O_2 为圆心，$R+R_1$ 和 $R-R_2$ 为半径画圆弧，其交点 O 即为连接圆弧的圆心	③ 连接 OO_1、OO_2 并延长 OO_2 与已知圆弧分别交于 K_1、K_2 点，即为连接点；以 O 为圆心、R 为半径在两连接点间画弧

1.4 平面图形的画法

平面图形是由若干线段连接而成的。画平面图形时，要通过对这些线段的尺寸及连接关系加以分析，才能确定平面图形的画图顺序。

1.4.1 尺寸分析

平面图形中的尺寸按作用分为定形尺寸和定位尺寸两类。

1．定形尺寸

确定平面图形上各线段形状大小的尺寸称为定形尺寸，如线段的长度、圆及圆弧的直径或半径、角度大小等。图 1-22 中所示的 $\phi19$、 $\phi11$、$R5.5$、$R30$、14 等都是定形尺寸。

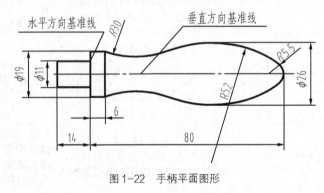

图 1-22 手柄平面图形

2．定位尺寸

确定平面图形上的线段或线框间相对位置的尺寸称为定位尺寸，图 1-22 中所示确定 $R52$ 圆弧位置的尺寸 $\phi26$ 和确定 $R5.5$ 位置的尺寸 80 均为定位尺寸。

定位尺寸通常以图形的对称线、中心线或某一轮廓线作为标注尺寸的起点，这个起点就是尺寸基准。一个平面图形应具有水平和垂直两个方向的尺寸基准。手柄平面图形的尺寸基准如图 1-22 所示，它们也是该平面图形画图的基准线。

1.4.2 线段分析

根据标注的尺寸是否齐全，平面图形中的线段可分为以下 3 类。

1．已知线段

平面图形中定形尺寸和定位尺寸都齐全的线段称为已知线段，如图 1-22 中所示尺寸为 $\phi11$、 $\phi19$、$R5.5$、14 的线段都是已知线段。

2．中间线段

平面图形中，具有定形尺寸而定位尺寸不全的线段称为中间线段，如图 1-22 中所示尺寸为 $R52$ 的圆弧。画中间线段时应根据其与相邻线段的连接关系画出。

3．连接线段

平面图形中只有定形尺寸而无定位尺寸的线段称为连接线段，如图1-22中所示的 R30，画图时需根据它与相邻线段的连接关系最后画出。

平面图形上并不总是同时出现这3种线段，而是有时只有已知线段，有时只有已知线段和连接线段。

 在两已知线段之间，只能有一个连接线段，其余为中间线段。

平面图形的画图步骤如下。

① 画基准线。

② 画已知线段。

③ 画中间线段。

④ 画连接线段，最后完成全图。

下面以手柄为例，说明平面图形的作图步骤，如表1-14所示。

表1-14 手柄的作图步骤

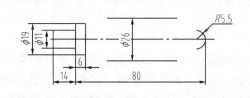

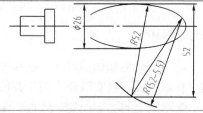

| ① 画基准线；画出已知线段（如 R5.5 的圆弧等）以及相距为 φ26 的范围线 | ② 画出中间圆弧 R52，使其与相距为 φ26 的两根范围线相切，并与 R5.5 的圆弧内切 |

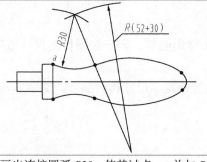

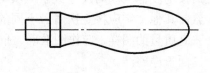

| ③ 画出连接圆弧 R30，使其过点 a，并与 R52 的圆弧外切 | ④ 擦去多余的作图线，按线型要求加深图线，完成全图 |

1.4.3 绘图方法和步骤

1．准备工作

（1）准备好绘图工具，将绘图工具擦拭干净，按各种线型的要求削磨好铅笔及铅芯，然后洗净双手。

（2）根据绘制图形的大小及复杂程度选取绘图比例，确定图纸幅面。

（3）用橡皮擦拭图纸，以检查图纸的正反面（反面易起毛）。

（4）用胶带纸将图纸固定在图板的适当位置，图纸要放正，并使图纸下边缘距图板下缘宽于一个丁字尺的尺身。

2．画底稿

用 H 或 2 H 铅笔，轻、细、准地画底稿，具体步骤如下。

① 画图幅线、图框线及标题栏。首先按国标规定的图纸幅面尺寸画出图幅线，再按要求画出图框线，然后按规定画出标题栏。

② 布图。按图形的大小及标注尺寸所需要的位置将各图形均匀布置，并画出各图形的基准线以确定位置。

③ 画图形。按先画已知线段，再画中间线段，最后画连接线段的步骤依次画出各平面图形。

④ 画尺寸界线及尺寸线。

⑤ 检查图形。仔细检查图形底稿有无错误、遗漏，然后擦去多余的作图线，将底稿清理干净。

 底稿图中虚线、点画线的长短间隔应分别一致，底稿图线应"轻而细"。

3．加深图线

选用适当的铅笔和铅芯形式，将各种图线按规定的粗细加深。加深图线的要求是同类图线的粗细应基本一致，粗实线要"黑"并应尽可能"光、亮"，其他细线应"细而重"。加深时，为保证一张图纸上同类图线的一致性，图样中所有图形的同一种线型应一起加深。每种线型加深的顺序是先曲线后直线，自上而下依次画出水平线，自左而右依次画出铅垂线，最后画斜线。

4．注写文字

最后按制图标准注写尺寸数字，填写标题栏及文字说明等。同一张图样上尺寸数字的大小应一致，其他文字应按主次对应不同的字体大小。

一张高质量的图样，应作图准确、布图匀称、图线规范，尺寸排列整齐，文字书写清晰、规范，图面干净整洁。

1.4.4 尺寸标注

1．常见的平面图形及其尺寸标注

机件上常见的几种平面图形及其尺寸标注如图 1-23 所示。

2．平面图形的尺寸标注

标注平面图形尺寸的方法和步骤如下。

① 选择尺寸基准。

② 确定图形中的线段哪些是已知线段，哪些是中间线段，哪些是连接线段。

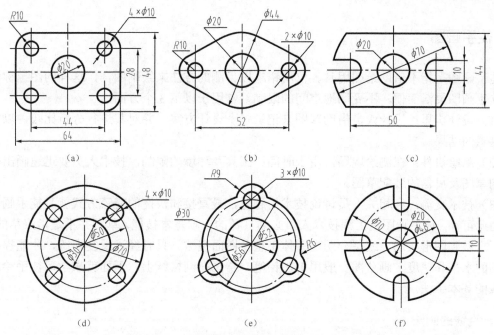

图 1-23 机件上常见的几种平面图形及其尺寸标注

③ 按已知线段、中间线段和连接线段的顺序依次标注尺寸。

平面图形的尺寸标注示例如表 1-15 所示。

表 1-15 平面图形的尺寸标注示例

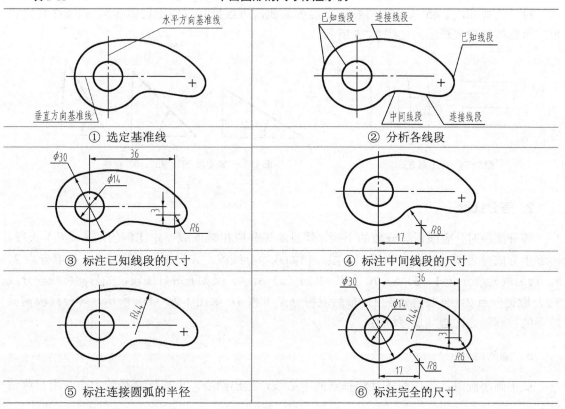

1.5 徒手画图

徒手画图是指不借助绘图用具、仅用铅笔以目测的方法来绘制图样，这样的图也称为草图。徒手画图灵活简便，不受场地空间的限制，常用于以下 3 个方面。

（1）设计构思：设计人员借助草图来记录多个设计方案，并对其进行分析比较，以得到最为满意的结果。

（2）测绘机件：在测绘现场，由于时间、工具及环境的限制，技术人员要迅速画出机件的结构草图及机器的装配草图。

（3）技术交流：和相关人员讨论技术问题时，最直接和快捷的交流方式就是徒手画图。

由此可知，徒手画图是工程技术人员必须具备的一项基本技能。草图并不是指潦草的图，仍然要求做到图形正确、线型分明、字体工整及图面整洁。只有经过反复训练，才能提高徒手画图的水平和速度。画草图一般用 HB 铅笔，常画在网格纸上。下面就来学习徒手绘制常见图线的基本手法。

1. 直线的画法

画直线时，眼睛要看着图线的终点，以保证直线画得平直，方向准确。画短线常用手腕运笔，画长线则以手臂动作，且肘部不宜接触纸面，否则不易画直。画较长线时，也可以目测在直线中间定出几个点，然后分段画。水平直线应自左向右画，垂直线由上向下画，如图 1-24 所示。

对于具有 30°、45°、60° 等特殊角度的斜线，可根据其近似正切值 3/5、1、5/3 作为直角三角形的斜边来画出，如图 1-25 所示。

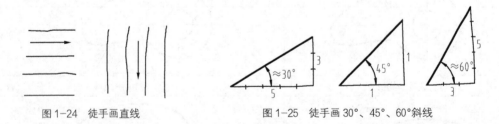

图 1-24　徒手画直线　　　　　图 1-25　徒手画 30°、45°、60°斜线

2. 等分线段

等分线段时，应根据等分数的不同，凭目测先分成相等或成一定比例的两（或几）大段，再逐步分成符合要求的多个相等的小段。例如八等分线段，先目测取得中点 4，再取分点 2、6，最后取其余分点 1、3、5、7，如图 1-26（a）所示。又如五等分线段，先目测将线段分成3:2，取得分点 2，再取得分点 3，最后取得分点 1 和 4，如图 1-26（b）所示。等分线段需要较强的目测能力，必须反复练习。

3. 圆的画法

徒手画小圆时，先作两条互相垂直的中心线，定出圆心，再根据直径的大小，用目测估计出半径的大小，在中心线上截得 4 点，然后分 4 段逐步连接成圆。当所画的圆较大时，除中心线上的 4 点外，还可通过圆心多画两条与水平线成 45° 的射线，再取 4 点，分 8 段逐步连接成圆，如图 1-27 所示。

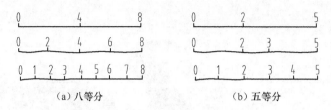

(a) 八等分   (b) 五等分

图 1-26 徒手等分线段

图 1-27 徒手画圆

4．椭圆的画法

根据椭圆的长、短轴，目测定出其端点位置，过 4 个端点画一矩形，徒手作椭圆与此矩形相切，如图 1-28 所示。

5．用网格纸辅助作草图

在现成的网格纸或坐标纸上直接作图，示例如图 1-29 所示。

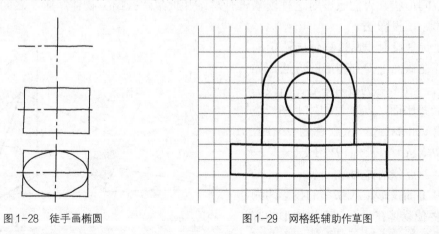

图 1-28 徒手画椭圆   图 1-29 网格纸辅助作草图

第**2**章　投影法与三视图

【学习目标】

- 理解投影法的基本概念和分类。
- 掌握平行投影尤其是正投影的基本性质。
- 掌握三视图的形成及其投影规律。

2.1　投影法的基本知识

投影法是画法几何与机械制图的基础，所以首先要建立投影法的基本概念。

2.1.1　投影的概念

如何用平面图形来正确地表达空间物体的形状和大小？人们从自然现象中得到了启发：物体在阳光或灯光的照射下，会在地面或墙面上留下它的影子，这个影子能在一定程度上反映物体的空间形状。人们通过对这种现象进行总结和抽象，找出了物体和影子之间的几何关系，逐步形成了投影法。

投影法就是投射线通过物体向选定的面投射，并在该面上得到图形的方法。如图 2-1 所示，点 S 称为投射中心，所设的平面 P 叫做投影面，点 S 与物体上任一点之间的连线（如 SA、SB、SC）称为投射线，延长 SA、SB、SC 与投影面 P 相交于 a、b、c 3 点，这 3 点分别称为空间点 A、B、C 在投影面 P 上的投影，$\triangle ABC$ 的投影即为 $\triangle abc$。这种使物体在平面上产生图形的方法，称为投影法。投影所得到的图形，称为投影；投影法中得到投影的面，称为投影面。

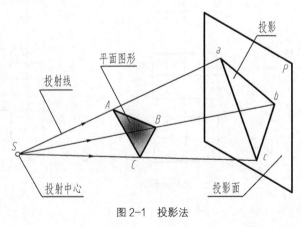

图 2-1　投影法

要获得投影，必须具备投射线、物体和投影面这 3 个基本条件。

2.1.2 投影法分类

根据投射线之间的相互关系，投影法可分为中心投影法和平行投影法。

1. 中心投影法

投射线汇交于一点的投影法称为中心投影法，如图 2-2 所示。用中心投影法得到的投影图的大小与物体的位置有关，不能反映其真实形状和大小，且作图较复杂，因此在工程上只用来绘制建筑物的透视图以及产品的效果图。

2. 平行投影法

投射线相互平行的投影法称为平行投影法，如图 2-3 所示。在平行投影法中，根据投射线与投影面的角度不同，又分为以下两种。

（1）正投影法：投射线与投影面相互垂直的平行投影法，如图 2-3（a）所示。

（2）斜投影法：投射线与投影面相互倾斜的平行投影法，如图 2-3（b）所示。

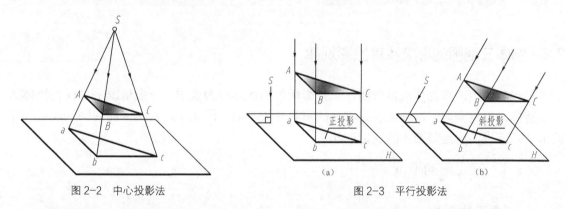

图 2-2 中心投影法　　　　　　　　图 2-3 平行投影法

可以看出，正投影能真实地反映物体的形状和大小，并且度量性好、作图简便，因此在工程上应用最为广泛。

 要点提示 　　在本书中，除特殊说明外，所称投影均指正投影。

2.1.3 正投影的基本性质

1. 真实性

直线或平面平行于投影面时，其投影反映直线的实长或平面的实形，这种投影特性称为真实性，如图 2-4（a）所示。

2. 积聚性

直线或平面垂直于投影面时，直线的投影积聚成点，平面的投影积聚成直线，这种投影特性称为积聚性，如图 2-4（b）所示。

3．类似性

直线或平面倾斜于投影面时，直线的投影是小于实长的直线，平面的投影是原平面的类似形，但面积小于原平面，这种投影特性称为类似性，如图2-4（c）所示。

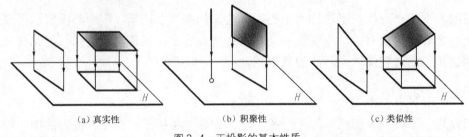

（a）真实性　　　　　　　　（b）积聚性　　　　　　　　（c）类似性

图2-4　正投影的基本性质

 要熟练掌握正投影的这3个重要特性，这在今后的画图和读图过程中会经常用到。

2.2　物体三视图的形成及其投影规律

机械制图中，将物体向投影面作正投影所得的图形称为视图。一般情况下，仅凭物体的一个视图是不能全面、准确地表达物体的形状和大小的，因此，通常用多面视图来表示物体的形状，三视图就是最基本的表达方法。

2.2.1　三视图的形成

1．投影面的设立

图2-5所示为空间3个相互垂直的投影面形成的三投影面体系。这3个投影面分别介绍如下。

（1）正立投影面，简称正面，用 V 表示。

（2）水平投影面，简称水平面，用 H 表示。

（3）侧立投影面，简称侧面，用 W 表示。

两投影面之间的交线称为投影轴，相互垂直的 3
根投影轴分别用 OX、OY、OZ 表示。

（1）OX 轴——V 面和 H 面的交线。

（2）OY 轴——H 面和 W 面的交线。

（3）OZ 轴——V 面和 W 面的交线。

投影轴的交点 O 称为原点。

图2-5　三投影面体系

2．三视图的形成

图2-6（a）所示为将物体置于三投影面体系中，分别向3个投影面进行投射得到物体的

三视图。

（1）从物体的前面向后投影，在 V 面上得到的视图称为主视图。

（2）从物体的上面向下投射，在 H 面上得到的视图称为俯视图。

（3）从物体的左面向右投射，在 W 面上得到的视图称为左视图。

3．投影面的展开

要把 3 个视图画在同一张图纸上，就需要把 3 个投影面展开成一个平面，如图 2-6（b）所示，保持 V 面不动，H 面绕 OX 轴向下旋转 90°，W 面绕 OZ 轴向右旋转 90°，使 H 面、W 面与 V 面形成同一平面。在旋转过程中，需将 OY 轴分解成两个，随 H 面的称为 OY_H，随 W 面的称为 OY_W，展开后的三视图如图 2-6（c）所示。展开后三视图的位置是：俯视图在主视图的正下方，左视图在主视图的正右方。国家标准规定，如此配置视图时不标注视图的名称，也不需要画出投影轴和表示投影面的边框，如图 2-6（d）所示。

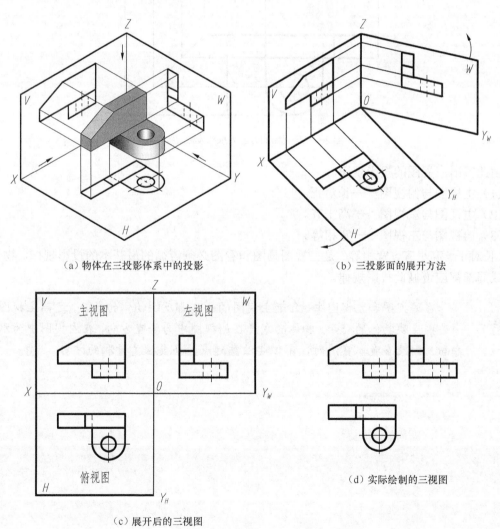

（a）物体在三投影体系中的投影

（b）三投影面的展开方法

（c）展开后的三视图

（d）实际绘制的三视图

图 2-6　三视图的形成及投影规律

2.2.2　三视图的投影规律

由三视图的形成可知，每个视图都表示物体两个方向的尺寸和 4 个方位，如图 2-7 所示。

（1）主视图反映了物体上下、左右的位置关系，即反映了物体的高度和长度。

（2）俯视图反映了物体左右、前后的位置关系，即反映了物体的长度和宽度。

（3）左视图反映了物体上下、前后的位置关系，即反映了物体的高度和宽度。

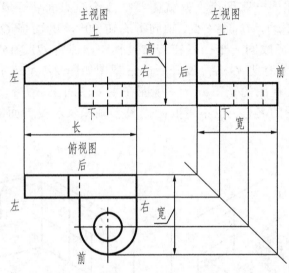

图 2-7　三视图的方位关系和投影规律

由此得出三视图的投影规律。

（1）主视图与俯视图——长对正。

（2）主视图与左视图——高平齐。

（3）俯视图与左视图——宽相等。

"长对正、高平齐、宽相等"是三视图画图和看图必须遵循的最基本的投影规律，物体的整体或局部都应遵循此投影规律。

在俯视图和左视图中，靠近主视图的一边都反映物体的后面，远离主视图的一边则反映物体的前面。物体的宽度在俯视图中为竖直方向，在左视图中为水平方向。因此在量取宽度时，不但要注意起点，还要注意量取的方向。

第 **3** 章　点、直线、平面的投影

【学习目标】

- 掌握点的三面投影规律。
- 熟练掌握根据点的两投影求作第三投影的方法。
- 掌握重影点的概念及其可见性的判别方法。
- 熟悉掌握各种位置直线的投影特性。
- 灵活运用直角三角形法。
- 熟悉掌握各种位置平面的投影特性。
- 熟悉掌握平面内取点、取线的作图方法。

3.1　点的投影

点是最基本的几何元素，所有物体都可以看做是若干点的集合。下面就来学习点的投影规律。

3.1.1　点的三面投影

1. 三投影面体系

如图 3-1 所示，相互垂直的 3 个投影面将空间分成 8 个分角，国家标准规定，机械图样是按正投影法将物体放在第一分角进行投影所画的图形，因此本模块主要讨论第一分角的投影画法。

如图 3-2 所示，三投影面体系由互相垂直的 3 个投影面，即正立投影面 V、水平投影面 H 和侧立投影面 W 组成。两投影面的交线称为投影轴，V 面与 H 面的交线为 OX 轴，H 面与 W 面的交线为 OY 轴，W 面与 V 面的交线为 OZ 轴。3 投影轴的交点为原点 O。因此，该三投影面体系可看做空间直角坐标系。

点的投影仍然是点，并且是唯一的。点的一个投影不能确定它的空间位置，要靠两面投影才能唯一确定。

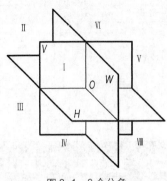

图 3-1　8 个分角

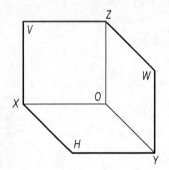

图 3-2　三投影面体系

2. 点的三面投影

在三投影面体系中，有一空间点 A，过 A 点向 V 面投射得到 A 点的正面投影 a'，向 H 面投射得到 A 点的水平投影 a，向 W 面投射得到 A 点的侧面投影 a''，如图 3-3（a）所示。

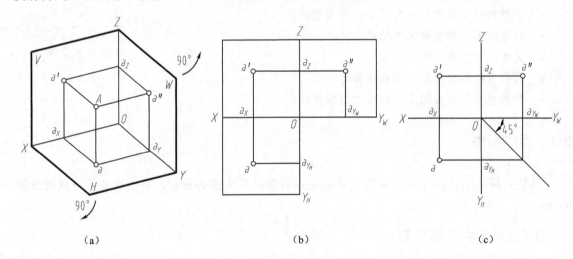

图 3-3　点的三面投影图的形成

本书规定：空间点用大写字母表示，如 A、B、C 等；水平投影用相应的小写字母表示，如 a、b、c 等；正面投影用小写字母加一撇表示，如 a'、b'、c' 等；侧面投影用小写字母加两撇表示，如 a''、b''、c'' 等。

如图 3-3（a）所示，保持 V 面不动，将 H 面绕 OX 轴向下旋转 90°，与 V 面重合，将 W 面绕 OZ 轴向右旋转 90°，也与 V 面重合，这样就形成了点的三面投影图，如图 3-3（b）所示。

由于点的投影只与投影轴有关，而与投影面的大小无关，所以通常只画出投影轴，不需要画出表示投影面的边框。为了作图方便，常过 O 点作一条 45° 的辅助线平分 $Y_H O Y_W$，如图 3-3（c）所示。

3. 点的直角坐标与投影规律

在三投影面体系中，点 A 的 3 个直角坐标（X_A, Y_A, Z_A）即为点 A 到 3 个投影面的距离。A

点到 W 面的距离为 A 点的 X 坐标 X_A，A 点到 V 面的距离为 A 点的 Y 坐标 Y_A，A 点到 H 面的距离为 A 点的 Z 坐标 Z_A，如图 3-4 所示。

A 点的 3 个直角坐标（X_A,Y_A,Z_A）与其 3 个投影 a'、a、a''的关系如下。

（1）点 A 到 H 面的距离：$Aa = a'a_X = a''a_{YW} = Oa_Z = Z_A$。

（2）点 A 到 V 面的距离：$Aa' = aa_X = a''a_Z = Oa_Y = Y_A$。

（3）点 A 到 W 面的距离：$Aa'' = a'a_Z = aa_{YH} = Oa_X = X_A$。

由图 3-4（a）可知，投射线 $Aa' \perp V$ 面、$Aa \perp H$ 面，所以它们所构成的平面 $Aa'a_Xa$ 同时垂直于 V 面和 H 面，也必垂直于它们的交线 OX 轴，因此该平面与 V 面的交线 $a'a_X$ 及与 H 面的交线 aa_X 都分别垂直于 OX 轴，所以展开后投影图上的点 a'、a_X、a 必在垂直于 OX 轴的同一直线上，即 $a'a \perp OX$ 轴，如图 3-4（b）所示。同理，$a'a'' \perp OZ$ 轴。

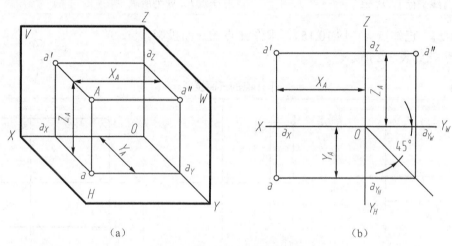

(a)　　　　　　　　　　　　　　　(b)

图 3-4　点的投影和坐标的关系

综上所述，可以得到点在三投影面体系中的投影规律。

（1）点的正面投影和水平投影的连线垂直于 OX 轴，即 $a'a \perp OX$。

（2）点的正面投影和侧面投影的连线垂直于 OZ 轴，即 $a'a'' \perp OZ$。

（3）点的水平投影 a 到 OX 轴的距离等于侧面投影 a'' 到 OZ 轴的距离，即 $aa_X = a''a_Z$。

　　过 O 点 45° 的辅助线就是为了表示上述等距的关系，如图 3-4（b）所示。

显然，点的投影规律和前面所讲的三视图的投影规律"长对正、高平齐、宽相等"是一致的。点的 3 个投影可以用坐标来确定，即水平投影 a 由 X_A 和 Y_A 确定、正面投影 a' 由 X_A 和 Z_A 确定、侧面投影 a'' 由 Y_A 和 Z_A 确定。已知点的 3 个坐标可以作出点的投影，已知点的任意两个投影就能确定点的 3 个坐标，也必能作出其第三投影。

【例 3-1】　如图 3-5 所示，已知点 B 的 V 面投影 b'和 W 面投影 b''，求作点 B 的 H 面投影 b。

作图步骤如表 3-1 所示。

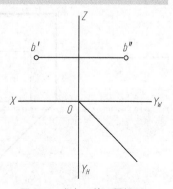

图 3-5　求点 B 的 H 面投影 b

表 3-1   作 *B* 点的第三面投影

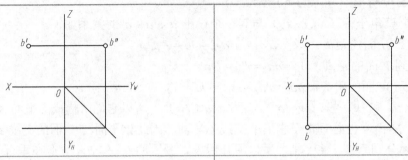

① 过 *b″* 作直线垂直于 OY_W 轴与45°辅助线相交，过交点作直线平行于 *OX* 轴	② 过 *b′* 作直线垂直于 *OX* 轴，与以上直线相交于点 *b*，即为所求

【例 3-2】 已知点 *A*（18,10,15），求作 *A* 点的三面投影。

作图步骤如表 3-2 所示。

表 3-2   作 *A* 点的三面投影

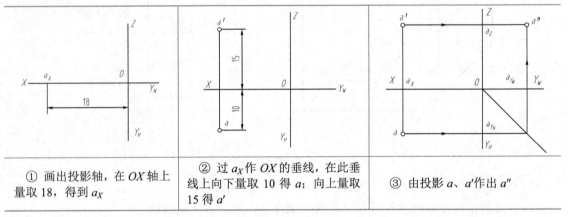

① 画出投影轴，在 *OX* 轴上量取 18，得到 a_X	② 过 a_X 作 *OX* 的垂线，在此垂线上向下量取 10 得 *a*；向上量取 15 得 *a′*	③ 由投影 *a*、*a′* 作出 *a″*

4. 特殊位置点的投影

（1）投影面上的点。投影面上的点的一个坐标为 0，有一个投影在投影面上，另外两个投影分别在投影轴上，如图 3-6 所示的 *B* 点和 *C* 点。

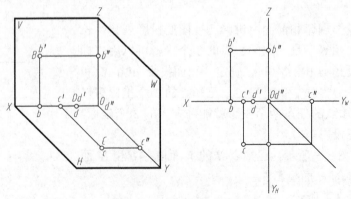

图 3-6　特殊位置点的投影

（2）投影轴上的点。投影轴上的点的两个坐标为 0，有两个投影在投影轴上重合，另一个投影在原点，如图 3-6 所示的 D 点。

（3）与原点重合的点。与原点重合的点的 3 个坐标都为 0，3 个投影都与原点重合。

3.1.2 两点的相对位置

1. 两点的相对位置

空间两点的相对位置是指两点在空间的左右、前后、上下的位置关系，由两点的坐标差来决定。常选其中一点作为基准点，以它为参照来判断与另一点的相对位置。

（1）空间两点的左右位置关系由正面和水平投影来判断，X 坐标大的在左。

（2）空间两点的前后位置关系由水平和侧面投影来判断，Y 坐标大的在前。

（3）空间两点的上下位置关系由正面和侧面投影来判断，Z 坐标大的在上。

如图 3-7 所示，设 A 点和 B 点的坐标分别为（X_A, Y_A, Z_A）和（X_B, Y_B, Z_B），若以 A 点为基准点，则 B 点对 A 点的一组坐标差分别如下。

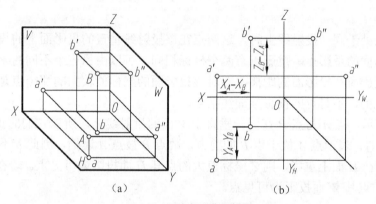

（a）　　　　　　　　　（b）

图 3-7　两点相对位置投影

（1）X 轴方向坐标差：$\triangle x = X_B - X_A$。

（2）Y 轴方向坐标差：$\triangle y = Y_B - Y_A$。

（3）Z 轴方向坐标差：$\triangle z = Z_B - Z_A$。

若 $\triangle x$、$\triangle y$、$\triangle z$ 为正时，则 B 点在 A 点的左、前、上方。若 $\triangle x$、$\triangle y$、$\triangle z$ 为负，则 B 点在 A 点的右、后、下方。图 3-7 所示的 B 点在 A 点的右、后、上方。

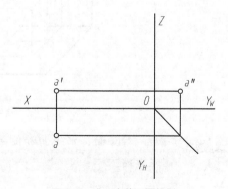

图 3-8　求 B 点的三面投影

【例 3-3】 如图 3-8 所示，已知点 A 的三面投影，点 B 在其右方 14、上方 12、前方 8，求作 B 点的三面投影。

作图步骤如表 3-3 所示。

表 3-3	作 B 点的三面投影
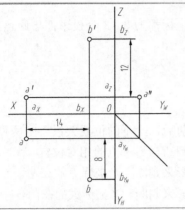	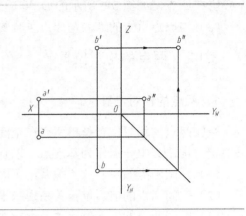
① 由 a_X 沿 X 轴向右量取 $\Delta x=14$，得到 b_X；过 b_X 作直线垂直于 OX 轴，沿 OY_H 轴向前量取 $\Delta y=8$，得到 b；沿 OZ 轴向上量取 $\Delta z=12$，得到 b'	② 由两个投影求出第三投影

2. 重影点

当空间两点处于同一投射线上时，这两点在该投射线垂直的投影面上的投影重合，这两点称为对该投影面的重影点。重影点有两个坐标相同，可以由另一个不同的坐标来判断其可见性。对重合投影所在投影面的距离，即对该投影面的坐标值较大的那个点是可见的，而另一个点是不可见的，不可见的投影须加注括号。

如图 3-9 所示，点 A 与点 B 在同一垂直于 V 面的投射线上，所以它们的正面投影 a'、b' 重合，由于 $Y_A>Y_B$，表示点 A 位于点 B 的前方，故点 B 被点 A 遮挡，因此 b' 不可见，用（b'）表示。同理，若在 H 面上重影，则 Z 坐标值大的点其 H 面投影为可见点。若在 W 面上重影，则 X 坐标值大的点其 W 面投影为可见点。

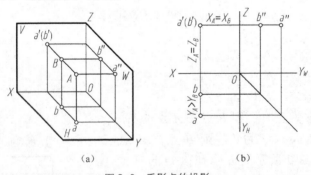

（a）　　　　　　　　　　（b）

图 3-9　重影点的投影

 　　对正面、水平面和侧面投影的重影点的可见性判别分别是前遮后、上遮下、左遮右。

3.2　直线的投影

直线的空间位置可由直线上任意两点的空间位置确定，直线的投影也可由直线上任意两点的投影来确定。

3.2.1 直线的三面投影

直线的投影一般仍为直线，特殊情况下积聚为一点。画直线的投影，可先画出直线两端点的投影，然后用直线连接其同面投影即可，如图 3-10 所示。

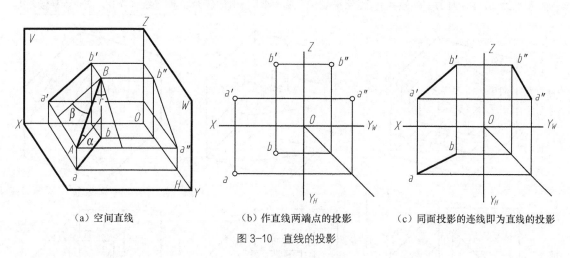

(a) 空间直线　　　　　　(b) 作直线两端点的投影　　　　(c) 同面投影的连线即为直线的投影

图 3-10　直线的投影

 此处所指直线均指线段。

3.2.2 各种位置直线的投影

在三投影面体系中，空间直线与投影面的相对位置分为 3 类：一般位置直线、投影面平行线和投影面垂直线。后两类又称为特殊位置直线。

1. 一般位置直线的投影特性

与 3 个投影面都倾斜的直线，称为一般位置直线，图 3-10 所示 AB 即为一般位置直线，它对 H、V、W 这 3 个投影面的倾角分别用 α、β、γ 来表示，3 个投影的长度分别如下。

$ab=AB \cdot \cos \quad \alpha<AB$

$a'b'=AB \cdot \cos \quad \beta<AB$

$a''b''=AB \cdot \cos \quad \gamma<AB$

一般位置直线的投影特性如下。

（1）直线的 3 个投影的长度均小于实长。

（2）直线的 3 个投影都与投影轴倾斜，且与投影轴的夹角均不反映空间直线对投影面的倾角。

2. 投影面平行线

平行于一个投影面、倾斜于另外两个投影面的直线称为投影面平行线。投影面平行线又分为以下 3 种。

（1）正平线：平行于 V 面，倾斜于 H、W 面。

（2）水平线：平行于 H 面，倾斜于 V、W 面。

（3）侧平线：平行于 W 面，倾斜于 V、H 面。

各种位置投影面平行线的空间位置、三面投影图及投影特性如表 3-4 所示。

表 3-4　　　　　　　　　　　　　各种位置投影面平行线

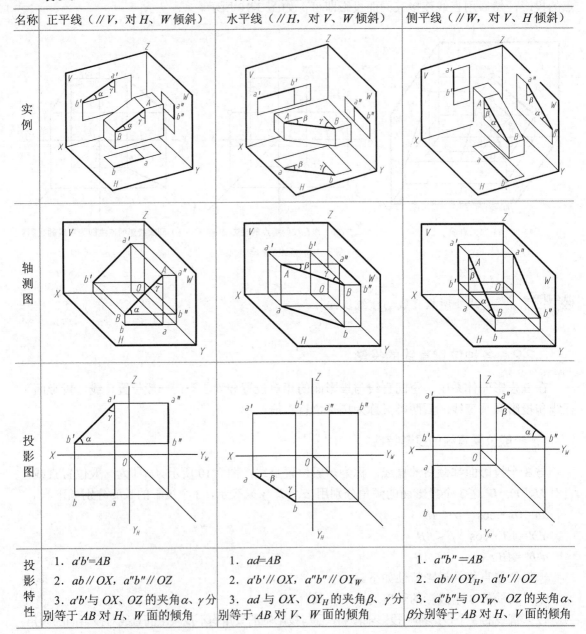

名称	正平线（//V，对 H、W 倾斜）	水平线（//H，对 V、W 倾斜）	侧平线（//W，对 V、H 倾斜）
实例			
轴测图			
投影图			
投影特性	1. $a'b'=AB$ 2. ab//OX，$a''b''$//OZ 3. $a'b'$ 与 OX、OZ 的夹角 α、γ 分别等于 AB 对 H、W 面的倾角	1. $ad=AB$ 2. $a'b'$//OX，$a''b''$//OY_W 3. ad 与 OX、OY_H 的夹角 β、γ 分别等于 AB 对 V、W 面的倾角	1. $a''b''=AB$ 2. ab//OY_H，$a'b'$//OZ 3. $a''b''$ 与 OY_W、OZ 的夹角 α、β 分别等于 AB 对 H、V 面的倾角

投影面平行线的投影特性总结如下。

（1）直线在所平行的投影面上的投影为反映实长的斜线，它与投影轴的夹角等于直线对另外两个投影面的倾角。

（2）其余两投影的长度均小于实长，并平行于相应的投影轴。

投影面平行线的三面投影特性可以概括为"一斜两平"，即三面投影中，一个是斜线，另两个与相应投影轴平行。

【例 3-4】 如图 3-11 所示，已知点 A 的 V 面投影 a' 和 H 面投影 a，作正平线 AB 的投影图，使 $AB=30\ mm$，AB 与 H 面的倾角 $\alpha=30°$。（思考：此题有几个解？）

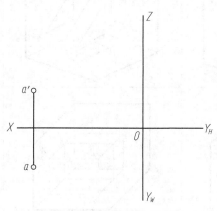

图 3-11 求作正平线 AB 的投影

作图步骤如表 3-5 所示。

表 3-5   求作正平线 AB 的投影

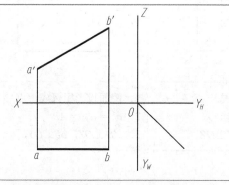	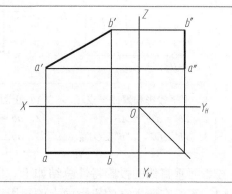
① 过 a' 作直线 $a'b'$ 使之与 OX 轴的角度成 30°，且 $a'b'=30\ mm$；过 a 作直线平行 OX 轴，由 b' 求出 b 的投影	② 根据 $a'b'$ 和 ab 作出侧面投影 $a''b''$

3. 投影面垂直线

垂直于一个投影面、同时平行于另外两个投影面的直线称为投影面垂直线。投影面垂直线又可分为以下 3 种。

（1）正垂线：垂直于 V 面，平行于 H、W 面。

（2）铅垂线：垂直于 H 面，平行于 V、W 面。

（3）侧垂线：垂直于 W 面，平行于 V、H 面。

各种位置投影面垂直线的空间位置、三面投影图及投影特性如表 3-6 所示。

表 3-6　　　　　　　　　　　　　　各种位置投影面垂直线

名称	铅垂线（⊥H, // OZ）	正垂线（⊥V, // OY）	侧垂线（⊥W, // OX）
实例			
轴测图			
投影图			
投影特性	1. 水平投影积聚成一点 2. $a'b' = a''b'' = AB$ 3. $a'b' \perp OX$, $a''b'' \perp OY_W$	1. 正面投影积聚成一点 2. $ab = a''b'' = AB$ 3. $ab \perp OX$, $a''b'' \perp OZ$	1. 侧面投影积聚成一点 2. $ab = a'b' = AB$ 3. $a'b' \perp OZ$, $ab \perp OY_H$

投影面垂直线的投影特性总结如下。

（1）直线在所垂直的投影面上的投影积聚为一点。

（2）其余两投影反映线段实长，并分别垂直于相应的投影轴。

 　　　　　投影面垂直线的三面投影特性可以概括为"一点两垂"，即三面投影中，一个积聚成点，另两个与相应投影轴垂直。

3.2.3　一般位置直线的实长及与投影面的倾角

前面已经介绍，特殊位置直线的实长和对投影面的倾角可直接根据投影得出，而一般位置直线的则不能。下面就来介绍求一般位置直线的实长和对投影面倾角的方法——直角三角形法。

1. 几何分析

图 3-12（a）所示为一般位置直线 AB 的投影情况，在四边形 $ABba$ 中，过 A 点作 AB_1 // ab，

交 Bb 于 B_1 点，得到直角三角形 ABB_1。其中一条直角边 $AB_1=ab$；另一直角边 $BB_1=Bb-Aa=\Delta Z$，即线段两端点对 H 面的距离差；斜边 AB 即为空间线段的实长；AB 与 AB_1 的夹角就是 AB 对 H 面的倾角 α。

2. 作图方法

如图 3-12（b）所示，在投影图中求线段 AB 的实长和对 H 面的倾角 α 的步骤如下。

① 以水平投影 ab 为一直角边。

② 过 b 作 ab 的垂线，在其上量取 $bB_0=Z_B-Z_A=\Delta Z$，以 ΔZ 为另一直角边。

③ 连接 aB_0 得直角三角形 abB_0，其中斜边即为线段 AB 的实长，斜边与水平投影 ab 的夹角即为 AB 对 H 面的倾角 α。

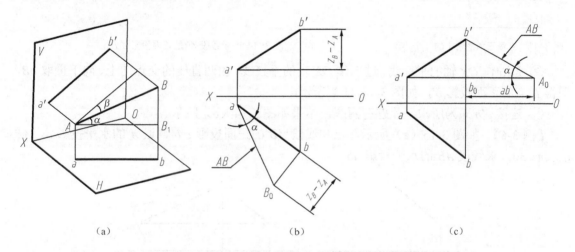

| （a） | （b） | （c） |

图 3-12 直角三角形法求线段的实长和对投影面的倾角

解题时，直角三角形可以画在任何位置。图 3-12（c）所示为直角三角形法的另一种作图方法，步骤如下。

① 过 a' 作 OX 轴的平行线与 $b'b$ 交于点 b_0。

② 量取 $b_0A_0=ab$。

③ 连接 $b'A_0$ 得直角三角形 $b'A_0b_0$，其中斜边 $b'A_0$ 即为线段 AB 的实长，$\angle b'A_0b_0$ 为 AB 对 H 面的倾角 α。

同样道理，利用直角三角形法也可以求出直线相对于 V 面或 W 面的倾角。

直角三角形法的作图要领总结：以线段在某一投影面上的投影长作为一条直角边，再以线段的两端点对于该投影面的坐标差作为另一条直角边，所作直角三角形的斜边即为线段的实长，斜边与投影长之间的夹角即为线段对该投影面的倾角。

直角三角形法中有 4 个要素：实长、投影长、坐标差及直线对投影面的倾角，如图 3-13 所示。只要知道其中的任意两个，便可确定出另外两个。

【例 3-5】 如图 3-14（a）所示，已知线段 AB 的水平投影 ab、点 A 的正面投影 a' 及 AB 对 H 面的倾角 $\alpha=30°$，求线段 AB 的正面投影 $a'b'$。

作图步骤如下。

① 由 ab 和 $\alpha=30°$ 作直角三角形 abB，如图 3-14（b）所示。

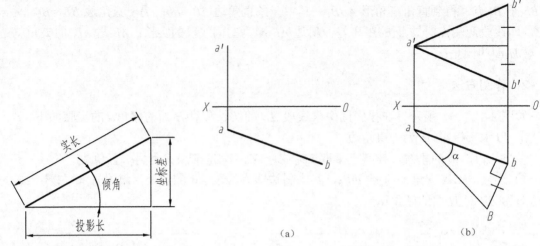

图 3-13 直角三角形法中的 4 个要素　　　　图 3-14 求线段 AB 的正面投影 $a'b'$

② 过 a' 作 OX 轴的平行线，过 b 作 OX 轴的垂直线，由两直线的交点向上、向下量取 bB，即得 B 点的正面投影 b'，如图 3-14（b）所示。

③ 连接 $a'b'$ 即为所求，此题有两解，结果如图 3-14（b）所示。

【例 3-6】 如图 3-15（a）所示，已知线段 AB 的正面投影 $a'b'$、点 A 的水平投影 a、AB 的实长 30，求线段 AB 的水平投影 ab。

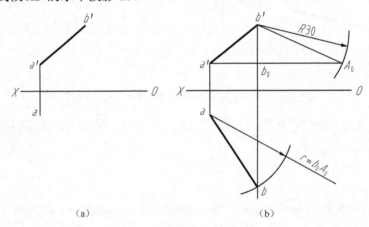

图 3-15 求线段 AB 的水平投影 ab

作图步骤如下。

① 过 b' 作 OX 轴的垂线，过 a' 作 OX 轴的平行线，两线交于 b_0，如图 3-15（b）所示。

② 以 b' 为圆心、30 为半径画弧，与 $a'b_0$ 的延长线交于 A_0，如图 3-15（b）所示。

③ 以 a 为圆心、b_0A_0 为半径画弧，与 $b'b_0$ 的延长线交于 b，如图 3-15（b）所示。

④ 连接 ab 即为所求，结果如图 3-15（b）所示。

3.2.4 直线上的点

若点在直线上，则点的各面投影必在该直线的同面投影上；反之，如果点的各面投影都在直线的同面投影上，则该点一定在该直线上。如图 3-16 所示，点 K 在线段 AB 上，则 k 在 ab 上，k' 在 $a'b'$ 上，k'' 在 $a''b''$ 上。

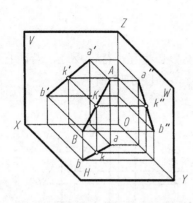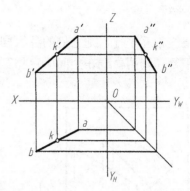

图 3-16 直线上的点

属于直线上的点，其投影仍属于直线的投影，且点分线段的比例投影后不变。如图 3-16 所示，线段 AB 上的点 K 将线段 AB 分割为 AK、KB 两段，依据投影特性可得：AK:KB=ak:kb=a'k':k'b'=a"k":k"b"。

【例 3-7】 已知直线 AB 的正面投影 a'b'、水平投影 ab 以及直线上点 K 的正面投影 k'，求其水平投影 k。

分析：由于直线 AB 是侧平线，不能直接由 k'求出 k，所以需根据点在直线上的投影性质及点分线段成定比的规律来求，作图步骤如表 3-7 所示。

表 3-7 求点的水平投影

方法 1	方法 2
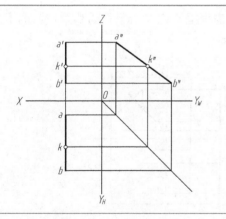	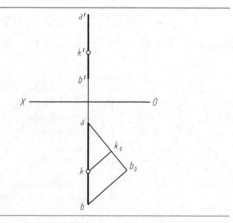
① 求出 AB 的侧面投影 a"b" ② 求出 K 的侧面投影 k" ③ 依投影规律，由 k'、k"求出 k	① 过 a 点作辅助线 ② 量取 ak₀=a'k'，k₀b₀=k'b' ③ 连接 b₀b，过 k₀ 作 b₀b 的平行线交 ab 于 k 点，即为所求

3.2.5 两直线的相对位置

空间两直线的相对位置有平行、相交和交叉 3 种情况，前两种位置的直线为同面直线，后一种为异面直线。

1. 两直线平行

若空间两直线相互平行，则它们的各组同面投影必相互平行；反之，若两直线的各组同面投影均相互平行，则两直线在空间必定相互平行，如图 3-17 所示。

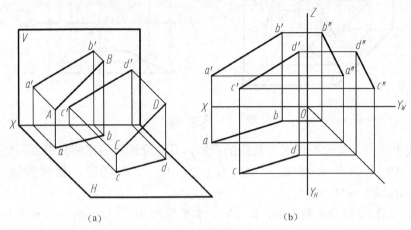

图 3-17　两直线平行

两直线平行的判定方法如下。

（1）当两直线均为一般位置时，只要有两对同面投影互相平行就可判定两直线在空间平行。

（2）当两直线均为某一投影面的平行线时，则需根据它们在所平行的那个投影面上的投影是否平行来判定两直线是否平行，如图 3-18 所示。

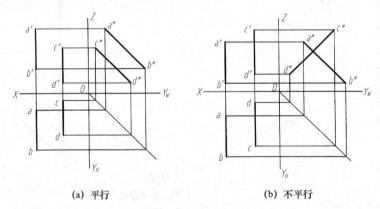

图 3-18　两直线平行的判定

2. 两直线相交

若空间两直线相交，则它们的各组同面投影都相交，且交点的投影符合点的投影规律；反之，若两直线的各组同面投影都相交，且交点的投影符合点的投影规律，则该两直线在空间必相交，如图 3-19 所示。

当直线为某一投影面的平行线时，它们是否相交需要进一步判断，通常有以下两种判定方法。

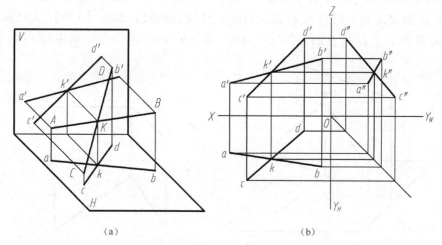

图 3-19　两直线相交

（1）用定比方法判定。

（2）用两条直线的第三投影来判定。

3．两直线交叉

如果空间两直线既不平行也不相交，则称为两直线交叉，如图 3-20 所示。交叉两直线的投影可能有 1 组、2 组甚至 3 组都是相交的，但它们的交点不符合点的投影规律，是重影点的投影。可利用重影点的可见性来判断两直线的相对位置。

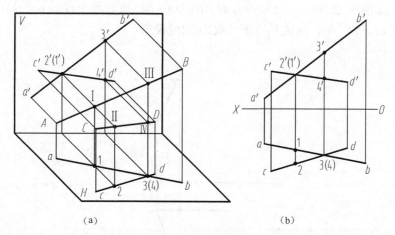

图 3-20　两直线交叉

判断交叉两直线重影点可见性的步骤为：从重影点入手画一根垂直于投影轴的直线到另一个投影，就可以得到重影点不重合的两个投影点，两个点中坐标值大的点为可见点，坐标值小的点为不可见点，不可见点的投影应加括号。

3.2.6　直角投影定理

当两直线相交成直角时，称为垂直相交或正交。如图 3-21（a）所示，已知直线 *AB* 与直

线 BC 在空间垂直相交，AB 平行于 H 面。因为 $AB \perp BC$，$AB \perp Bb$，由几何定理可知：AB 必垂直 BC 和 Bb 所决定的平面 Q 及 Q 面上的任一直线（如 BC_1、BC_2、bc 等），又已知 $AB /\!/ ab$，所以 ab 也必垂直于 Q 面及 Q 面上的任一直线，即 $ab \perp cb$，其投影如图 3-21（b）所示。

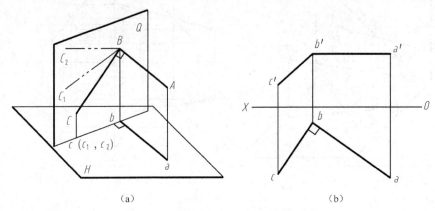

图 3-21　两直线垂直相交

由此可知，如果两直线垂直，只要其中一条直线为投影面平行线，则在所平行的投影面上两直线的同面投影必相互垂直，此投影特性也称为直角投影定理。该定理不仅适用于垂直相交两直线，也适用垂直交叉两直线，

 两直线的一个投影互相垂直，在空间中不一定互相垂直，只有符合直角投影定理的条件才是空间相互垂直的直线。

【**例 3-8**】　如图 3-22 所示，已知长方形 $ABCD$ 中 BC 边的两个投影 bc、$b'c'$，AB 边的水平投影 ab 以及 $ab /\!/ OX$ 轴，完成长方形 $ABCD$ 的两投影。

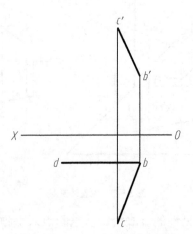

图 3-22　求长方形 ABCD 的投影

分析：长方形的相邻两边都是互相垂直的，又已知 AB 边的水平投影 $ab /\!/ OX$ 轴，因此可以知道 AB 为正平线，根据直角投影定理，在正面投影中 $a'b' \perp b'c'$，由此可作出长方形的投影。作图步骤如表 3-8 所示。

表 3-8	求长方形的投影
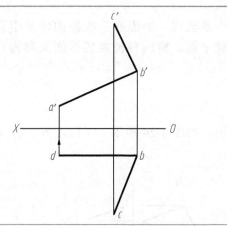	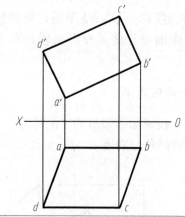
① 由 b'点作直线垂直于 b'c'，再由点 A 的水平投影 a 求得 a'	② 过 a'和 a 分别作直线平行于 b'c'和 bc，再过 c'和 c 分别作直线平行于 a'b'和 ab，得到长方形的投影

3.3 平面的投影

不在同一直线上的 3 个点是决定平面位置的基本几何元素，因此，作平面的投影最基本的方法就是确定这 3 个点的投影。

3.3.1 平面的表示法

平面的空间位置可由下列几种方法来确定。

（1）不在同一直线上的 3 个点，如图 3-23（a）所示。

（2）直线及直线外一点，如图 3-23（b）所示。

（3）两平行直线，如图 3-23（c）所示。

（4）两相交直线，如图 3-23（d）所示。

（5）任意平面图形，如图 3-23（e）所示。

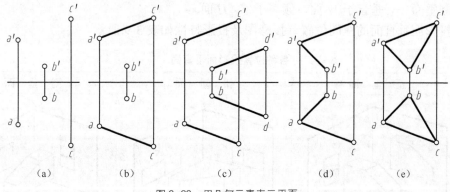

图 3-23 用几何元素表示平面

这几种确定平面的方法可以互相转化。在投影图上就用这些几何元素的投影来表示平面。

3.3.2 各种位置平面的投影

平面的投影一般仍是平面,特殊情况下是一条直线。平面在三投影面体系中有 3 种位置:投影面平行面、投影面垂直面及一般位置平面。前两种位置的平面又称为特殊位置平面。

1. 一般位置平面

对 3 个投影面都倾斜的平面称为一般位置平面,如图 3-24 所示。平面对 H、V、W 这 3 个投影面的倾角分别用 α、β、γ 表示。

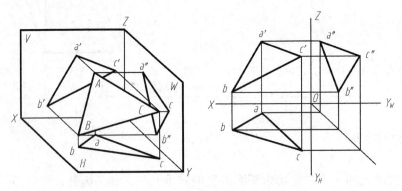

图 3-24 一般位置平面及其投影

一般位置平面的投影特征是:3 个投影均为缩小的类似形,而且不反映该平面与投影面的倾角。

2. 投影面垂直面

垂直于一个投影面、倾斜于另外两个投影面的平面称为投影面垂直面。投影面垂直面又分为以下 3 种。

(1)正垂面——垂直于 V 面,倾斜于 H、W 面。

(2)铅垂面——垂直于 H 面,倾斜于 V、W 面。

(3)侧垂面——垂直于 W 面,倾斜于 V、H 面。

各种投影面垂直面的空间位置、投影图及投影特性如表 3-9 所示。

表 3-9　　　　　　　　　　各种位置投影面垂直面

名称	正 垂 面	铅 垂 面	侧 垂 面
实例			

续表

名称	正 垂 面	铅 垂 面	侧 垂 面
轴测图			
投影图			
投影特性	1. V 面投影积聚为一斜线，与 OX、OZ 的夹角分别反映平面与 H、W 面的倾角 α、γ 2. H 面和 W 面的投影为比原形小的类似形	1. H 面投影积聚为一斜线，与 OX、OY_H 的夹角分别反映平面与 V、W 面的倾角 β、γ 2. V 面和 W 面的投影均为比原形小的类似形	1. W 面投影积聚为一斜线，与 OZ、OY_W 的夹角分别反映平面与 H、V 面的倾角 α、β 2. V 面和 H 面的投影均为比原形小的类似形

投影面垂直面的投影特性总结如下。

（1）平面在所垂直的投影面上的投影积聚为斜线，与两投影轴的夹角分别反映平面对其他两投影面的倾角。

（2）其他两面投影为缩小的平面图形的类似形。

3. 投影面平行面

平行于一个投影面同时垂直于另外两个投影面的平面称为投影面平行面。投影面平行面又分为以下 3 种。

（1）正平面——平行于 V 面的平面。

（2）水平面——平行于 H 面的平面。

（3）侧平面——平行于 W 面的平面。

各种投影面平行面的空间位置、投影图及投影特性如表 3-10 所示。

表 3-10　　　　　　　　　　　　各种位置投影面平行面

名称	正 平 面	水 平 面	侧 平 面
实例			
轴测图			
投影图			
投影特性	1.V面投影反映实形 2.H、W面投影积聚为直线，分别平行于OX轴和OZ轴	1.H面投影反映实形 2.V、W面投影积聚为直线，分别平行于OX轴和OYw轴	1.W面投影反映实形 2.V、H面投影积聚为直线，分别平行于OZ轴和OYH轴

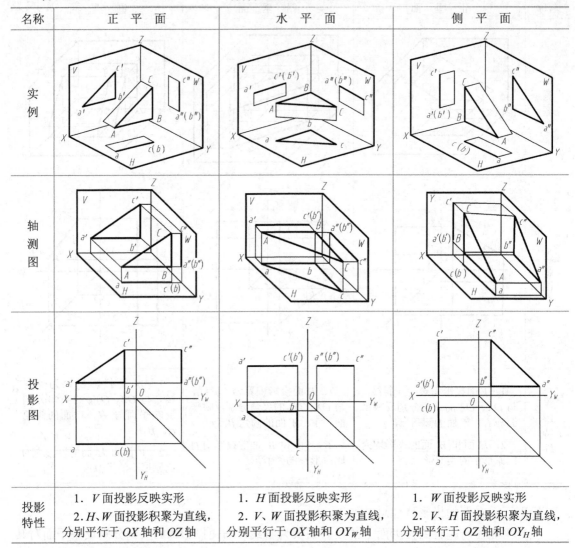

投影面平行面的投影特性总结如下。

（1）平面在所平行的投影面上的投影反映实形。

（2）其他两面投影积聚为直线，且分别平行于所平行的投影面上的两根投影轴。

 　　　不能把投影面平行面说成投影面垂直面。

3.3.3　平面上的直线和点

1．平面上的直线

直线在平面上的几何条件是：直线通过平面上的两点，或者直线通过平面上的一点且平行于平面上的另一直线，如图 3-25 所示。

点的两个投影都在平面图形的投影轮廓线范围内，该点不一定在平面上。点的两个投影都在平面图形的投影轮廓线范围外，该点也可能在平面上。

2. 平面上的点

点在平面上的几何条件是：点在平面内的任一直线上，则该点必在此平面上。

如图 3-26 所示，两相交直线 AB 和 BC 决定一平面，点 D 在直线 AB 上，点 E 在直线 BC 上，因此点 D、E 均在 AB 和 BC 所决定的平面上。

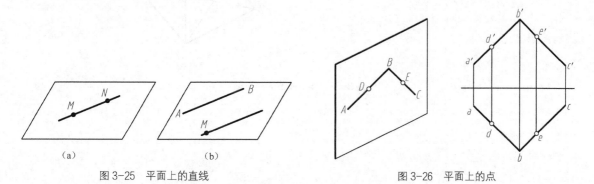

图 3-25 平面上的直线   图 3-26 平面上的点

特殊位置平面上的点可利用积聚性直接求。在一般位置平面上求点应先在平面上作一条辅助直线，然后在辅助直线的投影上取得点的投影，这种作图方法称为辅助直线法。用辅助直线法在平面上取点的作图步骤如表 3-11 所示。

表 3-11   用辅助直线法在平面上取点

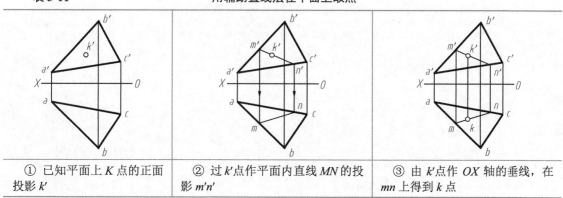

① 已知平面上 K 点的正面投影 k'	② 过 k' 点作平面内直线 MN 的投影 m'n'	③ 由 k' 点作 OX 轴的垂线，在 mn 上得到 k 点

【例 3-9】 试完成图 3-27（a）所示平面四边形 ABCD 的水平投影。

分析：利用在平面内取点和取线的方法，即可完成平面四边形的水平投影。

作图步骤如下。

① 连接 a'c'、b'd' 得交点 k'，如图 3-27（b）所示。

② 连接 bd，在 bd 上求出 k；连接 ak 并延长，与过 c' 所作 OX 轴的垂线交于 c，如图 3-27（b）所示。

③ 连接 bc、cd 即可完成平面四边形的水平投影，如图 3-27（b）所示。

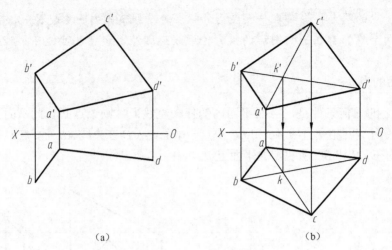

（a）   （b）

图 3-27　作平面图形的投影

第 **4** 章　**投影变换**

【学习目标】
- 掌握换面法的基本原理。
- 掌握点、线、面一次换面及二次换面的基本作图方法。
- 掌握应用换面法解决空间几何元素间常见的度量和定位问题。

前面几章对点线面等几何元素进行了投影分析，可以得知，当直线或平面相对于投影面处于特殊位置（即平行或垂直）时，其投影具有真实性或积聚性，能反映线段的实长、平面的实形、平面对投影面的倾角、两交叉直线的距离及两平面的夹角等，如图 4-1 所示。此时，有关图形、角度、距离等问题的解决就比投影面处于一般位置时更加清楚和方便。

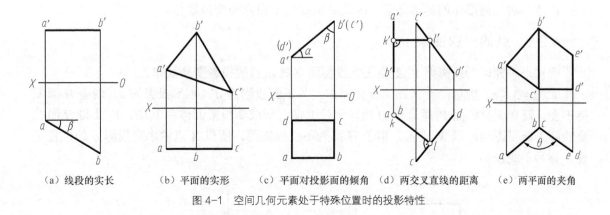

（a）线段的实长　　（b）平面的实形　　（c）平面对投影面的倾角　（d）两交叉直线的距离　（e）两平面的夹角

图 4-1　空间几何元素处于特殊位置时的投影特性

因此，将几何元素与投影面的相对位置由一般位置变换成特殊位置，此时度量或定位问题就容易得到解决，这种方法就称为投影变换。

投影变换的方法通常有以下两种。

（1）保持空间几何元素的位置不动，用新的投影面代替旧的投影面，使空间几何元素对新投影面处于有利于解题的位置，然后找出空间几何元素在新投影面上的投影，这种方法称为换面法。

（2）保持投影面不动，使空间几何元素绕某一轴旋转到有利于解题的位置，然后找出其旋转后的新投影，这种方法称为旋转法。

本模块主要介绍换面法。

4.1 换面法的基本概念

如图 4-2 所示，△ABC 为铅垂面，在 V 面和 H 面投影体系（以后简称为 V/H 体系）中的两个投影都不反映实形。为得到三角形的实形，建立一平行于三角形平面且垂直于 H 面的新投影面 V_1，组成新投影体系 V_1/H，V_1 与 H 面的交线成为新投影轴，△ABC 在新投影面 V_1 上的投影 △$a_1'b_1'c_1'$ 反映实形。

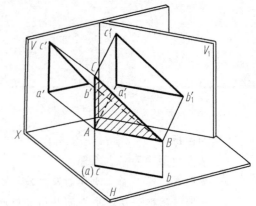

图 4-2 投影变换的方法

由此可知，新投影面的选择必须符合下列两个基本条件。

（1）新投影面必须和空间几何元素处于有利于解题的位置。

（2）新投影面必须垂直于原投影面体系中的一个投影面。

其中第（1）个条件是为方便解题，第（2）个条件是应用投影规律作图的前提。

4.2 点的变换

点是一切几何形体的基本元素，因此必须首先掌握点的变换规律。

4.2.1 点的一次变换

现在来研究以新投影面 V_1 更换正立投影面 V 时，点的投影变换规律。

如图 4-3（a）所示，点 A 在 V/H 体系中，其正面投影为 a'，水平投影为 a。现令 H 面保持不变，设立新投影面 V_1 垂直于 H 面，代替 V 面，形成新投影面体系 V_1/H，V_1 面与 H 面的交线称为新投影轴，以 X_1 表示。由于 H 面为不变投影面，所以 A 点的水平投影 a 的位置不变，称为不变投影。

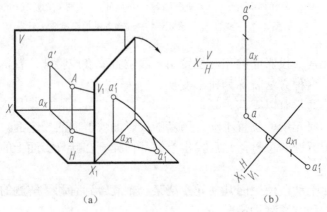

（a）　　　　　　　　　（b）

图 4-3 点的一次变换（更换 V 面）

根据正投影原理，过点 A 向 V_1 面作垂线，得到点 A 在 V_1 面上的投影 a_1'，称为新投影，这样就得到了在 V_1/H 体系中，A 点的两个投影 a 和 a_1'，它们代替了 V/H 体系中的投影 a 和 a'。然后将新投影面绕新投影轴 X_1 按箭头方向旋转至与 H 面为同一平面，这样就得到了点 A 在新投影面体系中的投影图，如图 4-3（b）所示。由点的投影规律可知 aa_1' 必定垂直于 X_1 轴，这和 $aa' \perp X$ 轴的性质是一样的。又由于新、旧体系具有公共的水平面 H，所以点 A 到 H 面的距离不变，即 $a'a_X = Aa = a_1'a_{X1}$。

根据以上分析，得出点的投影变换规律。

（1）点的新投影和不变投影的连线必垂直于新投影轴。

（2）点的新投影到新投影轴的距离等于被更换掉的旧投影到旧投影轴的距离。

根据上述投影变换规律，点的一次变换的作图步骤如下，如图 4-3（b）所示。

① 按有利于解题的要求在适当的位置画出新投影轴 X_1。

② 过 a 作 $aa_{X1} \perp X_1$ 轴并延长。

③ 截取 $a_1'a_{X1} = a'a_X$，a_1' 即为所求的新投影。

图 4-4 所示为更换 H 面的情况，其作图步骤与更换 V 面的类似。

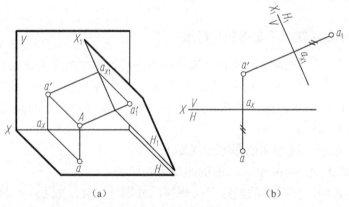

（a）　　　　　　　　　　　　　　（b）

图 4-4　点的一次变换（更换 H 面）

4.2.2　点的二次变换

在用换面法解决实际问题时，有时变换一次投影面还不能解决问题，而必须变换两次或更多次，这种变换两次或更多次投影面的方法称为二次变换或多次变换。由于新投影面的选择必须符合前述的两个基本条件，故二次变换或多次变换需遵循下列原则。

（1）一次只能变换一个投影面，新投影面必须与不变的投影面垂直，使之构成一个新的投影面体系。

（2）换面要交替进行，即如果第一次以 V_1 代替 V，则第二次必须以 H_2 代替 H，如图 4-5 所示。

（3）每一次变换后构成的新投影面体系是在前一次两投影面体系的基础上进行的，因此在由 $V_1/H \to V_1/H_2$ 的变换过程中，V_1/H_2 是新投影体系，其交线 X_2 是新投影轴，而 V_1/H 便成了旧投影体系，X_1 轴便成了旧投影轴。点在 H_2 面上的投影是新投影，在 V_1 面上的投影便成了不变的投影，而在 H 面上的投影则是被更换掉的旧投影。

点的一次投影变换规律也适用于二次变换或多次变换。图 4-5 所示为点 A 的二次变换，由 V/H 体系变换为 V_1/H 体系再变换为 V_1/H_2 体系，当然变换次序也可以是 $V/H \to V/H_1 \to V_2/H_1$。

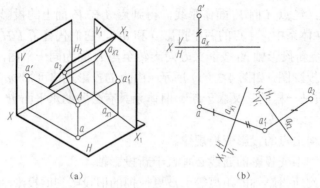

图 4-5　点的二次变换

4.3　直线的投影变换

对直线进行投影变换时，只要把直线上任意两点的投影加以变换，即可求得直线的新投影。

4.3.1　直线的一次变换

1. 把一般位置直线变为投影面的平行线

如图 4-6（a）所示，线段 AB 在 V/H 体系中为一般位置直线，若求 AB 的实长及其对 H 面的倾角 α，则可用一个平行于 AB 且垂直于 H 面的 V_1 面来代替 V 面，此时 AB 在新投影面体系 V_1/H 中成为 V_1 面的平行线，它在 V_1 面上的投影 $a_1'b_1'$ 反映 AB 的实长，$a_1'b_1'$ 与 X_1 轴的夹角即为 AB 对 H 面的倾角 α。

如图 4-6（b）所示，投影图的作图步骤如下。

① 作新投影轴 X_1 轴 // ab，X_1 与 ab 的距离可任取。

② 在 V_1/H 体系中，根据点的投影变换规律，分别作出 A、B 两点的新投影 a_1'、b_1'。

③ 连接 a_1'、b_1' 即得 $a_1'b_1'$，它反映 AB 的实长，其与 X_1 轴的夹角反映 AB 对 H 面的倾角 α。

若求 AB 的实长及其对 V 面的倾角 β，则应更换 H 面，将 AB 变为 H_1 面的平行线。图 4-7 所示为其投影图的作法。

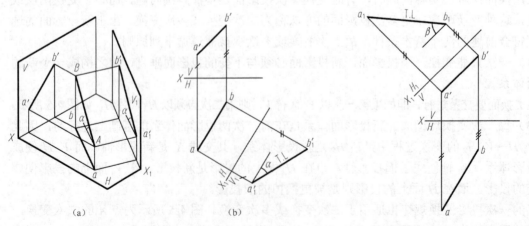

图 4-6　一般位置直线变换为投影面平行线（求 α 角）　　　图 4-7　一般位置直线变换为投影面平行线（求 β 角）

若求一般位置线段的实长，可变换任一投影面。但若求直线对某一投影面的倾角，则必须使该投影面为不变投影面，而变换另一个投影面。

2. 把投影面平行线变换为投影面垂直线

这种变换的目的是使线段的投影具有积聚性，以便于求解某些度量问题。

如图 4-8（a）所示，AB 在 V/H 体系中为一正平线，用一垂直于 AB 的 H_1 面（它必然垂直于 V 面）来替换 H 面，则 AB 在 V/H_1 体系中就成为新投影面 H_1 的垂直线，它在 H_1 面上的投影 a_1b_1 积聚为一点。如图 4-8（b）所示，其投影图作图步骤如下。

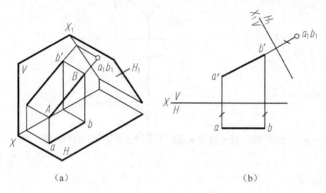

（a）　　　　　　　　　　（b）

图 4-8　投影面平行线变为投影面垂直线

① 作新投影轴 $X_1 \perp a'b'$。

② 根据点的投影变换规律，求出 AB 在 H_1 面上的投影 a_1b_1，则 a_1b_1 必积聚为一点。

4.3.2　直线的二次变换

　　垂直于一般位置直线的平面一定也是一般位置平面，因此欲将一般位置直线变换为投影面的垂直线，经过一次变换是不够的，必须连续地变换两次投影面。如图 4-9（a）所示，第一次把一般位置直线变换为投影面的平行线，第二次再把投影面的平行线变换为投影面的垂直线，这就是直线的二次变换。如图 4-9（b）所示，其投影图作图步骤如下。

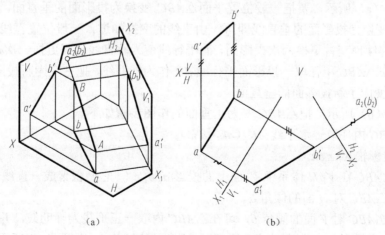

（a）　　　　　　　　　　（b）

图 4-9　把一般位置直线变为投影面（H_2）的垂直线

① 先作 X_1 轴 // ab，求得 AB 在 V_1 面上的新投影 $a_1'b_1'$。

② 再作 X_2 轴 $\perp a_1'b_1'$，得出 AB 在 H_2 面上的投影 a_2（b_2），这时 a_2 与 b_2 积聚为一点。

先更换 H 面再更换 V 面，将直线变成 V_2 面的垂直线的作图过程如图 4-10 所示。

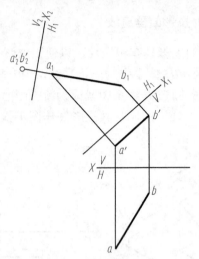

图 4-10　把一般位置直线变为投影面（V_2）的垂直线

4.4　平面的投影变换

平面的投影变换就是把确定平面的几何元素的投影加以变换，从而得到平面在新投影体系中的投影。

4.4.1　平面的一次变换

1．把一般位置平面变换为投影面的垂直面

这种变换的目的是使平面的投影具有积聚性，以便于求解某些度量（如求平面与投影面的夹角及与平面有关的距离问题等）、定位等问题。

如图 4-11（a）所示，要把一般位置平面△ABC 变换为投影面的垂直面，只要把△ABC 内的任一直线变换为投影面的垂直线即可。由直线的变换知道，一般位置直线变为投影面的垂直线，必须连续地交替更换两次投影面，而平行线变为垂直线只需更换一次投影面。因此，为作图简便，在△ABC 上任取一投影面平行线 AK 作为辅助线，把它变为新投影面的垂直线，则△ABC 也就变成了新投影面的垂直面。

如图 4-11（b）所示，把△ABC 变为正垂面的作图步骤如下。

① 在△ABC 内任取一水平线 AK（ak，$a'k'$）。

② 作新投影轴 $X_1 \perp ak$。

③ 求出△ABC 在 V_1/H 体系中 V_1 面上的投影 $a_1'b_1'c_1'$，它们积聚成一直线，该直线与 X_1 轴的夹角即为△ABC 对 H 面的倾角 α。

如果要求△ABC 对 V 面的倾角 β，可在△ABC 内取一正平线为辅助线，并用 H_1 代替 H，则△ABC 的 H_1 面投影与 X_1 轴的夹角即为平面对 V 面的倾角 β，如图 4-12 所示。

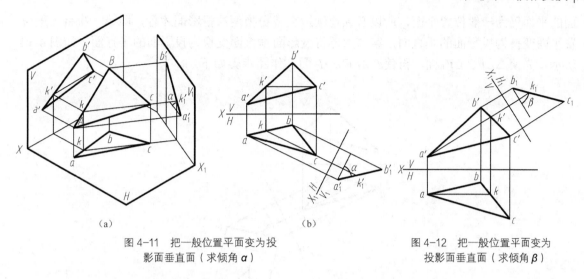

(a)	(b)

图 4-11 把一般位置平面变为投
影面垂直面（求倾角 α）

图 4-12 把一般位置平面变为
投影面垂直面（求倾角 β）

 求平面与某投影面的倾角时，必须保持该投影面不变，并在平面上取该投影面的平行线作为辅助线，而更换另一个投影面才能求得。

2. 把投影面垂直面变为投影面的平行面

这种变换的目的是为了求平面的实形和解决同一平面内的有关图解问题。

由于投影面垂直面已经垂直于一个投影面，所以只要建立一个与已知平面平行的新投影面，即可在新投影体系中得到该平面的实形。如图 4-13 所示，把铅垂面 △ABC 变为新投影面平行面的作图步骤如下。

① 根据平行面的投影特点，作新投影轴 X_1 // abc，abc 为 △ABC 有积聚的水平投影。

② 根据投影变换规律，求出 △ABC 的新投影 △$a_1'b_1'c_1'$，△$a_1'b_1'c_1'$ 即反映 △ABC 的实形。

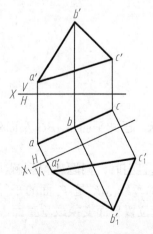

图 4-13 把投影面垂直面变换为投影面平行面

4.4.2 平面的二次变换

平面二次变换的目的是把一般位置平面变换为投影面的平行面。因为平行于一般位置平面的平面仍为一般位置平面，所以必须连续地交替更换两次投影面才行，即第一次将一般位置平面变换为投影面的垂直面，第二次再将投影面垂直面变换为投影面的平行面。如图 4-14 所示，先使 $\triangle ABC \perp V_1$ 面，再使 $\triangle ABC /\!/ H_2$ 面，作图步骤如下。

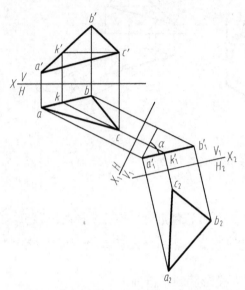

图 4-14 把一般位置平面变换为投影面平行面

① 在 $\triangle ABC$ 内任取一水平线 AK，作新投影面 $V_1 \perp AK$，即作 X_1 轴 $\perp ak$，然后作出 $\triangle ABC$ 在 V_1 面上的投影 $a_1'b_1'c_1'$，它积聚为一直线。

② 作新投影面 H_2 平行于 $\triangle ABC$，即作 X_2 轴 $/\!/ a_1'b_1'c_1'$，然后求出 $\triangle ABC$ 在 H_2 面上的投影 $\triangle a_2b_2c_2$，$\triangle a_2b_2c_2$ 即反映平面三角形的实形。

关于直线的一次变换、二次变换及平面的一次变换和二次变换是属于换面法最基本的作图方法，必须熟练掌握。

4.5 换面法的应用举例

1. 求解距离问题

【例 4-1】 如图 4-15（a）所示，已知平面 $\triangle ABC$ 及面外一点 M，求 M 点到三角形平面 ABC 的距离及其投影。

分析： 当平面变换成投影面垂直面时，问题就得到解决。如图 4-15（b）所示，当平面变成 V_1 面的垂直面时，点至平面的垂线 MK 是 V_1 面的平行线，它在 V_1 面上的投影 $m_1'k_1'$ 反映实长，即点到平面的距离。一般位置平面变换成垂直面，只需一次变换即可。设新投影面 $V_1 \perp H$ 面，代替 V 面。

作图步骤如下。

① 在 $\triangle ABC$ 上作水平线 AD，其正面投影为 ad、水平投影为 $a'd'$，如图 4-15（a）所示。

② 作新投影轴 $X_1 \perp ad$，在 V_1/H 体系中作出新投影 $a_1'b_1'c_1'$ 和 m_1'。

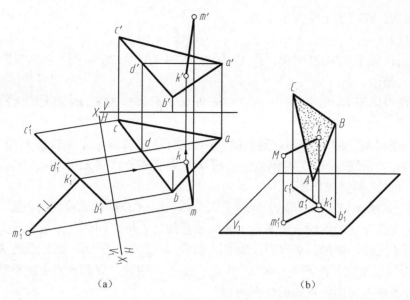

图 4-15　用换面法求点到平面的距离

③ 过 m_1' 作 $a_1'b_1'c_1'$ 的垂线，垂足为 k_1'，则 $m_1'k_1'$ 反映点到 $\triangle ABC$ 的真实距离。

④ 过点 m 作 $mk /\!/ X_1$，由 k_1' 求得 k，再由 k 求得 k'，连接 $m'k'$，即完成作图。

【**例 4-2**】　如图 4-16（a）所示，已知直线 AB 及线外一点 M，求作 M 点到直线 AB 的距离及其投影。

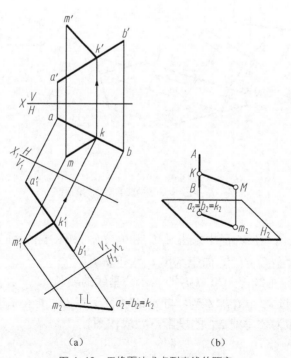

图 4-16　用换面法求点到直线的距离

分析：当直线变换成投影面的垂直线时，在该投影面上就能直接反映出点到直线的距离，如图 4-16（b）所示。因此，必须将一般位置直线经过二次变换成为投影面的垂直线，M 点也随之变换两次，即可求出距离的实长。

作图步骤如下。

① 选取新投影面 V_1 代替 V 面。作 $X_1 /\!/ ab$，求得 AB、M 在 V_1 面上的新投影 $a_1'b_1'$、m_1'，如图 4-16（a）所示。

② 再取新投影面 H_2 代替 H 面。作 $X_2 \perp a_1'b_1'$，求得 AB、M 在 H_2 面上的新投影 a_2b_2、k_2，a_2、b_2 必重合为一点。

③ 连接 m_2 和 a_2（b_2），即为点到直线 AB 的实际距离（垂足 K 的投影 k_2 与 a_2b_2 重合）。

④ 过点 m_1' 作直线 $m_1'k_1' /\!/ X_2$ 得 k_1'，再根据 K 点从属于直线 AB，由 k_1' 求出 k，由 k 求出 k'，连接 mk、$m'k'$，即完成作图。

【例 4-3】 如图 4-17（a）所示，求两交叉直线 AB、CD 间的距离及其投影。

分析：两交叉直线间的距离就是它们之间公垂线的长度，因此，如果将两交叉直线之一变换成投影面垂直线，例如，令 $CD \perp H_2$ 面，如图 4-17（b）所示，则公垂线 KL 必平行于 H_2 面，其投影能反映实长，即 $k_2l_2 = KL$，且 $k_2l_2 \perp a_2b_2$。因此，该题实质上就是把一般位置直线经过二次变换成投影面垂直线的作图问题。

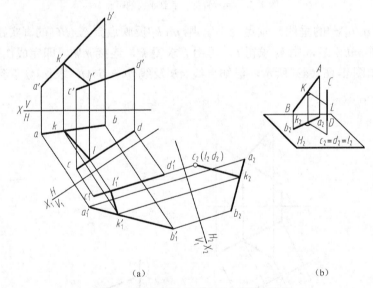

图 4-17 用换面法求两交叉直线间的距离

作图步骤如下。

① 作投影轴 $X_1 /\!/ cd$，在 V_1 面中求出 $a_1'b_1'$ 和 $c_1'd_1'$，如图 4-17（a）所示。

② 作投影轴 $X_2 \perp c_1'd_1'$，在 H_2 面中求出 a_2b_2 和 c_2d_2。

③ 过 c_2d_2 向 a_2b_2 作垂线得 k_2l_2，k_2l_2 即显示公垂线的实长。

④ 由 k_2 求得 k_1'，过 k_1' 作 $l_1'k_1' /\!/ X_2$，与 $c_1'd_1'$ 相交于点 l_1'，再由 l_1' 求得 l 和 l'，由 k_1' 求得 k 和 k'，连接 lk 和 $l'k'$ 即为公垂线 KL 的投影，完成作图。

1. 求解角度问题

【例 4-4】 如图 4-18（b）所示，已知两一般位置平面 $\triangle ABC$ 和 $\triangle ABD$，用换面法求两平面间的夹角。

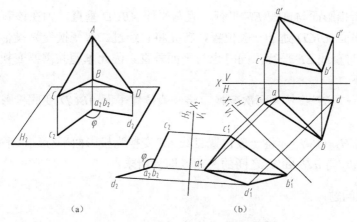

图 4-18　用换面法求两平面间的夹角

　　分析：当两平面同时垂直于某一投影面时，它们在该投影面上的投影均积聚为直线，此两直线间的夹角就反映出两平面间的真实夹角，如图 4-18（a）所示。要将两平面同时变换为投影面垂直面，必须把它们的交线变换为投影面垂直线。从图 4-18（b）中得知，两平面的交线 AB 是一般位置直线，故需要两次变换投影面，才可求出两平面的夹角。

　　作图步骤如下。

　　① 选投影面 $V_1 /\!/ AB$，求出 $a_1'b_1'$，$a_1'b_1'$ 反映 AB 的实长。同时求得 c_1'、d_1'，连接 $a_1'c_1'$、$b_1'c_1'$ 和 $a_1'd_1'$、$b_1'd_1'$。$\triangle a_1'b_1'c_1'$ 和 $\triangle a_1'b_1'd_1'$ 为两平面在 V_1 面上的新投影。

　　② 再选取投影面 $H_2 \perp AB$，即作 $X_2 \perp a_1'b_1'$，求得 $a_2b_2c_2$ 和 $a_2b_2d_2$，分别为两平面有积聚性的投影。两直线 $a_2b_2c_2$ 和 $a_2b_2d_2$ 之间的夹角就是两平面 $\triangle ABC$ 和 $\triangle ABD$ 的二面角 φ。

　　【例 4-5】 如图 4-19 所示，已知由四边形 $ABCD$ 给定的一平面和直线 EF，用换面法求直线 EF 与平面 $ABCD$ 之间夹角的真实大小。

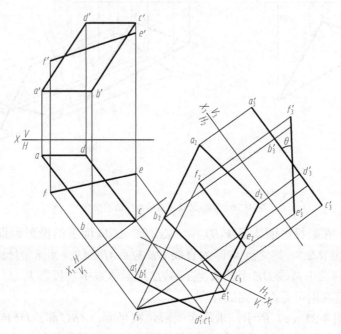

图 4-19　用换面法求直线与平面的夹角

分析：作一新投影面与直线 EF 平行，且与平面 ABCD 垂直，则在该新投影面上的投影反映 θ 角。由于平面 ABCD 处于一般位置，首先将它经过二次变换变为投影面平行面，然后再作新投影面 V_3 与直线 EF 平行，同时也与平面垂直。因此本题共需要变换三次投影面。

作图步骤如下。

① 经过 $V/H \rightarrow V_1/H \rightarrow V_1/H_2$ 两次变换，将一般位置平面 ABCD 变成投影面平行面，直线 EF 随同一起变换。

② 再经过 $V_1/H_2 \rightarrow V_3/H_2$，将一般位置直线 EF 变换为投影面平行线，平面 ABCD 也随同变换为垂直面。$e_3'f_3'$ 与 $a_3'b_3'c_3'd_3'$ 之间的夹角 θ 即为所求。

2. 求解定位问题

【例 4-6】 如图 4-20（a）所示，求一般位置直线 DE 与一般位置平面 △ABC 的交点。

分析：△ABC 是一般位置平面，只需经过一次投影变换，就可将其变成投影面垂直面，这样就可以很方便地利用积聚性求出直线与平面的交点。

作图步骤如下。

① 在 △ABC 上取一条水平线 AF，其 V 面、H 面投影分别为 a'f'、af，如图 4-20（b）所示。

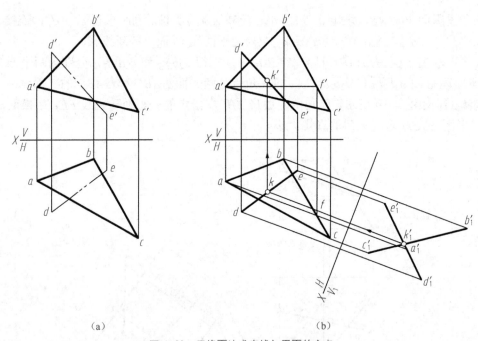

| （a） | （b） |

图 4-20 用换面法求直线与平面的交点

② 作 $X_1 \perp af$，在新投影面体系 V_1/H 中，△ABC 在 V_1 面上的投影为直线 $a_1'b_1'c_1'$，同时求出直线 DE 的投影 $d_1'e_1'$，其交点 k_1' 即为直线 DE 与 △ABC 的交点 K 的投影。

③ 根据 k_1' 返回求出直线 DE 上的 K 点在 V/H 投影体系中的投影 k、k'。

④ 利用重影点判别可见性，完成作图。

【例 4-7】 如图 4-21（a）所示，求两个一般位置平面 △ABC 和 △DEF 的交线。

分析：只要把两平面之一变换为投影面垂直面，即可利用积聚性求出两平面的交线。

作图步骤如下。

① 经过一次变换，使△ABC 变成垂直面，求出△ABC 与△DEF 的交线的投影 $m_1' n_1'$，如图 4-21（a）所示。

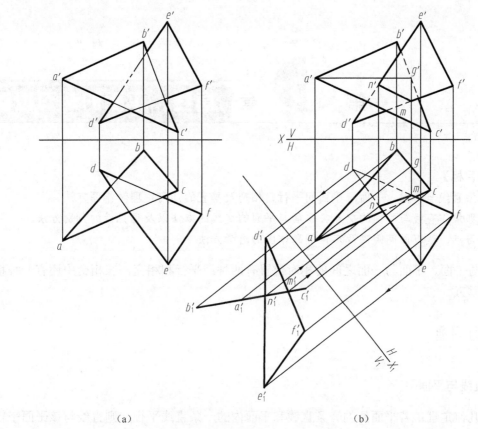

（a）   （b）

图 4-21 用换面法求两平面的交线

② 根据 $m_1' n_1'$ 求出交线在 V/H 投影体系中的投影 mn、$m' n'$。

③ 利用重影点判别可见性，完成作图。

第**5**章　直线、平面的相对位置

【学习目标】

- 熟悉直线与平面、平面与平面间平行、相交及垂直的几何定理和作图方法。
- 掌握求作直线与平面的交点、平面与平面的交线的方法以及可见性的判别方法。
- 学习点、线、面间距离及定位问题作图的思考方法。

直线与平面、平面与平面之间的相对位置有两种：平行和相交。在相交中还有一种特殊关系——垂直。

5.1　平行问题

1. 直线与平面平行

根据几何定理：若平面外的一条直线和平面内的一条直线平行，则直线与该平面平行。如图 5-1 所示，直线 *AB* 平行于平面 *P* 内的直线 *CD*，那么直线 *AB* 与平面 *P* 平行；反之，如果直线 *AB* 与平面 *P* 平行，则在平面 *P* 内可以找到与直线 *AB* 平行的直线 *CD*。

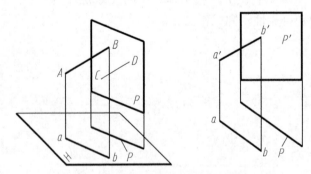

图 5-1　直线与平面平行的几何条件

【例 5-1】　如图 5-2（a）所示，过点 *M* 作一直线 *MN* 平行于平面△*ABC*。

分析： 过点 *M* 作直线平行于平面内的任一条直线。

作图步骤如下。

① 过点 *m* 作直线 *mn*∥*bc*，如图 5-2（b）所示。

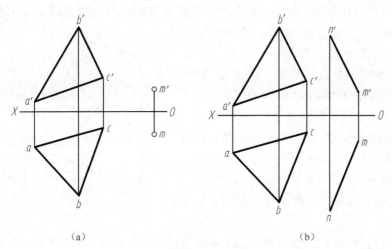

(a)　　　　　　　　　　　(b)

图 5-2　过点作直线平行于已知平面

② 过点 *m'* 作直线 *m'n'* // *b'c'*，如图 5-2（b）所示。

【**例 5-2**】　如图 5-3（a）所示，试判断直线 *AB* 是否平行于平面△*CDE*。

分析：若直线平行于平面，则在平面内一定可以作出一条直线与已知直线平行；否则，不平行。

作图步骤如下。

① 在△*cde* 内作直线 *mn* // *ab*，如图 5-3（b）所示。

② 求出直线 *MN* 的正面投影 *m'n'*，如图 5-3（b）所示。

③ 因为 *m'n'* 不平行 *a'b'*，即直线 *MN* 不平行于直线 *AB*，故直线 *AB* 不平行于△*CDE*，如图 5-3（b）所示。

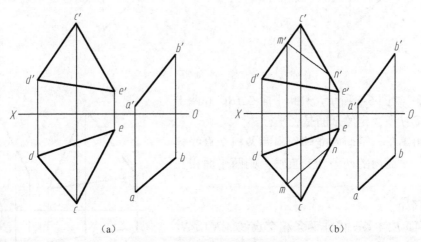

(a)　　　　　　　　　　　(b)

图 5-3　判断直线与平面是否平行

2．平面与平面平行

根据几何定理：若一平面内的两条相交直线分别与另一平面内的两条相交直线对应平行，

则这两个平面必定相互平行。如图 5-4 所示，平面 *P* 内的一对相交直线 *AB*、*CD* 与平面 *Q* 内的一对相交直线 *EF*、*GK* 对应平行，即 *AB∥EF*，*CD∥GK*，那么平面 *P* 与 *Q* 平行。

【例 5-3】 如图 5-5（a）所示，过点 *K* 作平面平行于由平行两直线 *AB* 和 *CD* 确定的平面。

分析：根据两平面平行的几何定理，只要过 *K* 点作两条相交直线分别对应平行于已知平面内的两条相交直线即可。

作图步骤如下。

① 作直线 *MN* 与 *AB*、*CD* 相交，如图 5-5（b）所示。

② 过 *K* 点作直线 *EF∥MN*，即作 *ef∥mn*、*e'f'∥m'n'*，如图 5-5（b）所示。

③ 过 *K* 点作直线 *GH∥AB*，即作 *gh∥ab*、*g'h'∥a'b'*，则由相交两直线 *EF*、*GH* 所确定的平面与已知平面平行，如图 5-5（b）所示。

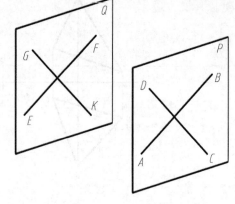

图 5-4 两平面平行的空间分析

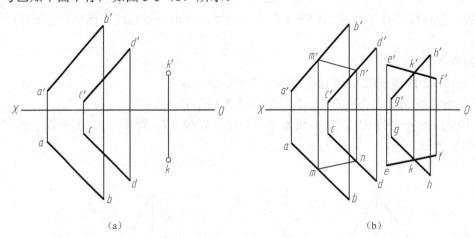

（a）　　　　　　　　　　　　　　　　　（b）

图 5-5 过 *K* 点作一平面与已知平面平行

【例 5-4】 如图 5-6 所示，判断平面 △*ABC* 和两平行直线 *EF*、*GH* 所决定的平面是否平行。

分析：如果在一平面内能够作出两条相交直线分别平行于另一平面内的两条相交直线，则两平面相互平行。

作图步骤如下。

① 在平面 *EF*、*GH* 内作两条相交直线 *MN*、*FN*，使 *m'n'∥a'c'*、*f'n'∥b'c'*。

② 作出 *mn* 和 *fn*，由图 5-6 得知，*mn∥ac*、*fn∥bc*，即 *MN∥AC*、*FN∥BC*，因此平面 △*ABC* 平行于 *EF*、*GH* 所决定的平面。

若两投影面垂直面相互平行，则它们具有积聚性

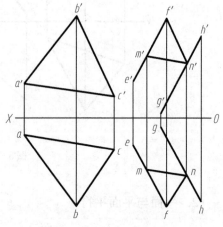

图 5-6 判断两平面是否平行

的那组投影必相互平行。如图 5-7 所示，两个铅垂面△ABC 和△DEF 互相平行，所以它们具有积聚性的水平投影相互平行。

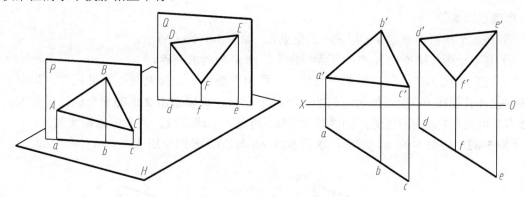

图 5-7　两个投影面垂直面互相平行

5.2　相交问题

直线与平面相交为一点，该点是直线和平面的共有点；平面与平面相交为一直线，该直线是两平面的共有线。

5.2.1　直线与平面相交

1. 特殊位置直线或平面的相交

直线与平面相交，当直线或平面其中之一垂直于投影面时，它在该投影面上的投影有积聚性，利用积聚性可直接求出交点的一个投影，然后利用投影规律即可作出交点的另一个投影。

【例 5-5】　如图 5-8（a）所示，求直线 MN 与铅垂面△ABC 的交点。

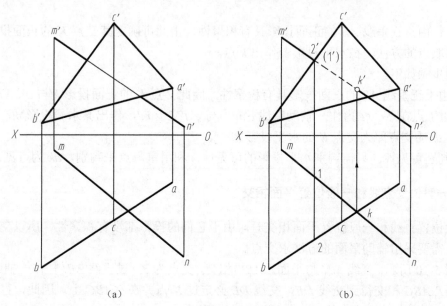

（a）　　　　　　　　　　　　　（b）

图 5-8　利用平面的积聚性求交点

分析： 由于△ABC是铅垂面，其水平投影具有积聚性，所以可直接从投影图上定出交点的投影。

作图步骤如下。

① 在水平投影上确定mn与abc的交点k，如图5-8（b）所示。

② 利用投影规律作出K点的正面投影k'，则K为所求交点。

③ 判断直线MN正面投影的可见性。可利用重影点 Ⅰ、Ⅱ来判别其可见性，其中 Ⅰ 点在MN上，Ⅱ 点在BC上，作出它们的水平投影1、2，可以看出2点的Y坐标比1点大，所以2'点为可见，1'点为不可见，则线段k'1'为不可见，画成虚线，其余画成粗实线。

【例5-6】 如图5-9（a）所示，求正垂线AB与△CDE的交点K。

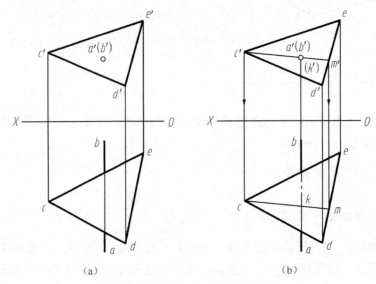

（a）　　　　　　　　　　　　（b）

图5-9　利用直线的积聚性求交点

分析： 由于正垂线AB的正面投影具有积聚性，由此可确定其交点K的正面投影k'，再利用面上取点的方法，在水平投影上作出k点。

作图步骤如下。

① 由于正垂线AB的正面投影具有积聚性，因此交点K的正面投影k'与a'、（b'）重合。

② 过k'点在△c'd'e'内作一辅助直线c'm'，与e'd'交于m'，作出其水平投影m，连接cm，则cm与ab的交点即为交点K的水平投影k。

③ 判别可见性。只需判别水平投影的可见性，利用重影点来判别，ak为可见。

2．一般位置直线和一般位置平面相交

一般位置直线和一般位置平面相交时，由于它们的投影都没有积聚性，所以交点不能直接求出，需要采用辅助平面的方法求交点。

如图5-10所示，直线MN与平面△ABC相交，交点为K。过直线MN任作一辅助平面P，其与平面△ABC相交得到交线DE，交线DE必定过K点并在△ABC上。因此，直线MN与交线DE的交点K，即为直线MN与平面△ABC的交点。

根据以上几何分析，可得出用辅助平面法求直线和平面交点的作图步骤。

① 过已知直线作一辅助平面，为作图方便，通常取投影面垂直面。

② 作出辅助平面与已知平面的交线。

③ 作出该交线与已知直线的交点，即为所求直线和平面交点。

④ 判别可见性。

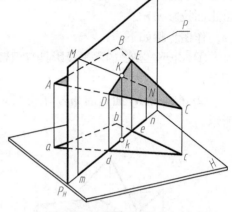

图 5-10　用辅助平面法求交点

【例 5-7】　如图 5-11（a）所示，求直线 *MN* 与平面△*ABC* 的交点。

分析： 由于直线 *MN* 与平面△*ABC* 都处于一般位置，因此利用辅助平面法来求交点。

作图步骤如下。

① 过直线 *MN* 作一铅垂面 *P*，其水平投影 P_H 与 *mn* 重合，如图 5-11（b）所示。

② 作出平面 *P* 与平面△*ABC* 的交线 *DE*，其水平投影和正面投影分别为 *de* 和 *d'e'*，如图 5-11（b）所示。

③ 作出交线 *DE* 与已知直线 *MN* 的交点 *K*，即由 *d'e'* 与 *m'n'* 的交点 *k'*，再求出其水平投影 *k*，如图 5-11（b）所示。

④ 判别可见性。如图 5-11（c）所示，正面投影的可见性可由重影点 1'、2' 来判断，Ⅰ 点在 *AC* 上，Ⅱ 点在 *MN* 上，由于 $y_Ⅰ > y_Ⅱ$，因此，Ⅰ 点是可见的，Ⅱ 点是不可见的，即 *k'2'* 为虚线。同理，可以判断出水平投影中 *k3* 为实线，另一侧为虚线。

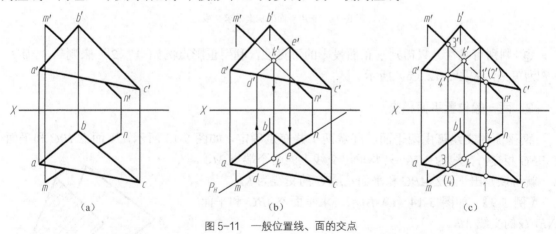

|（a）|（b）|（c）|

图 5-11　一般位置线、面的交点

5.2.2　两平面相交

两平面相交，其交线是两平面的共有直线，所以只要确定两平面的两个共有点或一个共有点及交线的方向就可以确定两平面的交线。

1. 特殊位置平面和一般位置平面相交

【例 5-8】　如图 5-12 所示，求铅垂面△*ABC* 与一般位置平面△*DEF* 的交线。

分析：铅垂面△ABC 的水平投影具有积聚性，根据交线的性质，它与△DEF 交线的水平投影 mn 就在△ABC 的水平投影 abc 上，因此可利用平面内取线的方法，由水平投影 mn 求出正面投影 m'n'。

作图步骤如下。

① 由于△ABC 的水平投影具有积聚性，可直接得到交线 MN 的水平投影 mn，如图 5-12（b）所示。

② 根据△def 面内的 mn，求得其正面投影 m'n'，m'n'即为交线的正面投影，如图 5-12（b）所示。

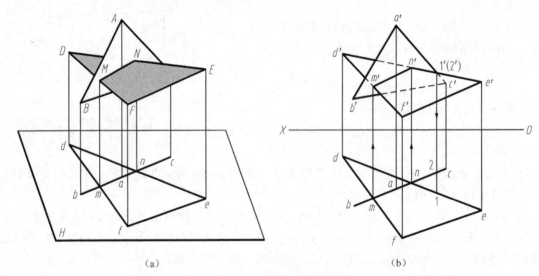

(a)   (b)

图 5-12   利用平面的积聚性求交线

③ 判别可见性。只需判别正面投影的可见性，利用重影点例如 1'（2'）来判断，n'e'、m'f'为可见，如图 5-12（b）所示。

2．两一般位置平面相交

两平面的交线可由两平面的任意两个共有点确定，如图 5-13 所示，平面△ABC 和平面△EFG 相交，交线为 MN，只要求出交线上的两个端点 M、N，就可以作出平面△ABC 和平面△EFG 的交线为 KL。

【例 5-9】 如图 5-14（a）所示，求平面△ABC 和平面△EFG 的交线 MN。

分析：选取△EFG 的两条边 DE 和 FE，利用辅助平面法分别求出它们和△ABC 的交点，连接两交点即为所求交线。

作图步骤如下。

① 过 DE 作辅助平面 P，求出 DE 和平面△ABC 的交点 M，其投影为 m'和 m，如图 5-14（b）所示。

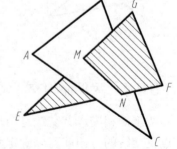

图 5-13   两平面相交

② 过 FE 作辅助平面 Q，求出 FE 和平面△ABC 的交点 N，其投影为 n'和 n，如图 5-14（b）所示。

③ 连接 *m'n'* 和 *mn*，即为所求交线的投影，如图 5-14（b）所示。

④ 利用重影点判别各投影的可见性，如图 5-14（c）所示。

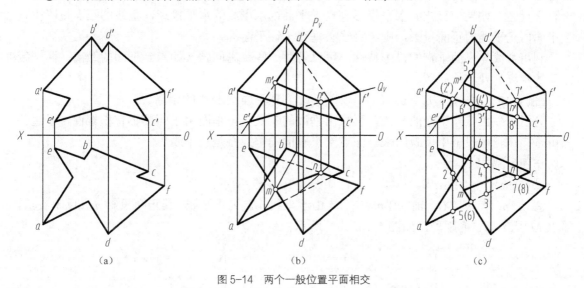

图 5-14 两个一般位置平面相交

5.3 垂直问题

1. 直线与平面垂直

根据几何定理：若一直线垂直于平面内的任两条相交直线，则该直线垂直于这个平面；反之，若直线垂直于平面，则该直线垂直于平面内的一切直线，也必垂直于平面内的任意两条直线。如图 5-15 所示，直线 *MN* 垂直于平面△*ABC*，则必垂直于平面△*ABC* 内的一切直线，其中包括过垂足 *N* 的水平线 *AD* 和正平线 *CK*。根据直角投影定理，*mn*⊥*ad*，*m'n'*⊥*c'k'*。

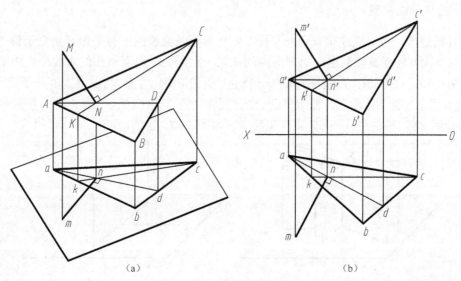

图 5-15 直线与平面垂直

由此可知，直线和平面垂直有如下的投影特性：若直线垂直于平面，则该直线的水平投影必垂直于该平面内水平线的水平投影，该直线的正面投影必垂直于该平面内正平线的正面投影；反之，如果一直线的水平投影垂直于平面内水平线的水平投影，直线的正面投影垂直于平面内正平线的正面投影，则该直线必垂直于该平面。

利用直线与平面垂直的投影特性，可以解决一些距离问题（如点到平面的距离、两平行面间的距离）及定位问题。

【例 5-10】 如图 5-16（a）所示，求点 M 到正垂面 $\triangle ABC$ 的距离。

分析： 先由点作平面的垂线，再求出垂线的实长。正垂面的正面投影有积聚性，垂直关系可直接在正面投影中反映出来。而点到正垂面的垂线必是正平线。

作图步骤如下。

① 过 m' 作 $m'n' \perp a'b'$，得垂足 n'，如图 5-16（b）所示；

② 过 m 作 $mn /\!/ OX$ 轴，由 n' 求出 n。由于直线 MN 为正平线，其正面投影 $m'n'$ 反映实长，即点 M 到 $\triangle ABC$ 的距离，如图 5-16（b）所示。

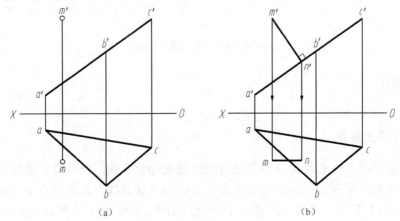

图 5-16　求点到正垂面的距离

2．平面与平面垂直

根据几何定理：若一直线垂直于一平面，则包含这条直线的所有平面都垂直于该平面；反之，如果两平面互相垂直，则由一个平面内的任意一点向另一平面所作的垂线一定属于第一个平面。如图 5-17（a）所示，直线 AB 垂直一个定平面 P，则包含直线 AB 所作的一系列平面 Q、R、S 等均垂直于平面 P；反之，若两平面 P、R 互相垂直，则由属于平面 R 中的任意一点 A 向平面 P 作垂线 AB，该垂线 AB 一定属于平面 R，如图 5-17（b）所示。

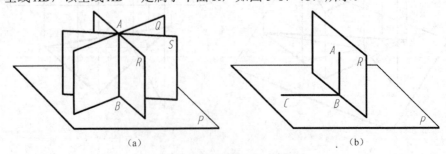

图 5-17　两平面垂直的几何条件

【例 5-11】 如图 5-18（a）所示，过点 K 作一平面垂直于平面△ABC，并平行直线 DE。

分析： 过点 K 作△ABC 的垂线 KM，再过点 K 作直线 KN 平行于直线 DE，则相交两直线 KM 和 KN 所确定的平面即为所求。

作图步骤如下。

① 因 ac // OX 轴，则 AC 为正平线，过点 k' 作 k'm' ⊥ a'c'。

② 任作△ABC 面内的水平线 CF，则 c'f' // OX，作出 cf。过点 k 作 km ⊥ cf，则 KM ⊥ △ABC。

③ 作直线 KN 平行直线 DE，即 k'n' // d'e'，kn // de，则平面 MKN 即为所求。

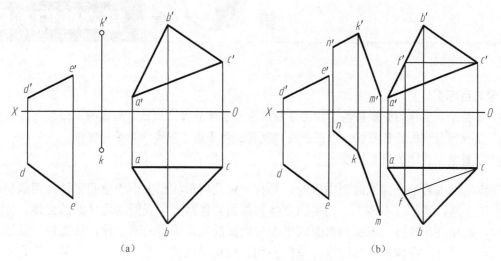

（a）　　　　　　　　　　　　　　　　（b）

图 5-18　过点作平面垂直已知平面

【学习目标】

- 掌握平面立体的投影特性、作图方法以及在立体表面上取点、取线的方法。
- 掌握回转体的投影特性、作图方法以及在立体表面上取点、取线的方法。
- 了解常见柱体的投影特性。

立体是指由若干平面或曲面围成的、具有一定几何形状和大小的空间形体。组成机件的最基本的立体，简称基本体，分为平面立体和曲面立体两类。表面均为平面的立体，称为平面立体，如棱柱、棱锥。表面为曲面或平面与曲面的立体称为曲面立体，如圆柱、圆锥、圆球及圆环。另外，由棱柱、圆柱进行单向叠加、挖切而成的等厚立体——柱体，也是常见的基本体。

6.1 平面立体

平面立体的表面都是平面，最基本的平面立体是棱柱和棱锥。在投影图中表示平面立体，可归结为绘制组成平面立体所有表面的投影，也就是绘制这些多边形的顶点和边的投影。多边形的边是平面立体的棱线，是其相邻表面的交线，也是轮廓线。判别可见性后，将可见的棱线投影画成粗实线，不可见的棱线投影画成虚线。

6.1.1 棱柱

常见的棱柱是侧棱与底面垂直的直棱柱。直棱柱的顶面和底面多边形全等且相互平行，若干矩形侧面和相互平行的棱线垂直于底面。底面是直棱柱的特征面，底面是几边形就为几棱柱。图 6-1 所示为一正放的正六棱柱的轴测图和投影图，它由顶面、底面和 6 个侧棱面组成。

1. 投影分析

（1）顶面和底面：正六棱柱的顶面和底面均为水平面，该两面的水平投影反映实形，且互相重合；正面、侧面投影分别积聚成直线。

（2）6 个侧棱面：正六棱柱的前、后棱面为正平面，其正面投影重合，且反映实形；水平投影和侧面投影都积聚成平行于相应投影轴的直线。其余 4 个侧棱面都为铅垂面，其水平投影分别积聚成倾斜直线；正面投影和侧面投影均为类似形（矩形），且两侧棱面投影对应重合。

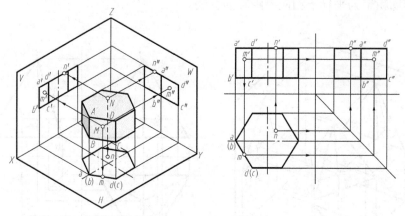

图 6-1　正六棱柱的投影及表面上取点

（3）棱线：顶面、底面各有 6 条棱线，其中前后两条为侧垂线，4 条为水平线；6 条侧棱线均为铅垂线。

2. 作图步骤

① 画出 3 个视图的中心线作为基准线。

② 画反映正六边形的俯视图。

③ 根据尺寸和投影规律画出其他两个视图。

　　其他正棱柱的三视图画法与正六棱柱相似，都应先从投影成正多边形的那个视图开始画。当视图图形对称时，应画出对称中心线，中心线用细点画线表示。

3. 棱柱表面上点的投影

在棱柱表面上取点，其原理和方法与在平面上取点相同。如图 6-1 所示，已知棱面上 M 点的正面投影 m'，求 M 点的水平投影 m 和侧面投影 m''，作图步骤如下。

① 分析点所在的表面及该表面的投影特点。因 m' 为可见，所以 M 点位于六棱柱的左前棱面，该棱面为铅垂面，其水平投影有积聚性，故可先求出点的水平投影 m。

② 根据 m'、m 求出 m''。

③ 判断点的可见性。由点所在棱面的可见性而定。左视图的左前棱面可见，故 m'' 为可见。

又已知 N 点的水平投影 n，求 N 点的其余投影 n' 和 n''。由于 n 可见，因此 N 点必在顶面上，顶面的正面投影和侧面投影都具有积聚性，因此利用积聚性就可直接求出 n' 和 n''。

6.1.2　棱锥

棱锥只有一个底面，所有侧棱线都交于一点，该点称为锥顶。图 6-2 所示为一正三棱锥。

1. 投影分析

（1）按照图 6-2 所示的位置，正三棱锥的底面为水平面，其水平投影反映实形，正面投影和侧面投影均积聚为平行于相应投影轴的直线。

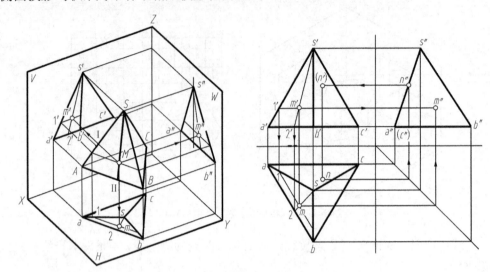

图 6-2　正三棱锥的投影及表面上取点

（2）三棱锥的两个三角形棱面是一般位置平面，另一个为侧垂面，因此，它们的投影都不反映其真实形状和大小，但都是小于对应棱面的三角形线框或积聚的直线。

（3）3 个棱面的交线即三棱锥的棱线有两条是一般位置直线，其投影都是小于实长的倾斜直线；另一条是侧平线。

2．作图步骤

① 画出底面反映实形的水平投影（此处为正三角形）和另外两个积聚为直线的投影。

② 画出锥顶的 3 个投影。

③ 将锥顶和底面 3 个顶点的同面投影连接起来，即可得正三棱锥的三面投影。

3．棱锥表面上点的投影

棱锥的表面若为特殊位置平面，其上点的投影可以利用平面投影的积聚性求出。若为一般位置平面，其上点的投影则要利用辅助直线才能求出。如图 6-2 所示，已知三棱锥表面上 M 点的正面投影 m'，求 M 点的水平投影 m 和侧面投影 m''，作图步骤如下。

① 由于 M 点所在的面 $\triangle SAB$ 是一般位置平面，所以求 M 点的其他投影必须过 M 点在 $\triangle SAB$ 上任作一辅助直线。过 M 点作一水平线 IM 为辅助直线，即过 m' 作该直线的正面投影 $1'm' \parallel a'b'$。

② 求该直线的水平投影 $1m \parallel ab$，则 M 点的水平投影 m 必在该直线的水平投影上。

③ 再由 m' 和 m 求出 m''。

还有另一种作辅助直线求解的方法。连接 $s'm'$ 并延长，使其与 $a'b'$ 交于 $2'$，再在 ab 上求出 2，连接 $s2$，则 m 点必然在 $s2$ 上，再根据 m 和 m' 求出 m''。

又已知 N 点的水平投影 n，求 N 点的正面投影 n' 和侧面投影 n''。由于 N 点所在的面 $\triangle SAC$ 是侧垂面，所以可利用侧垂面的积聚性先求出 n''，再根据 n 和 n'' 求出 n'，N 点的正面投影不可见，用（n'）表示。

6.2　回转体

工程上常见的曲面立体都是回转体。回转体是由回转面或回转面与平面所围成的立体，回转面是由一动线（直线或曲线）绕一固定轴线旋转一周所形成的曲面，该动线称为母线，母线在回转面上的任意位置称为素线。母线上任意一点的旋转轨迹都是圆，该圆又称纬圆。最常见的回转体有圆柱、圆锥、圆球及圆环。

6.2.1　圆柱

圆柱由圆柱面和顶圆、底圆所围成。圆柱面可看成是一条直线 AA 绕与它平行的固定轴 OO 回转形成的曲面，直线 OO 称为回转轴，直线 AA 称为母线，AA 回转到任何一个位置称为素线，如图 6-3 所示。

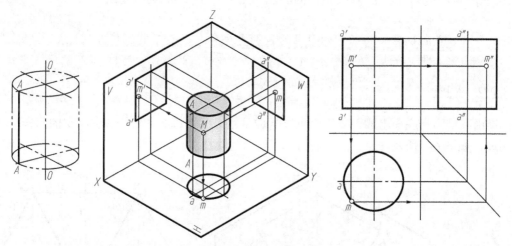

图 6-3　圆柱的形成、投影及表面上取点

1. 图柱的投影及特性

如图 6-3 所示，圆柱的轴线垂直于 H 面，上、下底面为水平面，其水平投影反映实形，正面和侧面投影都积聚成一条直线。圆柱面的水平投影也积聚为一个圆，正面和侧面投影分别是圆柱面对正面和侧面转向轮廓线的投影。转向轮廓线是圆柱面可见与不可见的分界线，对正面的转向轮廓线为最左、最右的两条素线，对侧面的转向轮廓线为最前和最后的两条素线。圆柱的投影特征是：当圆柱的轴线垂直于某一投影面时，该面的投影为圆，其他两面上的投影为两个全等的矩形。

2. 作图步骤

① 画出轴线和圆的对称中心。
② 画出圆柱面有积聚性的投影，此时为水平投影——圆。
③ 画出其他两个为矩形的投影。

要点提示　画回转体的投影时，必须用细点画线画出轴线和圆的对称中心线。

3. 圆柱表面上求点

如图 6-3 所示，已知圆柱表面上点 M 的正面投影 m'，求作另外两个投影 m、m''。由于圆柱面的水平投影积聚为圆，所以其表面上点的水平投影一定在这个圆上，依投影规律可直接作出。因为 m' 可见，所以 m 必定落在圆柱水平投影的前半圆上，再由 m'、m 即可求出 m''。由于点 M 处在圆柱面的左半部分，所以 m'' 是可见的。具体作图步骤如下。

① 根据点的已知投影判断点的位置，点 M 在前半圆柱面上。

② 利用圆柱面有积聚性的投影直接求出点的水平投影 m。

③ 由 m' 和 m 求出 m''。

④ 判断点的可见性。点 M 在圆柱面的左半部分，所以 m'' 是可见的。

要点提示　点的投影和面的有积聚性的投影重合时，一般不判别其可见性。

6.2.2　圆锥

圆锥由圆锥面和底面组成，圆锥面可以看成是由一条直母线 SA 绕与它相交的回转轴 OO 旋转而成，如图 6-4 所示。

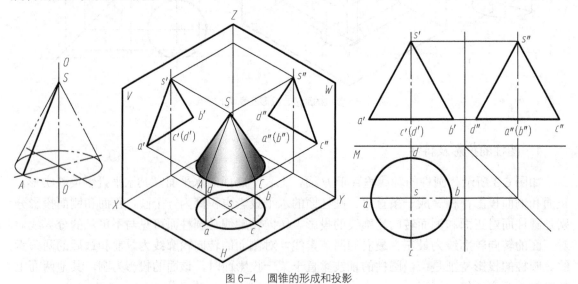

图 6-4　圆锥的形成和投影

1. 圆锥的投影及特性

如图 6-4 所示，圆锥轴线垂直于 H 面，底面圆为水平面，它的水平投影反映实形，其正面、侧面投影均积聚成一条水平线。圆锥面的水平投影也是一个圆，但没有积聚性，圆锥面的正面和侧面投影分别是其对正面和侧面转向轮廓线的投影。圆锥的投影特征是：当圆锥轴线垂直于某一个投影面时，在该投影面上的投影为与底圆相等的圆形，另两个投影为相等的等腰三角形。等腰三角形的底边为底圆的投影，两腰为转向轮廓线的投影。

2. 作图步骤

① 画出轴线和圆的对称中心线。

② 画出投影是圆的投影，此时为水平投影——圆。

③ 画出锥顶 S 的三面投影。

④ 画出其他两个为等腰三角形的投影。

3. 圆锥表面上求点

已知圆锥面上点 K 的正面投影 k'，求其水平投影和侧面投影。由于圆锥面的 3 个投影都没有积聚性，因此不能直接求出。确定圆锥表面上点的投影的方法有两种：辅助素线法和辅助圆法。

（1）辅助素线法。如图 6-5 所示，作过锥顶 S 和点 K 的辅助素线 SG 的三面投影，再根据直线上点的投影特点由 k' 作出 k、k''。最后进行可见性判别，由 k' 可知，点 K 在右前圆锥面上，所以 k 可见，k'' 不可见。

（2）辅助圆法。如图 6-6 所示，过点 K 作平行于锥底的辅助圆，其正面投影为水平线 $1'2'$。辅助圆的水平投影是以 s 为圆心、以 $1'2'$ 为直径的圆，由正面和水平投影可得辅助圆的侧面投影。因为点 K 在辅助圆上，所以可根据辅助圆的三面投影求出点 K 的另两个投影。可见性判别同上。

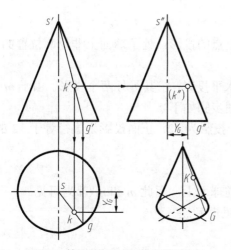

图 6-5　辅助素线法求圆锥表面上的点

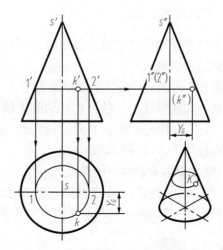

图 6-6　辅助圆法求圆锥表面上的点

6.2.3　圆球

圆球是由圆球面围成的立体，圆球面可以看成是一圆母线绕其直径旋转而成的，如图 6-7（a）所示。

1. 圆球的投影及特性

如图 6-7（b）所示，圆球在 3 个投影面上的投影都是圆，这 3 个圆是圆球向 3 个方向投影的最大轮廓线，其直径完全相等，都等于球的直径。正面转向轮廓线 D 在 V 面上的投影为圆 d'，在 H 面上和 W 面上的投影 d 和 d'' 分别与水平方向上的点画线和垂直方向上的点画线重合，画图时不需表示。对水平面和侧面的转向轮廓线 E 和 F 的投影情况也类似。

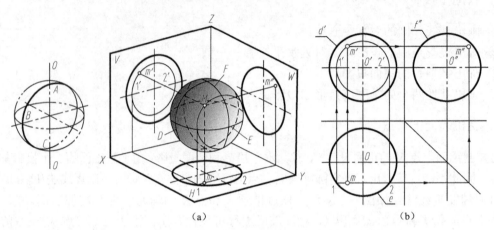

图 6-7　圆球的形成、投影及表面上取点

2. 作图步骤

① 以球心 O 的 3 个投影 o、o' 和 o'' 为中心，画出 3 组对称中心线。

② 再以球心 O 的 3 个投影为圆心，分别画出 3 个与圆球直径相等的圆。

3. 圆球表面上求点

当点位于圆球的最大轮廓线上时，可直接求出点的投影；处于球面上非轮廓位置的点，则用辅助圆法求得。

如图 6-7 所示，已知属于圆球面上的点 M 的水平投影，求其另外两个投影。由于 m 点可见，并且不在轮廓线上，故可作辅助圆求解，作图步骤如下。

① 过点 M 作一平行于 V 面的辅助圆，其水平投影为 12，正面投影为直径等于 12 的圆，m' 必定在该圆上，由 m 可求得 m'。

② 根据投影关系求得侧面投影 m''。

③ 判别可见性。由 m 点得知，点 M 在左、前球面上，因此 m' 和 m'' 都为可见。

同理，还可以过 M 点取水平圆或侧平圆为辅助圆解题。

6.2.4　圆环

圆环由环面围成。环面是由圆母线绕圆平面上圆外的直线旋转而成，如图 6-8 所示。

1. 圆环的投影及画法

在画圆环的投影时，一般把环的轴线置于垂直于水平投影面的位置，在投影图中，水平投影上画出两个同心圆，是环面对水平投影面的最大圆和最小圆。正面投影上左右两个小圆是前半环面和后半环面分界处的外形轮廓线，侧面投影上左、右两个小圆是左半环面和右半环面分界处的外形轮廓线，正面投影和侧面投影上下两条水平直线是内环面和外环面分界处的外形轮廓线。

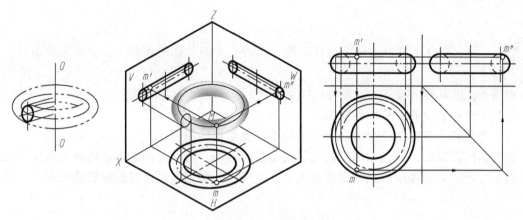

图 6-8 圆环的形成、投影及表面上取点

2. 圆环面上取点

如图 6-8 所示，已知环面上点 M 的正面投影 m'，求 m 和 m''。圆环面是一个回转面，在环面上取点时，应采用在环面上作辅助圆的方法，作图步骤如下。

① 过点 M 作水平辅助圆，其正面投影为一直线，水平投影为圆。

② m 必在该圆上，由于 m' 为可见，因此 M 点在前半圆环上，依投影规律由 m' 作出 m。

③ 再由 m 和 m' 求出 m''，由于 M 点在左前环面上，因此 m'' 为可见。

6.3 柱体

上下底面为两个完全相同的平面图形，其余侧面都垂直于底面的立体称为柱体，又称为拉伸体，决定柱体形状的底面称为柱体的特征面。图 6-9 所示为几种常见柱体及其投影图。

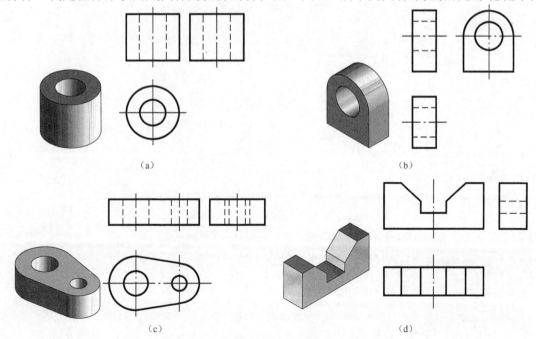

（a） （b）

（c） （d）

图 6-9 柱体及其投影

柱体也可以看做是由特征面沿其垂直方向拉伸而成的，拉伸体由此而得。

由图 6-9 可以看出柱体的投影特点如下。

（1）一个投影反映特征面的实形。

（2）另外两个投影为一个或多个可见与不可见矩形的组合。

画柱体的投影时，应先画出反映特征面实形的投影，再画另两个矩形组合的投影。在柱体表面上取点，如前面所讲在平面或曲面上取点一样，利用表面投影的积聚性来求。

第 **7** 章 立体表面的交线

【学习目标】

- 了解截交线和相贯线的含义。
- 学会求平面立体和回转体的截交线。
- 学会利用积聚性或辅助平面法求回转体的相贯线。

　　机械零件的形状大多不是简单的基本立体，而是它们的组合，这时在立体的表面就会出现一些交线。立体表面常见的交线有两种：一种是平面与立体表面相交产生的交线——截交线；另一种是两立体表面相交产生的交线——相贯线。下面就分别介绍截交线和相贯线的投影特性及作图方法。

7.1　截交线

　　平面与立体相交，也可以认为是立体被平面截切，该平面称为截平面，截平面与立体表面的交线称为截交线，截交线所围成的平面图形称为截断面，如图 7-1 所示。

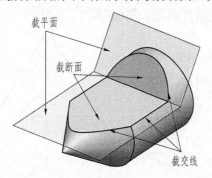

图 7-1　立体表面的截交线

7.1.1　截交线的基本性质

截交线具有以下基本性质。

（1）截交线既在截平面上，又在立体表面上，因此，截交线是截平面与立体表面的共有线。截交线上的点是截平面与立体表面的共有点。

（2）由于立体表面是封闭的，因此，截交线必定是封闭的线条，截断面是封闭的平面图形。

（3）截交线的形状取决于立体表面的形状和截平面与立体的相对位置。

由以上性质可以看出，求画截交线的实质就是要求出截平面与立体表面的一系列共有点，然后依次连接各点即可。

7.1.2　平面立体的截交线

平面与平面立体相交，其截交线是一个封闭的平面多边形。多边形的各个顶点是截平面与平面立体的棱线或底边的交点，多边形的每一条边是截平面与平面立体表面的交线。因此，求平面立体的截交线，就是求截平面与平面立体上被截各棱线或底边的交点的投影，判别可见性后再依次相接。

【例 7-1】　如图 7-2 所示，求正四棱锥被正垂面 P 截切后的投影。

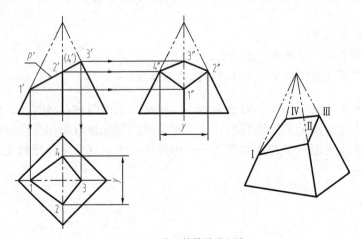

图 7-2　求四棱锥的截交线

分析：截平面与四棱锥的截交线为四边形，又因为截平面是正垂面，所以截交线的正面投影积聚成一条斜线，其余两面投影均为类似形。

作图步骤如下。

① 直接在正面投影上找出四棱锥的 4 条棱线与截平面 P 的交点的投影 1′、2′、3′、4′。

② 分别求出各个交点的侧面投影 1″、2″、3″、4″和水平投影 1、2、3、4。

③ 判断交点投影的可见性，将各点的同面投影依次连接起来，即得截交线的投影。

【例 7-2】　如图 7-3 所示，求四棱锥被两个平面截切后的投影。

分析：截平面 P 为正垂面，它与四棱锥的 4 个棱面的交线与例 7-1 相似。截平面 Q 为水平面，它与四棱锥的截交线的正

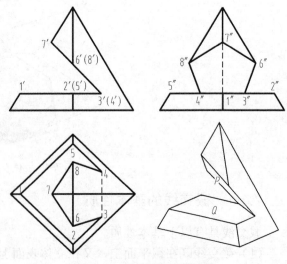

图 7-3　四棱锥被两平面截切

面投影和侧面投影都具有积聚性，水平投影反映截交线的实形。此外，两平面 P 和 Q 相交会有交线，所以平面 P 和平面 Q 截出的截交线均为五边形。

作图步骤如下。

① 求平面 Q 截四棱锥后的截交线。可由正面投影 1′得到水平投影 1，由 1 作四边形与底面四边形的对应边平行可得 1、2、5 点。

② 平面 Q 和 P 的交线是正垂线，由其正面投影 3′、4′求得水平投影 3、4。

③ 所求投影 1、2、3、4、5 即为截交线的水平投影，其中 3、4 为虚线。再利用投影规律求出它们的侧面投影 1″、2″、3″、4″、5″。

④ 求平面 P 截四棱锥后的截交线。按例 7-1 的方法由投影 6′、7′、8′求出 6″、7″、8″及 6、7、8，再将各点的同面投影依次连接起来，即得截交线的三面投影。注意，侧面投影中的虚线不要遗漏，并擦除截去的轮廓线。

7.1.3 回转体的截交线

由回转体的形成可知，回转体被平面截切，其截交线一般为封闭的平面曲线。曲线上的每一点都是截平面与回转体表面的共有点，所以求截交线就是求截平面和回转体表面一系列的共有点。

求回转体截交线的方法如下。

（1）分析回转体的表面性质、截平面与回转体的相对位置，初步判断截交线的形状及其投影。

（2）求截交线上特殊点的投影，如最高点、最低点、最右点、最左点、最前点、最后点及转向轮廓线上的点。

（3）为了作图准确，还需适当求出截交线上一般位置点的投影。

（4）补全轮廓线，判断可见性，最后光滑连接各点，即得截交线的投影。

 若截交线的投影是圆或直线，则可借助绘图工具直接绘制。若截交线为非圆曲线，则需采用描点作图。

1．平面与圆柱相交

根据截平面与圆柱轴线的相对位置不同，圆柱切割后其截交线有 3 种不同形状，如表 7-1 所示。当截平面垂直于圆柱轴线时，其截交线为圆；当截平面平行于圆柱轴线时，其截交线为矩形；当截平面与圆柱轴线倾斜相交时，其截交线为椭圆。

表 7-1　　　　　　　　　　　　平面与圆柱相交

截面位置	垂直于轴线	平行于轴线	倾斜于轴线
截交线形状	圆	矩形	椭圆
轴测图			

截面位置	垂直于轴线	平行于轴线	倾斜丁轴线
截交线形状	圆	矩形	椭圆
投影图			

【例 7-3】 如图 7-4 所示，圆柱体被平行于轴线的平面 P 和垂直于轴线的平面 Q 所截切，作出其投影图。

分析： 如图 7-4 所示的轴测图，截平面 P 平行于圆柱的轴线，它与圆柱面的交线 AB、CD 为两条平行直线，均为侧垂线。截平面 Q 垂直于圆柱的轴线，它与圆柱面的截交线为圆弧 BD，其正面投影和水平投影都积聚成直线，侧面投影为圆弧。

作图步骤如下。

① 画出完整圆柱体的投影图。

② 利用积聚性求出截交线的正面投影和侧面投影。

③ 利用投影规律，求出截交线的水平投影。

同样道理，可以作出如图 7-5 所示截切圆柱体的投影。

【例 7-4】 如图 7-6 所示，求斜切圆柱截交线的投影。

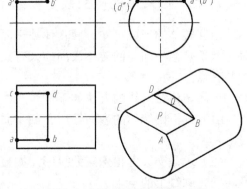

图 7-4 圆柱体被两平面截切（1）

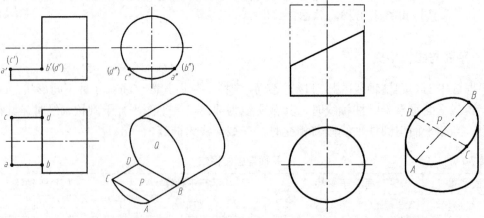

图 7-5 圆柱体被两平面截切（2）　　　　图 7-6 求斜切圆柱截交线的投影

分析： 截平面与圆柱体的轴线倾斜，所得的截交线是一椭圆。由于截平面是正垂面，其正面投影有积聚性，故截交线的正面投影与其重合。又因圆柱面的水平投影有积聚性，故截交线的水平投影与其重合。所以，只需求出截交线的侧面投影即可，其作图步骤如表 7-2 所示。

表 7-2　　　　　　　　　　　　　斜切圆柱截交线的投影

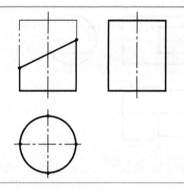

① 先作出圆柱的侧面投影

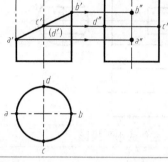

② 求特殊点：点 *A*、*B*、*C*、*D* 是特殊点，也是椭圆长、短轴的端点，根据它们的正面投影和水平投影求其侧面投影 *a″*、*b″*、*c″*、*d″*

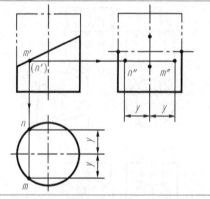

③ 求一般点：在截交线的正面投影上选取 *m′*、*n′*两点，求出其水平投影 *m*、*n*，再求其侧面投影 *m″*、*n″*

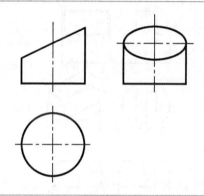

④ 光滑连接各点的侧面投影，圆柱的最外轮廓线与椭圆相切，完成作图

【**例 7-5**】　如图 7-7 所示，在圆柱体上开出一方形槽，已知其正面投影和侧面投影，求作水平投影。

分析：由图 7-7 可以看出，方形槽是由两个与轴线平行的平面 *P*、*Q* 和一个与轴线垂直的平面 *T* 切出的。前者与圆柱面的交线是两条平行直线，后者与圆柱面的交线是圆弧。截平面 *P* 和 *Q* 为水平面，所以这段截交线的正面投影分别积聚在 *p′* 和 *q′* 上，又由于圆柱面的侧面投影具有积聚性，所以该截交线的侧面投影都积聚在圆上。截平面 *T* 是一侧平面，所以这段截交线的正面投影积聚在 *t′* 上，侧面投影则积聚在圆上，作图步骤如表 7-3 所示。

表 7-4 所示为常见带切口圆柱体的投影。

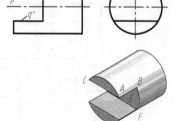

图 7-7　求作截交线的水平投影

　　当空心圆柱体被平面切割开槽时，应分别画出截平面与圆柱体外表面、内表面的截交线。

表 7-3 圆柱体上开出一方形槽

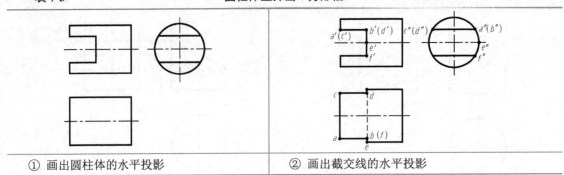

| ① 画出圆柱体的水平投影 | ② 画出截交线的水平投影 |

表 7-4 常见带切口圆柱体的投影

实心圆柱体切口投影	空心圆柱体切口投影

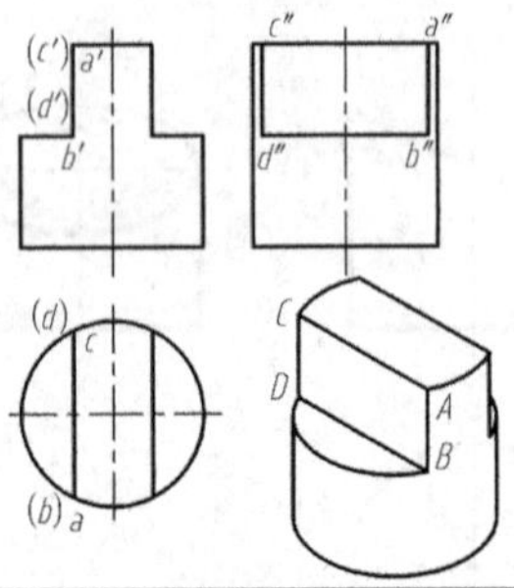

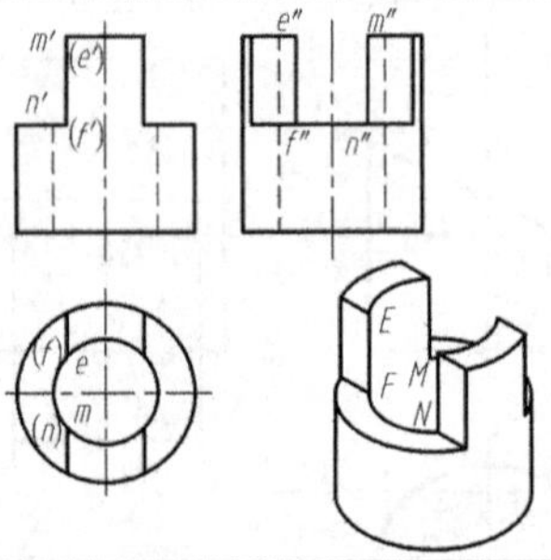

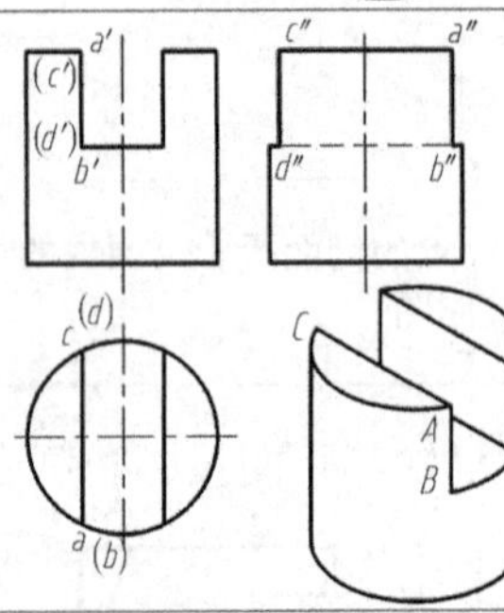

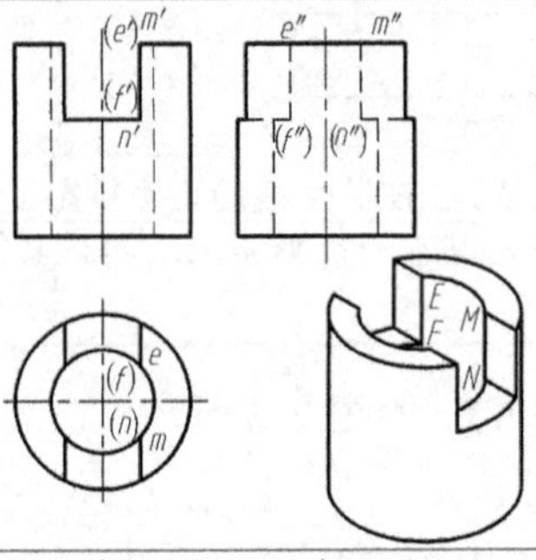

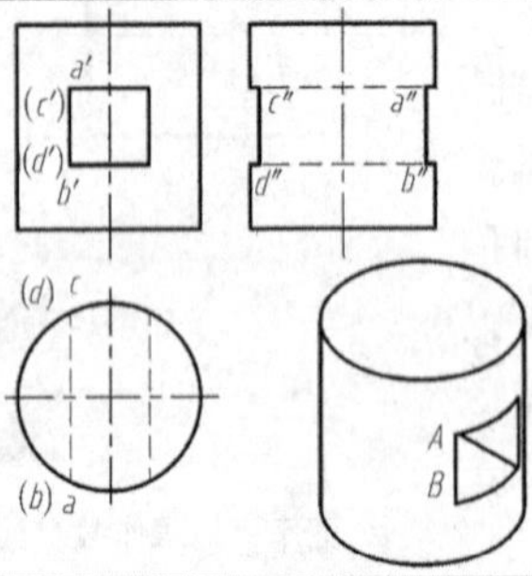

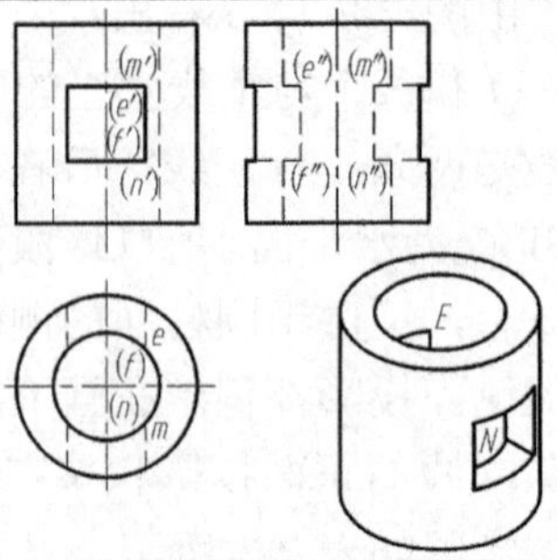

2. 平面与圆锥相交

根据截平面与圆锥轴线的相对位置不同，其截交线有 5 种不同的形状：三角形、圆、椭圆、双曲线和线段、抛物线和线段，如表 7-5 所示。

表 7-5　　　　　　　　　　　　　　　　平面与圆锥相交

截平面位置	过锥顶	垂直于轴线	倾斜于轴线 且 $\theta > \phi$	与轴线平行 或 $\theta < \phi$	倾斜于轴线 且 $\theta = \phi$
截交线形状	三角形	圆	椭圆	双曲线和线段	抛物线和线段
空间形状					
截平面位置	过锥顶	垂直于轴线	倾斜于轴线 且 $\theta > \phi$	与轴线平行 或 $\theta < \phi$	倾斜于轴线 且 $\theta = \phi$
截交线形状	三角形	圆	椭圆	双曲线和线段	抛物线和线段
投影图					

圆锥的截交线为直线或圆时，可用绘图工具直接绘制。当截交线为椭圆、抛物线或双曲线时，都需先求出若干个共有点的投影，然后将其依次光滑地连接起来，才能获得截交线的投影。由于圆锥面的 3 个投影都没有积聚性，所以求共有点的投影可采用辅助素线法或辅助圆法。

【例 7-6】 如图 7-8 所示，求圆锥截切后的投影图。

分析：由于截平面 P 平行于圆锥轴线，按表 7-5 所示，圆锥的截交线由双曲线和线段构成。又因为截平面为正平面，所以截交线的水平投影和侧面投影都积聚为直线，正面投影为双曲线和线段。表 7-6 所示为截交线的作图步骤。

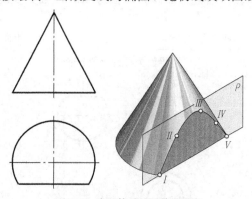

图 7-8　求圆锥截切后的投影图

表 7-6　　　　　　　　　　　　　　　圆锥截交线的作法

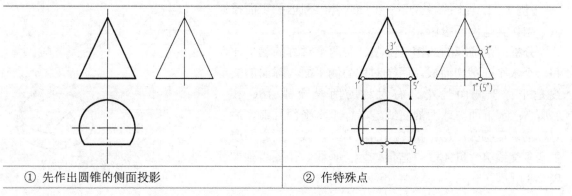

① 先作出圆锥的侧面投影	② 作特殊点

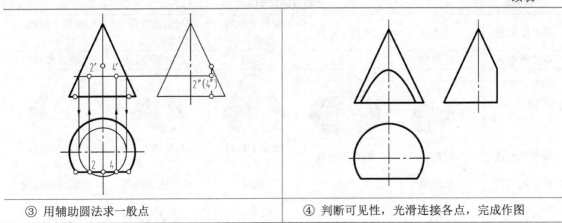

③ 用辅助圆法求一般点	④ 判断可见性，光滑连接各点，完成作图

3．平面与圆球相交

平面截切圆球，不论截平面与圆球的相对位置如何，截交线均为圆。根据截平面对投影面的相对位置不同，所得截交线的投影有 3 种情况：当截平面平行于投影面时，截交线的投影为圆；当截平面垂直于投影面时，截交线的投影积聚为线段，该线段的长度为截交线圆的直径；当截平面倾斜于投影面时，截交线的投影为椭圆，如表 7-7 所示。

表 7-7 平面与圆球相交

截平面为投影面平行面	截平面为投影面垂直面

【例 7-7】 如图 7-9 所示，已知开槽半圆球的正面投影，求作其他两面投影。

分析：半圆球的凹槽是由左、右两个对称的侧平面和一个水平面截切而成，两个对称的侧平面与球面的交线是平行于侧面且左、右对称的两段圆弧 ABC 和 $A_1B_1C_1$；水平面与球面的交线是平行于水平面且前、后对称的两段圆弧 ADA_1 和 CD_1C_1。另外，截平面之间产生两条交线 AC 和 A_1C_1，它们均为正垂线。作图步骤如表 7-8 所示。

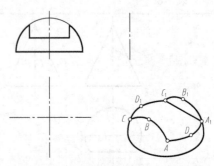

图 7-9 求作开槽半圆球的投影

表 7-8　　　　　　　　　　　　　　　　　　开槽半圆球的画法

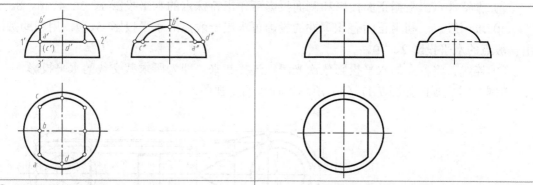

| ① 画出完整半球的水平投影和侧面投影；画出 4 段截交线圆弧的水平投影和侧面投影 | ② 画出截平面之间交线的水平投影和侧面投影，擦除截去的轮廓线，完成作图 |

4．组合回转体的截交线

组合回转体是由若干个基本回转体组成的。作图时首先要分析各部分的曲面性质及截平面的位置，然后按照它们的几何特性确定其截交线的形状及各段截交线之间的关系，再分别作出其投影。

【**例 7-8**】　画出如图 7-10（a）所示铣床顶针的三视图。

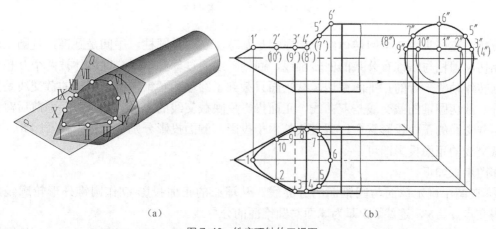

（a）　　　　　　　　　　　　　　　　（b）

图 7-10　铣床顶针的三视图

分析：铣床顶针由共轴的圆柱和圆锥体组成，被平行于公共回转轴线的水平面 P 和倾斜于轴线的正垂面 Q 截切。水平面 P 同时截切到了圆锥体和圆柱体，截切圆锥体的截交线是双曲线，截切圆柱体的截交线为两条线段。正垂面 Q 只截切了圆柱体，截交线是椭圆的一部分。因此，截交线由 3 部分组成。截交线的正面投影与截平面的投影重合，积聚为两线段；侧面投影分别与圆柱面的圆投影及水平截平面 P 的直线投影重合。因此，只需求出截交线的水平投影即可。

　　要准确划分出每段截交线的投影范围，再画出截平面交线的投影。

作图步骤如下。

① 作特殊点。根据正面投影和侧面投影可作出特殊点的水平投影 1、3、4、6、8、9。

② 求一般点。利用正面有积聚性的投影可求出一般点的水平投影 5、7，用辅助圆法求出一般点的水平投影 2、10。

③ 连线。将各点的水平投影依次光滑地连接起来，即为所求截交线的水平投影。

【例 7-9】 画出如图 7-11（a）所示连杆头的三视图。

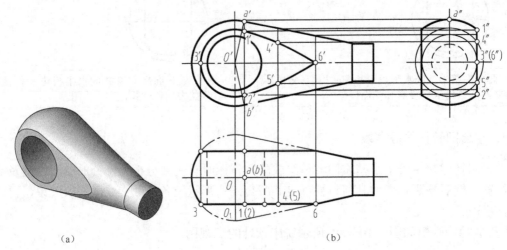

（a）   （b）

图 7-11　连杆头的三视图

分析：连杆头由 3 个回转体组成，左端是圆球，右端是圆柱，中间是圆锥，且圆锥面与球面相切。圆柱与圆锥有公共的回转轴线，回转轴线通过球心。组合回转体被两个互相平行且与回转体轴线平行的正平面截切，截平面只截到了圆球和圆锥，截切圆球的截交线是圆的一部分，截切圆锥的截交线是双曲线，正面投影反映截交线的实形。两个截平面前后对称，前后两截交线的正面投影重合，截交线的水平投影、侧面投影分别具有积聚性。因此，只需求出截交线的正面投影即可。

作图步骤如下。

① 在图中确定球面与圆锥面的分界线。从球心的正面投影 O' 作圆锥外形轮廓线的垂线，得交点 a'、b'，连线 $a'b'$ 即为球面与圆锥面的分界线。

② 在正面投影上，以 O' 为圆心，以 O_13 为半径作圆弧，即为球面的截交线。该圆弧与 $a'b'$ 线交于 $1'$、$2'$ 点，即截交线上圆与双曲线的结合点。

③ 画出圆锥面上的截交线双曲线，即完成连杆头的正面投影。

7.2　相贯线

两立体相交所产生的表面交线称为相贯线。由于立体有平面立体和曲面立体之分，因此两立体相交有以下 3 种情况。

（1）两平面立体相交：可以看做是一个平面立体上的各个平面与另一平面立体相交，其表面交线为平面与平面立体的截交线，一般为封闭的空间折线或平面折线，如图 7-12 所示。

（2）平面立体和曲面立体相交：可以看做是平面立体上的各个平面与曲面立体相交，其表面交线为平面与曲面立体的截交线，一般为若干平面曲线或平面曲线与线段结合的封闭的空间几何图形，如图 7-13 所示。

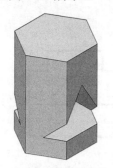

图 7-12　两平面立体相交

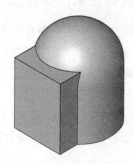

图 7-13　平面立体和曲面立体相交

（3）两曲面立体相交：其表面交线一般为封闭的空间曲线，特殊情况下也可能是不闭合的平面曲线或线段，如图 7-14 所示。

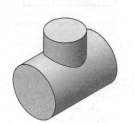

图 7-14　两曲面立体相交

下面就来介绍两曲面立体相交时相贯线的基本性质和作图方法。

7.2.1　相贯线的基本性质

虽然相贯线的形状由于两相交曲面立体的形状、大小和相对位置而不同，但任何相贯线都具有以下基本性质。

（1）共有性：相贯线是两立体表面的共有线，相贯线上的点是两立体表面的共有点。

（2）分界性：相贯线是两立体表面的分界线。

（3）封闭性：由于立体的表面是封闭的，因此相贯线一般是封闭的空间曲线，特殊情况下为平面曲线或线段，或者不封闭。

根据相贯线的性质，求作相贯线实质上就是求相交两曲线立体表面的一系列共有点，表明其可见性，再将这些点光滑地连接起来，即得相贯线。作图方法有积聚性法和辅助平面法。

求相贯线的一般步骤如下。

① 空间分析：根据两立体的形状、大小和相对位置，初步分析相贯线的形状。

② 投影分析：分析相贯线的投影，哪些投影是已知的，哪些投影需要求作。

③ 求特殊点：特殊点是指能确定相贯线的形状和范围的点，如立体的转向轮廓线上的点、对称的相贯线在其对称平面上的点以及相贯线的最高点、最低点、最前点、最后点、最左点和最右点。

④ 求一般点：为使作出的相贯线更加光滑准确，需要在特殊点之间求出若干个一般点。

⑤ 判别可见性：对以上各点的投影分别进行可见性判别。只有同时位于两立体可见表

面上的点，其投影才可见。

⑥ 依次光滑连接各点的同面投影，即为所求的相贯线。

7.2.2 利用积聚性求作相贯线

当两曲面立体相交，其中至少有一个为圆柱体且其轴线垂直于某投影面时，圆柱面在该投影面上的投影积聚为一个圆。此时，其他投影可根据表面取点的方法作出。

（1）两正交圆柱相贯线的画法。

【例 7-10】 如图 7-15 所示，求两圆柱体正交的相贯线。

分析：小圆柱轴线垂直于 H 面，水平投影积聚为圆，根据相贯线的共有性，相贯线的水平投影积聚在该圆上。大圆柱轴线垂直于 W 面，侧面投影积聚为圆，相贯线的侧面投影应积聚在该圆上，为两圆柱面共有的一段圆弧。因此只需求出相贯线的正面投影，作图步骤如表 7-9 所示。

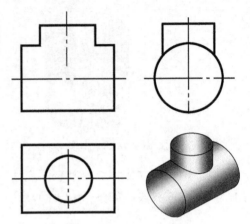

图 7-15 求两圆柱体正交的相贯线

表 7-9　　　　　　　　　　　　两正交圆柱相贯线的作法

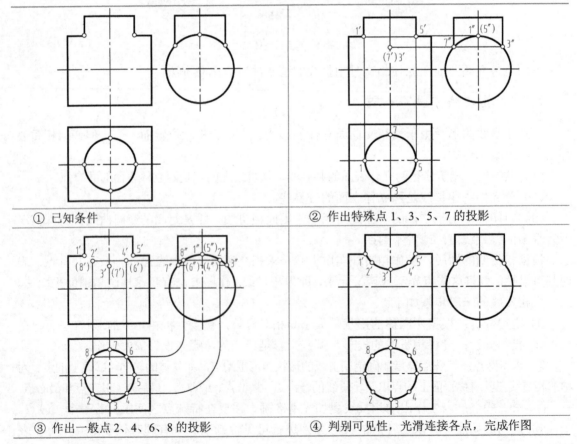

① 已知条件	② 作出特殊点 1、3、5、7 的投影
③ 作出一般点 2、4、6、8 的投影	④ 判别可见性，光滑连接各点，完成作图

（2）两圆柱正交的相贯线有 3 种基本形式，如表 7-10 所示。

表 7-10 圆柱相贯线的 3 种基本形式

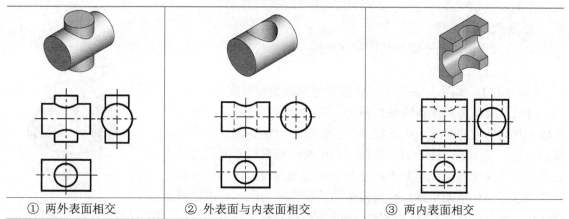

| ① 两外表面相交 | ② 外表面与内表面相交 | ③ 两内表面相交 |

  两圆柱的大小和相对位置相同时，相贯线的形状也相同。

（3）两正交圆柱的直径相对变化时，相贯线的变化如表 7-11 所示。

表 7-11 两圆柱直径的变化对相贯线的影响

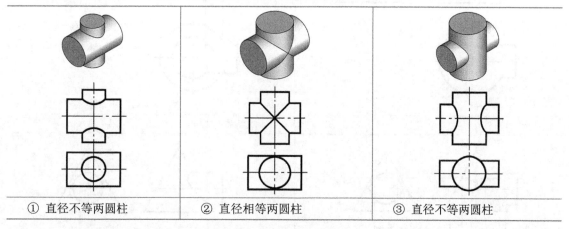

| ① 直径不等两圆柱 | ② 直径相等两圆柱 | ③ 直径不等两圆柱 |

  不同直径的圆柱垂直相交时，其相贯线向大圆柱一侧弯曲。

7.2.3 利用辅助平面求作相贯线

当相贯线投影只有一个或没有积聚性投影时，可采用辅助平面法。

（1）辅助平面法的原理：辅助平面法是用辅助平面同时截切相贯的两回转体，在两回转体表面得到两条截交线，这两条截交线的交点即为相贯线上的点。这些点既在相贯两立体的表面上，又在辅助平面上，因此，根据三面共点原理，用若干个辅助平面求出相贯线上的一系列共有点即可求得相贯线。

（2）选取辅助平面：必须使辅助平面与两回转体相交后，所得截交线的投影为最简单的直线或圆。

作图步骤如下。

① 选取辅助平面。

② 分别作出辅助平面与两回转面的截交线的投影。

③ 作两截交线交点的投影。

【例 7-11】 如图 7-16 所示，求圆柱与圆锥的相贯线。

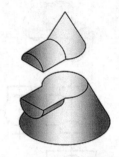

分析：圆柱与圆锥轴线垂直相交，圆柱全部穿进左半圆锥，相贯线为封闭的空间曲线。由于这两个立体前后对称，因此相贯线也前后对称。又由于圆柱的侧面投影积聚成圆，相贯线的侧面投影也必然重合在这个圆上。需要求的是相贯线的正面投影和水平投影。可选择水平面作辅助平面，它与圆锥面的截交线为圆，与圆柱面的

图 7-16　求圆柱与圆锥的相贯线

截交线为两条平行的直线，圆与直线的交点即为相贯线上的点，作图方法如表 7-12 所示。

表 7-12　　　　　　　　　　　　求圆柱与圆锥的相贯线

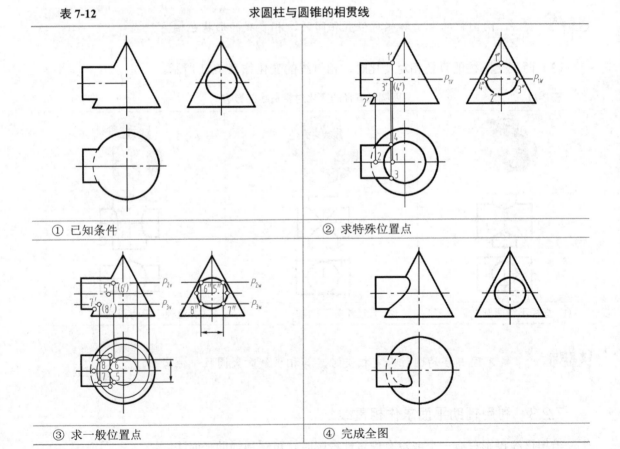

① 已知条件	② 求特殊位置点
③ 求一般位置点	④ 完成全图

7.2.4　相贯线的特殊情况

两回转体相交，在一般情况下相贯线是空间曲线，但在特殊情况下相贯线也可能是平面曲线或直线。

（1）同轴的两回转体相交，其相贯线为垂直于轴线的圆，如图 7-17 所示。

（2）两回转体轴线相交，且公切于圆球，其相贯线为椭圆，投影为直线、圆或椭圆，如图 7-18 所示。

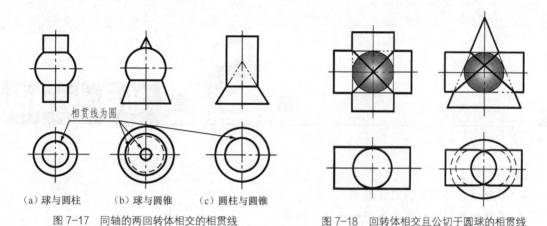

（a）球与圆柱　　　（b）球与圆锥　　　（c）圆柱与圆锥

图 7-17　同轴的两回转体相交的相贯线　　　　　图 7-18　回转体相交且公切于圆球的相贯线

（3）两圆柱轴线平行或圆锥轴线相交，其相贯线为直线，如图 7-19 所示。

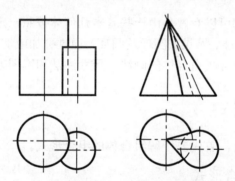

图 7-19　两圆柱轴线平行或圆锥轴线相交的相贯线

第 **8** 章　**组合体的视图**

【学习目标】
- 了解组合体的各种组合形式。
- 掌握运用形体分析法画组合体的三视图。
- 学会正确、完整、清晰地标注组合体的尺寸。
- 学会运用形体分析法并辅以线面分析法读懂组合体视图。

任何形状复杂的立体都可以看做是由一些基本几何体按照一定的形式组合而成的。由基本几何体（棱柱、棱锥、圆柱、圆锥、圆球及圆环）通过叠加或切割的方式组合而成的立体，称为组合体。本模块将学习各类组合体的画法、尺寸注法和读图方法。

8.1　组合体的形体分析

对组合体进行形体分析，首先要了解组合体的组合形式。

8.1.1　组合体的组合形式

组合体的组合形式分为 3 种：叠加式、切割式和综合式。

（1）叠加式组合体：由若干个基本体叠加而成的组合体称为叠加式组合体，简称叠加体，如图 8-1 所示。

（2）切割式组合体：由基本体切割而成的组合体称为切割式组合体，简称切割体，如图 8-2 所示。

（3）综合式组合体：既有叠加又有切割的组合体称为综合式组合体，简称综合体，如图 8-3 所示。

图 8-1　叠加式组合体

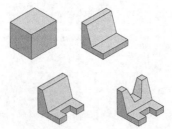
图 8-2　切割式组合体

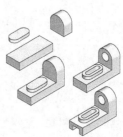
图 8-3　综合式组合体

8.1.2　组合体表面的连接形式

组合体表面的连接形式分为 3 种：平齐、相切和相交。

1．平齐

若组合体两个形体的表面不平齐，则在视图中两形体之间有分界线，如图 8-4（a）所示。若两个形体的表面平齐，则在视图中两形体之间没有分界线，如图 8-4（b）所示。

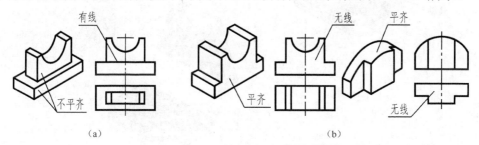

图 8-4　组合体表面平齐、不平齐的画法

2．相切

相切是指两个形体的相邻表面（平面与曲面或曲面与曲面）光滑过渡，相切处不存在轮廓线，在视图上一般不画分界线，如图 8-5（a）所示。

3．相交

两形体表面相交时，两表面交界处有交线，应画出交线的投影，如图 8-5（b）所示。

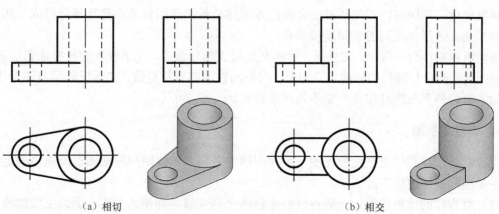

（a）相切　　　　　　　　　　　　　（b）相交

图 8-5　组合体表面相切和相交的画法

8.1.3　组合体的形体分析法

把组合体分解为若干基本体，分别对它们的形状、相对位置、组合形式及表面间的连接形式进行分析，然后画出三视图，或者读懂三视图，想象其空间形状，这种方法就称为形体分析法。形体分析法是组合体画图、读图及标注尺寸最基本的方法。

图 8-6（a）所示的轴承座可分解为图 8-6（b）所示的 5 个部分，每一部分可看做由一个

基本体或由几个基本体组合而成的。

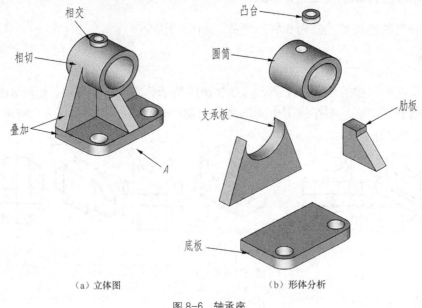

（a）立体图　　　　　　　　　（b）形体分析

图 8-6　轴承座

8.2　组合体三视图的画法

下面以图 8-6 所示的轴承座为例，说明用形体分析法画图的方法和步骤。

1. 形体分析

画组合体三视图时，首先要对组合体进行形体分析，即组合体由哪几部分组成、属于哪种组合形式、各形体之间的表面连接关系。

该轴承座由凸台、圆筒、支承板、肋板及底板 5 部分组成。支承板和肋板叠加在底板上，上面放圆筒，凸台与圆筒的轴线垂直相交，内外圆柱面都有相贯线，支承板侧面与圆筒相切，肋板的左右两侧面与圆柱相交，交线为两条直线。

2. 确定主视图

主视图是三视图中最重要的视图，主视图确定之后，俯视图和左视图也就随之确定了。选择主视图时要考虑以下两点。

（1）组合体的放置位置。一般将组合体自然平稳安放，并使其主要平面或主要轴线平行或垂直于投影面。

（2）主视图的投影方向。投影方向应尽可能多地反映组合体各部分的形状特征和相对位置关系。另外，考虑到图形清晰和看图方便，应尽量使其他视图中的虚线最少。

综上所述，选择轴承座按自然位置安放，以 A 向作为主视图的投影方向，如图 8-6（a）所示。

3. 画图步骤

（1）选定比例，确定图幅，布置视图并画出基准线。

（2）画底稿。按形体分析法画图，先画主要形体，后画次要形体；先画具有形状特征的视图，并尽可能将 3 个视图联系起来画。每部分的三视图都必须符合投影规律，注意各部分形体之间表面连接处的画法。底稿线要画得细、轻、准。

（3）检查、加深。底稿完成后，仔细检查各图是否缺少或多余图线，最后按标准线型加深。

 确定图幅大小时，除了考虑绘图所需的面积外，还要留出标注尺寸和标题栏的位置。

轴承座的具体画法如表 8-1 所示。

表 **8-1**　　　　　　　　　　　　　轴承座的画法

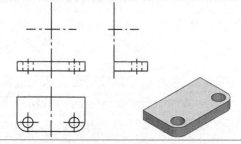

① 画基准线和底板的三视图：先画俯视图，再画主、左视图

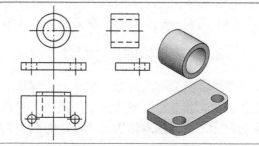

② 画圆筒的三视图：先画投影为圆的主视图，再画俯、左视图

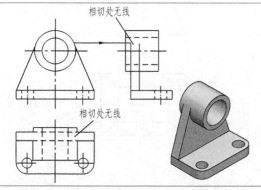

③ 画支承板的三视图：先画反映实形的主视图，再画俯、左视图

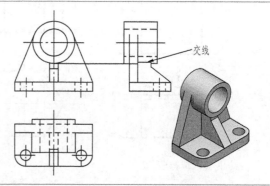

④ 画肋板的三视图：先画主视图，再画俯、左视图

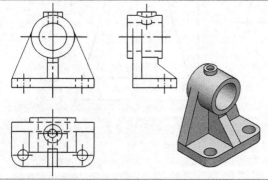

⑤ 画凸台的三视图：先画俯视图，再画主、左视图

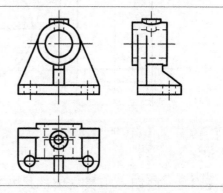

⑥ 检查底稿，加深图线

三视图画法总结：先分析后总结，先基准后轮廓，先关键后其他，三视图一起画。

8.3　组合体的尺寸标注

视图只能表达物体的形状，物体的真实大小由图中标注的尺寸来确定。在图样上标注物体的尺寸时应做到以下几点。

（1）正确——尺寸标注要符合国家标准中有关尺寸注法的规定。

（2）完整——尺寸标注必须完全确定组合体各部分的形状大小和相对位置，不遗漏、不重复。

（3）清晰——尺寸的布置要整齐、清晰，以便于看图。

8.3.1　基本体的尺寸标注

要标注组合体的尺寸，必须先了解基本体的尺寸标注。棱柱、棱锥等平面立体一般要标注长、宽、高3个方向的尺寸；圆柱、圆锥、球、环等回转体一般要标注径向和轴向两个方向的尺寸。常见基本体的尺寸标注如图8-7所示。

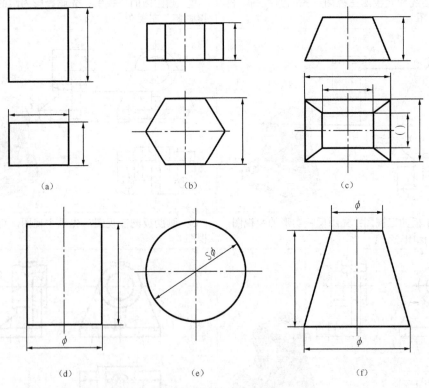

图8-7　基本体的尺寸标注

8.3.2　截切、相贯立体的尺寸标注

视图中不直接标注截交线和相贯线的尺寸。

截交线的形状和大小取决于截平面的位置以及立体的形状和大小，因此标注截交线部分的尺寸时，只需标注基本体的尺寸和截平面的位置尺寸，如图 8-8 所示。

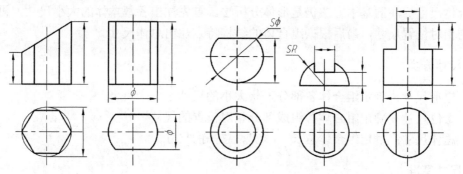

图 8-8 截切立体的尺寸注法

相贯线的形状和大小取决于相交立体的形状、大小及其相对位置，标注相贯线部分的尺寸时，只需标注参与相贯的各基本体的尺寸及其相对位置尺寸，如图 8-9 所示。

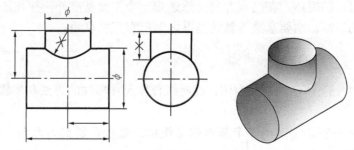

图 8-9 相贯立体的尺寸注法

8.3.3 常见简单形体的尺寸标注

图 8-10 所示为一些常见简单形体的尺寸标注。

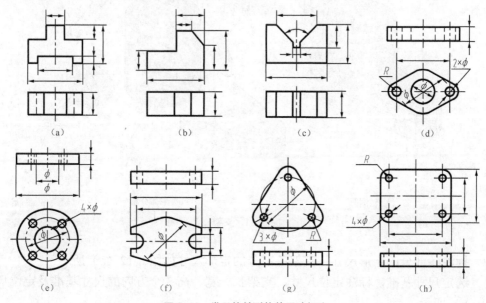

图 8-10 常见简单形体的尺寸标注

8.3.4　组合体的尺寸标注

组合体尺寸标注的基本方法仍是形体分析法。首先注出各基本体的大小尺寸，再确定它们之间的相对位置尺寸，最后根据组合体的结构特点注出总体尺寸。

1．尺寸分类

（1）定形尺寸：确定组合体各部分形状大小的尺寸。
（2）定位尺寸：确定组合体各组成部分相对位置的尺寸。
（3）总体尺寸：确定组合体总长、总宽、总高的尺寸。

2．尺寸基准

尺寸基准就是标注尺寸的起点，通常选取组合体的底面、回转体的轴线、对称平面及主要端面作为尺寸基准。组合体有长、宽、高 3 个方向的尺寸，因此，每个方向都有一个尺寸基准。对于比较复杂的形体，在同一方向上除选定一个主要基准外，往往还根据结构特点的需要选定一些辅助基准。主要基准与辅助基准之间应有尺寸联系。

3．组合体尺寸标注的方法和步骤

下面以图 8-11（a）所示的支架为例，说明组合体尺寸标注的方法和步骤。支架尺寸标注的方法如下。

（1）进行形体分析。支架由 5 个基本部分组成：底板、圆筒、凸台、耳板和肋板，如图 8-11（b）所示。

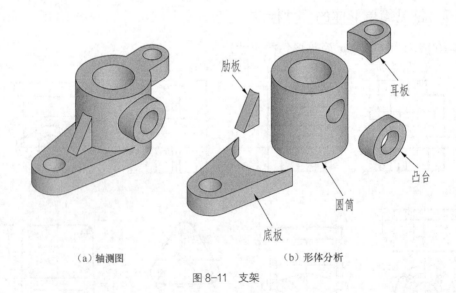

肋板　耳板　凸台　圆筒　底板

（a）轴测图　　　　　　　　　（b）形体分析

图 8-11　支架

（2）标注各部分的定形尺寸。支架各部分的定形尺寸如图 8-12（a）所示。
（3）选定尺寸基准，标注定位尺寸。支架长、宽、高 3 个方向的尺寸基准及定位尺寸如图 8-12（b）所示。

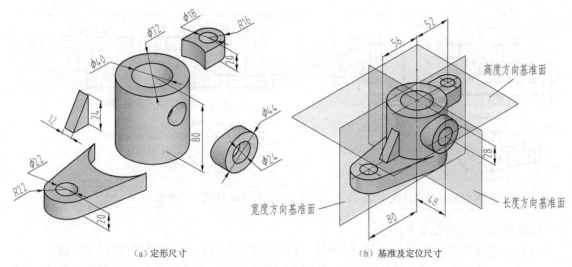

（a）定形尺寸　　　　　　　　　　　　　（b）基准及定位尺寸

图 8-12　支架各部分的定形尺寸及定位尺寸

（4）标注总体尺寸。

（5）检查尺寸有无重复或遗漏，然后修正、调整。

支架的尺寸标注步骤如表 8-2 所示。

表 8-2　　　　　　　　　　　　　　　　支架的尺寸标注

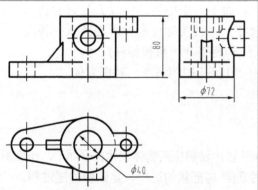

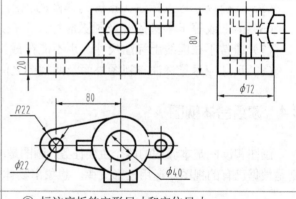

① 标注圆筒的定形尺寸和定位尺寸	② 标注底板的定形尺寸和定位尺寸

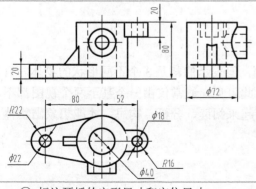

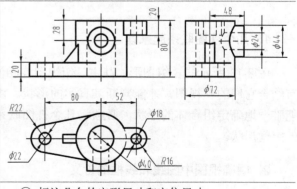

③ 标注耳板的定形尺寸和定位尺寸	④ 标注凸台的定形尺寸和定位尺寸

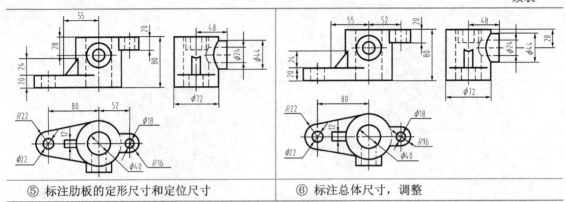

⑤ 标注肋板的定形尺寸和定位尺寸	⑥ 标注总体尺寸，调整

标注尺寸时应注意以下几点。

（1）以形体分析法标注组合体尺寸时，有时会出现重复尺寸，此时只需标注一次。

（2）组合体的一端或两端为回转体时，不直接标注总体尺寸，只是标注回转体的定形尺寸及其定位尺寸。

（3）同一形体的定形尺寸、定位尺寸尽可能集中标注，且标注在表示该形体特征最明显的视图上。

（4）同方向的平行尺寸应使小尺寸靠近视图，大尺寸在小尺寸外面，间距均匀，并且避免尺寸线和尺寸界线相交。

（5）直径尺寸尽量标注在投影为非圆的视图上，而不宜集中标注在投影为圆的视图上。

（6）小于或等于半圆的圆及圆弧应标注半径尺寸，并且要标注在投影为圆弧的视图上。

（7）通常不在虚线上标注尺寸，也不能在截交线和相贯线上直接标注尺寸。

（8）尺寸应尽量标注在视图外面及两视图之间，以保持视图清晰，看图方便。

8.4　读组合体视图

画图和读图是本课程的两个主要任务。画图是用正投影法将空间物体表达在平面上，而读图则是根据已有的视图，运用投影规律，想象出物体空间结构形状的过程，是画图的逆过程。

8.4.1　读图的基本要领

1．几个视图联系起来读

图 8-13 所示的 3 组图形，其主、俯视图均相同，但表示的却是 3 个不同形状的物体。只有结合它们的左视图，才能判断其真实的形状。由此可见，通常仅由一个甚至两个视图都不能唯一地确定组合体的形状，必须将几个视图联系起来阅读、分析、构思，才能想象出物体的空间形状。

2．明确视图中图线和线框的含义

（1）视图中的图线可能是组合体以下要素的投影，如图 8-14 所示。

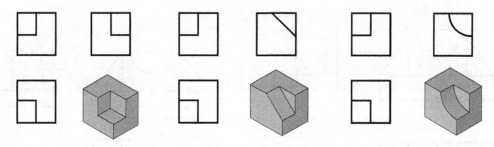

图 8-13 几个视图联系起来读图

① 两表面的交线，如 $a'b'$。

② 表面有积聚性的投影，如 cd、$\overset{\frown}{e'f'}$。

③ 曲面的转向轮廓线，如 $g''h''$。

（2）视图中的封闭线框通常是组合体表面或孔的投影，如图 8-14 所示。

① 平面，如 $1'$。

② 曲面，如 2。

③ 曲面及其切面，如 3。

④ 通孔，如 $4'$。

（3）视图中相邻两封闭线框表示组合体上相交或错开的两个面的投影，如图 8-14 中的 $1'$、$6'$ 表示相交的两个面，$5'$、$6'$ 表示错开的两个面。

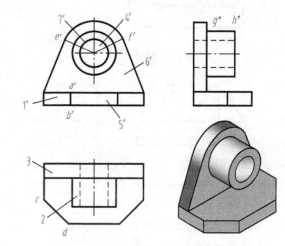

图 8-14 视图中图线和线框

（4）线框中的线框表示组合体上的凸凹关系或通孔，如图 8-14 中的 $6'7'$ 表示凸凹关系，$4'7'$ 表示有通孔。

8.4.2 读图的方法和步骤

读图的基本方法也是形体分析法，但是当某些组合体的形状较复杂或有复杂的结构时，仅用形体分析法是不够的，还须辅以线面分析法。通过对线、面的投影进行分析，也就是分析线及线框，想象出它们所代表的线或面在组合体中的形状和位置。通常这两种方法并用，叠加的结构用形体分析法，细节、切割部分用线面分析法。

1. 形体分析法

与画图一样，形体分析法也是读图的基本方法。从反映物体形状特征比较明显的主视图入手，按线框将组合体划分为几个部分，然后通过投影关系找到各线框在其他视图中的投影，从而分析各部分的形状及其相互位置，最后综合起来想象组合体的整体形状。下面以表 8-3 为例，说明运用形体分析法识读组合体视图的方法和步骤。

叠加式组合体常用形体分析法来读图。但对于比较复杂的形体，尤其是切割式组合体，往往在形体分析法的基础上还需要用线面分析法来帮助想象物体的形状。

表 8-3 形体分析法读图的方法和步骤

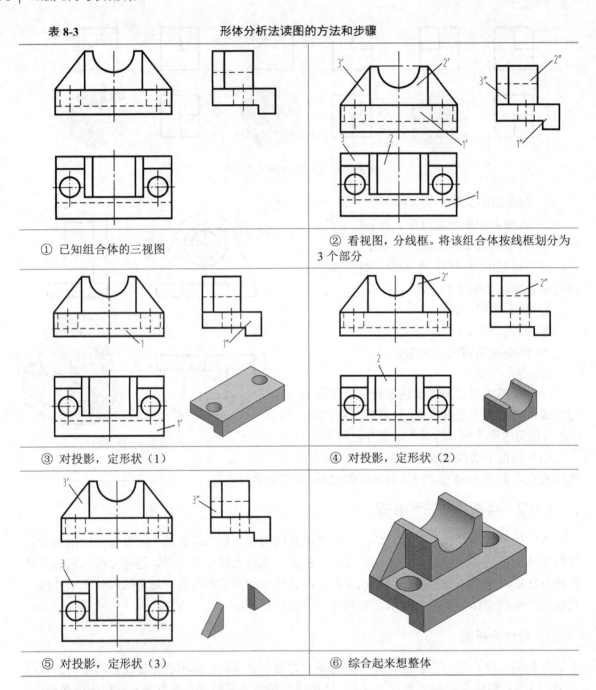

① 已知组合体的三视图	② 看视图，分线框。将该组合体按线框划分为 3 个部分
③ 对投影，定形状（1）	④ 对投影，定形状（2）
⑤ 对投影，定形状（3）	⑥ 综合起来想整体

2．线面分析法

当组合体上某部分的形状与基本体相差较大，用形体分析法难以判断其形状时，可以采用线面分析法来读图。线面分析法就是将物体看做是由若干线和面组成的，通过分析线和面的形状与位置来想象组合体的形状，重点是分析面的形状，即将线框分解为若干个面，首先根据投影规律逐一找全各面的投影，然后按平面的投影特征判断各面的形状和空间位置，进而综合得出该部分的空间形状。线面分析法适用于切割体及复杂综合体中的切割体部分，一般不独立应用。

（1）分析面的形状：要熟悉各种位置平面的投影特性。

① 当平面图形平行于某投影面时，该投影反映实形。

② 当平面图形垂直于某投影面时，该投影积聚为直线。

③ 当平面图形倾斜于某投影面时，该投影是类似形。

图 8-15 所示为投影面倾斜面的投影分析。

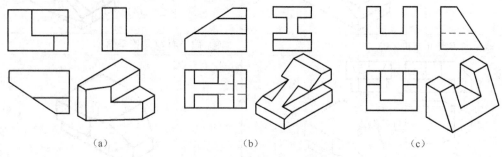

（a） （b） （c）

图 8-15 各种位置投影面倾斜面

在三视图中可以根据平面的 3 个投影的形状来判断其空间位置。

① 一框对两线：一投影为平面图形、两投影为直线的是投影面平行面。

② 一线对两框：两投影为平面图形、一投影为直线的是投影面垂直面。

③ 三框相对应：三投影均为平面图形的是一般位置平面。

（2）分析面的相对位置：两个相邻的封闭线框是两个面的投影，其相对位置（相交或错开）必须要根据其他视图来判断。面的相对位置分析如图 8-16 所示。

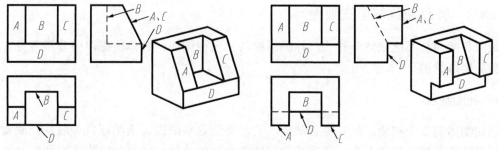

图 8-16 分析面的相对位置

下面以表 8-4 所示的压块为例来说明用线面分析法读图的步骤。

表 8-4 用线面分析法读图

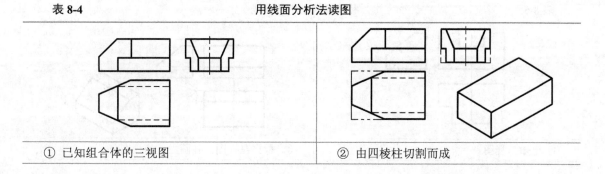

| ① 已知组合体的三视图 | ② 由四棱柱切割而成 |

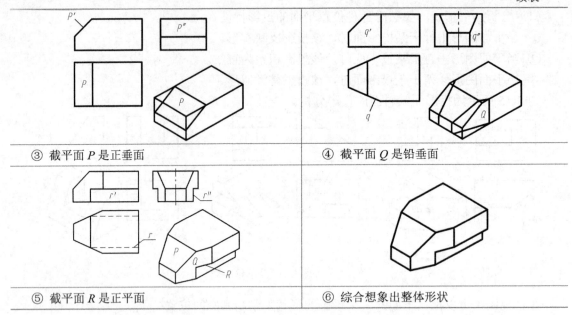

③ 截平面 P 是正垂面	④ 截平面 Q 是铅垂面
⑤ 截平面 R 是正平面	⑥ 综合想象出整体形状

由此总结出读图的步骤如下。

① 抓主：首先从主视图入手得到物体的主要特征。

② 分块：分析组合体由哪些基本体组成或经过几次切割。

③ 对应：利用投影规律找出视图中各基本体、线面的相互对应关系。

④ 合整：将各个基本体组合起来，最终想象出整个物体的形状。

8.4.3　补画缺线与第三视图

画图和读图是不能截然分开的，补画漏线与第三视图在组合体的练习中非常多见，既训练画图又训练看图。

1. 补画缺线

已知物体的 3 个视图，但其中有缺线，要求补全这些缺线。这类题目一般从反映物体形状和位置特征明显的视图入手，联系其他视图逐个补画缺线。较复杂的物体则要综合运用形体分析法和线面分析法进行分析，通过试补、调整、验证及想象，最终弄清物体的形状。

补画三视图中的缺线，画法步骤如表 8-5 所示。

表 8-5　　　　　　　　　　　　　补画三视图中的缺线

① 已知三视图	② 根据左视图，补画主、俯视图

续表

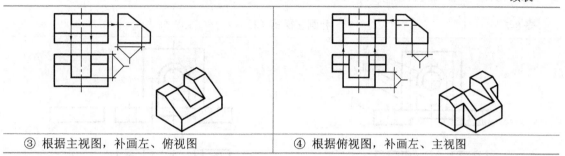

| ③ 根据主视图，补画左、俯视图 | ④ 根据俯视图，补画左、主视图 |

2. 补画第三视图

根据已知的两个视图，运用形体分析法和线面分析法，想象出组合体的结构形状，并把第三视图补画出来。此时两视图已完全确定了组合体的结构形状，因此第三视图是唯一的。

已知物体的主、俯视图，补画左视图，如表 8-6 所示。

表 8-6 补画左视图（1）

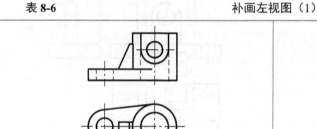
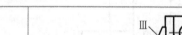

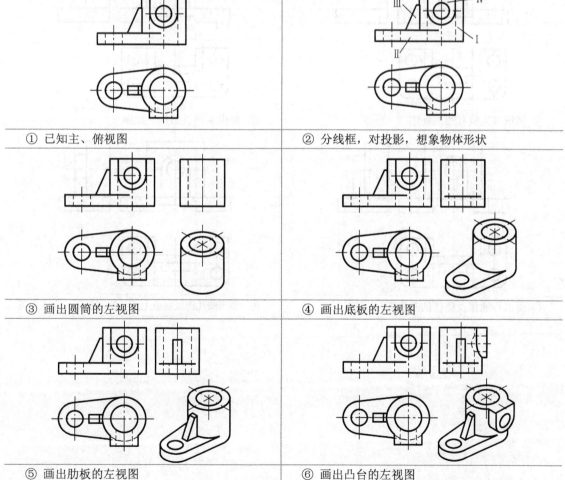

① 已知主、俯视图	② 分线框，对投影，想象物体形状
③ 画出圆筒的左视图	④ 画出底板的左视图
⑤ 画出肋板的左视图	⑥ 画出凸台的左视图

已知物体的主、俯视图，补画左视图，如表 8-7 所示。

表 8-7　　　　　　　　　　　补画左视图（2）

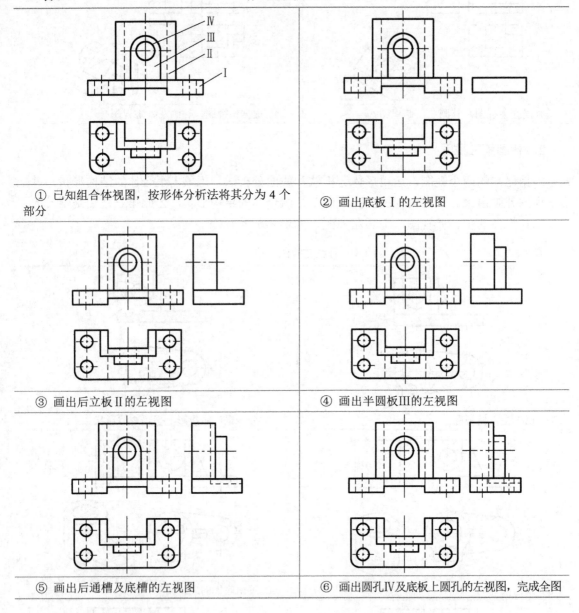

① 已知组合体视图，按形体分析法将其分为 4 个部分	② 画出底板Ⅰ的左视图
③ 画出后立板Ⅱ的左视图	④ 画出半圆板Ⅲ的左视图
⑤ 画出后通槽及底槽的左视图	⑥ 画出圆孔Ⅳ及底板上圆孔的左视图，完成全图

第 **9** 章 **轴测图**

【学习目标】

- 了解轴测投影的基本知识。
- 掌握正等轴测图的形成、平面立体及回转体正等测图的画法。
- 掌握斜二测图的形成及画法。

正投影图可以准确完整地表达立体的真实形状和大小，而且作图简便、度量性好，因此在工程上得到了广泛的应用，如图 9-1（a）所示。但是正投影图的立体感差，必须具备一定的图样知识才能看懂，因此，工程上也经常采用轴测图来表达物体。轴测图是一种能同时反映立体的正面、侧面和水平面形状的单面投影图，立体感好，直观性强，容易看懂，如图 9-1（b）所示。但轴测图一般不能反映物体各表面的真实形状，度量性差，作图麻烦，因此，常用轴测图作为正投影图的辅助图样。

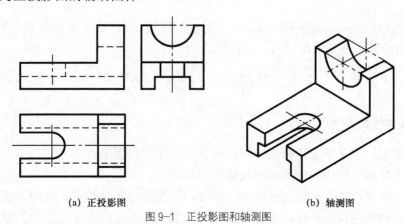

(a) 正投影图　　　　　　　　　　　　　(b) 轴测图

图 9-1　正投影图和轴测图

9.1　轴测图的基本知识

1. 轴测图的形成

用平行投影法将物体连同确定该物体空间位置的直角坐标系按选定的投影方向 S 一起投射到投影面 P 上，即可得到轴测投影图，（简称轴测图），投影面 P 称为轴测投影面，如图 9-2

所示。

 为使轴测图具有较好的直观性，投射方向不应平行于坐标轴和坐标面。选择轴测图的投影方向时一般从两个方面来考虑，一是作图简便，二是直观性好。

2. 轴间角及轴向伸缩系数

物体的参考直角坐标系的坐标轴 OX、OY 和 OZ 在轴测投影面上的投影 O_1X_1、O_1Y_1 和 O_1Z_1 称为轴测轴，两轴测轴间的夹角 $\angle X_1O_1Y_1$、$\angle X_1O_1Z_1$ 和 $\angle Y_1O_1Z_1$ 称为轴间角，如图 9-2 所示。

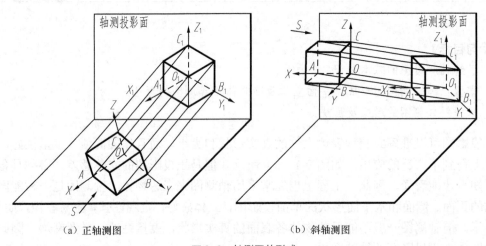

（a）正轴测图　　　　　　　　　　（b）斜轴测图

图 9-2　轴测图的形成

轴测轴上的单位长度与相应坐标轴上的单位长度的比值，称为轴向伸缩系数。OX、OY 和 OZ 轴的轴向伸缩系数分别用 p、q、r 表示。

$$p = \frac{O_1A_1}{OA}, \quad q = \frac{OB_1}{OB}, \quad r = \frac{OC_1}{OC}$$

3. 轴测图的投影特性

由于轴测图采用的是平行投影法，因此具有以下平行投影的性质。

（1）立体上互相平行的线段其轴测投影也互相平行。

（2）立体上两平行线段长度之比以及点分线段长度之比在轴测图上保持不变。

（3）立体上与空间直角坐标轴平行的线段其轴测投影必平行于相应的轴测轴，并且轴向伸缩系数与相应轴测轴的相同。

（4）立体上平行于轴测投影面的直线和平面在轴测图上反映实长和实形。

4. 轴测图的分类

根据投射方向与轴测投影面的相对位置不同，轴测图可分为以下两类。

（1）正轴测图：投射方向垂直于轴测投影面的轴测图，如图 9-2（a）所示。

（2）斜轴测图：投射方向倾斜于轴测投影面的轴测图，如图 9-2（b）所示。

根据轴向伸缩系数的不同，各类轴测图又可以分为 3 种，即

$$
正轴测图
\begin{cases}
正等轴测图：p = q = r \\
正二轴测图：p = q \neq r\ 或\ p \neq q = r\ 或\ p = r \neq q \\
正三轴测图：p \neq q \neq r
\end{cases}
$$

$$
斜轴测图
\begin{cases}
斜等轴测图：p = q = r \\
斜二轴测图：p = q \neq r\ 或\ p \neq q = r\ 或\ p = r \neq q \\
斜三轴测图：p \neq q \neq r
\end{cases}
$$

工程上最常用的是立体感较强、作图较简便的正等轴测图和斜二轴测图。

 要点提示　　轴测图中不可见轮廓的投影（虚线）通常不画。

9.2　正等轴测图

当立体上的 3 个直角坐标轴与轴测投影面倾斜的角度相同时得到的轴测图称为正等轴测图，简称正等测。

1. 轴间角和轴向伸缩系数

正等测图的轴间角 $\angle X_1 O_1 Y_1 = \angle X_1 O_1 Z_1 = \angle Y_1 O_1 Z_1 = 120°$，如图 9-3 所示。一般使 $O_1 Z_1$ 处于铅垂位置，$O_1 X_1$、$O_1 Y_1$ 分别与水平线成 30°。

正等测图的轴向伸缩系数 $p = q = r = 0.82$。为了作图简便，国家标准规定简化的轴向伸缩系数 $p = q = r = 1$，即凡是平行于坐标轴的线段，均按原尺寸画出，此时的正等测图比实际物体放大了 $1/0.82 \approx 1.22$ 倍，但形状不变，如图 9-4 所示。

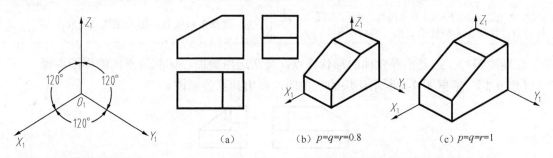

图 9-3　正等测图的轴间角　　　　　图 9-4　不同轴向伸缩系数的正等测图的效果

2. 平面立体正等测图的画法

画平面立体轴测图的基本方法是坐标法，即根据立体表面上各顶点的坐标值作出它们的轴测投影，连接各顶点，完成平面立体的轴测图。对于立体表面上平行于坐标轴的轮廓线可在该线上直接量取尺寸。当所画线段不与坐标轴平行时，决不可在图上直接度量。

【例 9-1】　根据正投影图绘制正六棱柱的正等测图，如图 9-5 所示。

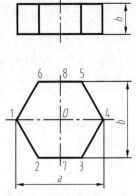

图 9-5　正六棱柱的正投影图

分析：在正投影图上选定坐标原点和坐标轴，以作图简便为选择原则。如图 9-5 所示，坐标原点选在正六棱柱顶面的中心，这样可以减少不必要的作图线。绘图步骤如表 9-1 所示。

表 9-1　　　　　　　　　　　　　　　绘制正六棱柱的正等测图

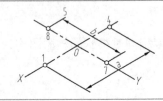	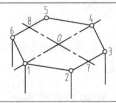
① 画出轴测轴，按坐标尺寸 a 和 b 求得轴测图上的点 1、4 和点 7、8	② 过点 7、8 作 X 轴的平行线，按 X 坐标尺寸求得 2、3、5、6 点，完成正六棱柱顶面的轴测投影
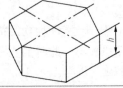	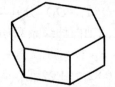
③ 由各顶点向下画出垂直棱线，量取高度 h，连接各点，作出正六棱柱的底面（虚线不画）	④ 擦除多余线条，加深图线，完成作图

画轴测图时，还要根据立体的形状特点，灵活运用叠加、切割等不同的作图步骤。

【例 9-2】　根据图 9-6 所示垫块的三视图，画出其正等测图。

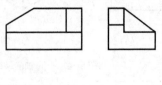

图 9-6　垫块的三视图

分析：该垫块是一简单的组合体，可先画出它的基本形体即长方体的正等测图，再按组合体的形成过程逐步切割或叠加，完成垫块的轴测图。垫块正等测图的绘制步骤如表 9-2 所示。

表 9-2 绘制垫块的正等测图

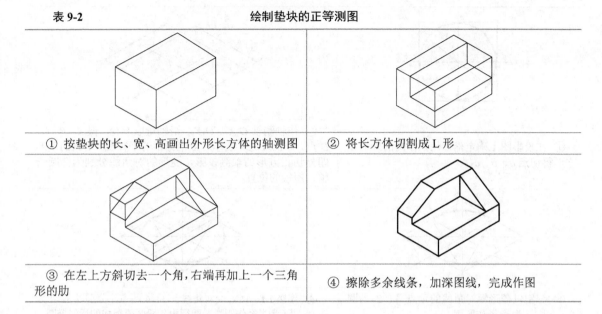

① 按垫块的长、宽、高画出外形长方体的轴测图	② 将长方体切割成 L 形
③ 在左上方斜切去一个角，右端再加上一个三角形的肋	④ 擦除多余线条，加深图线，完成作图

3. 回转体正等测图的画法

在学画回转体的正等测图之前，首先要掌握圆的正等测画法。

9.2.1 平行于坐标面的圆的正等测画法

由于正等测投影中各坐标面对轴测投影面都是倾斜的，因此平行于坐标面及其上的圆的正等测投影都是椭圆，椭圆的长轴垂直于与圆平面垂直的轴测轴，短轴与该轴测轴平行，如图 9-7 所示。

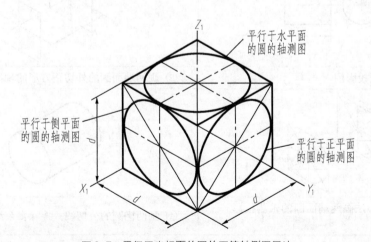

图 9-7 平行于坐标面的圆的正等轴测图画法

为了简化作图，椭圆通常采用近似画法——菱形四心法。现以水平面圆的轴测图为例，介绍用菱形四心法画椭圆的具体步骤，如表 9-3 所示。

表 9-3	用菱形四心法画椭圆
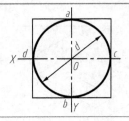	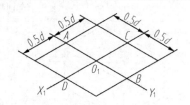
① 在投影图上确定坐标轴,作圆的外切正方形得切点 a、b、c、d	② 作轴测轴 O_1X_1、O_1Y_1,沿轴量取半径,得 A、B、C、D 点,分别过这 4 点作对应坐标轴的平行线,所画的菱形即外切正方形的轴测投影。菱形的对角线分别为椭圆长轴、短轴的位置
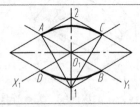	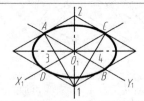
③ 分别以菱形短对角线的顶点 1、2 为圆心,以 1A 为半径作圆弧	④ 连接 1A、1C,交对角线于 3、4 两点,分别以 3、4 为圆心,3A 为半径作圆弧,即得由 4 段圆弧组成的近似椭圆

9.2.2 常见回转体的正等测画法

(1)圆柱体的正等测画法。表 9-4 所示为轴线为正垂线的圆柱体的正等测画法。

表 9-4	圆柱体的正等测画法
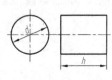	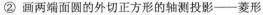
① 圆柱体的正投影图	② 画两端面圆的外切正方形的轴测投影——菱形
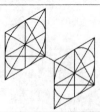	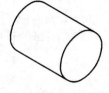
③ 用菱形四心法画两端面圆的轴测投影——椭圆	④ 画两椭圆的公切线;擦除多余线条,加深图线

(2)圆台的正等测画法。圆台的正等测画法和圆柱的正等测画法相同,作图时分别作出其两端面的椭圆,再作公切线即可。表 9-5 所示为轴线是侧垂线的圆台的正等测画法。

表 9-5 圆台的正等测画法

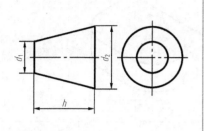	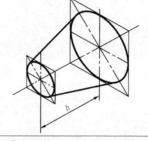	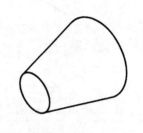
① 圆台的正投影图	② 用菱形四心法画两端面圆的轴测投影——椭圆	③ 画两椭圆的公切线；擦除多余线条，加深图线

（3）圆角的正等测画法。圆角是圆的四分之一，其正等测画法与圆的正等测画法相同，即作出对应的四分之一菱形，画出近似圆弧。如图 9-8 所示，圆角平板前面的两个圆角为四分之一圆柱面，其轴测图画法如表 9-6 所示。

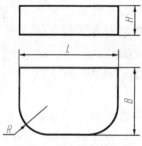

图 9-8 圆角平板的视图

表 9-6 圆角的正等测画法

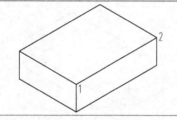	
① 作出长方体的正等测图，标出 1、2 两个角点	② 自 1、2 两点沿棱线分别截取半径 R，得 3、4、5、6 这 4 点，过此 4 点分别作各棱线的垂线，得交点 O_1 及 O_2
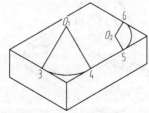 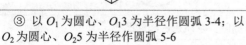	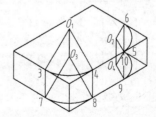
③ 以 O_1 为圆心、O_13 为半径作圆弧 3-4；以 O_2 为圆心、O_25 为半径作圆弧 5-6	④ 将 O_1、3、4 及 O_2、5、6 各点向下平移，高度为板厚 H，作圆弧 9-8 及 9-10

续表

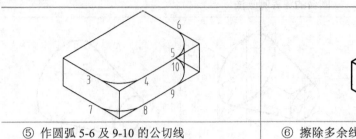

⑤ 作圆弧 5-6 及 9-10 的公切线	⑥ 擦除多余线条,加深图线

9.2.3 组合体正等测图的画法

画组合体的轴测图时可按下述步骤。

① 先进行形体分析,考虑到作图简便和度量方便来确定坐标轴。

② 画轴测轴。

③ 用坐标法画出物体上的点和线,并注意各形体表面的连接关系,完成物体的正等测。若有平行于坐标面的圆,则可利用菱形四心法画出椭圆。

【例 9-3】 图 9-9 所示为轴承座的三视图,画出其正等测图。

分析:轴承座可看成由两部分构成:水平的底板和正平的立板。分别绘制底板和立板,并加以叠加,就可以完成其正等测图,作图步骤如表 9-7 所示。

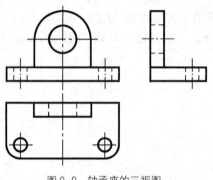

图 9-9 轴承座的三视图

表 9-7   轴承座正等测图的画法

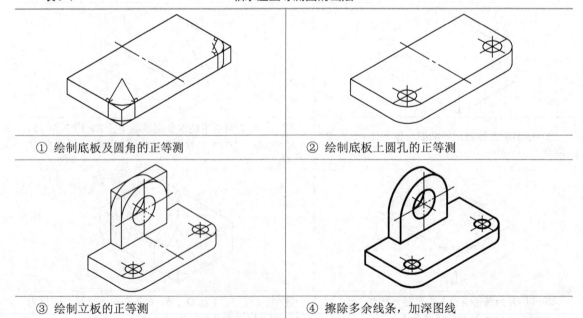

① 绘制底板及圆角的正等测	② 绘制底板上圆孔的正等测
③ 绘制立板的正等测	④ 擦除多余线条,加深图线

9.3　斜二轴测图

在斜轴测投影中，将物体放正，使 XOZ 坐标面平行于轴测投影面，此时 XOZ 坐标面或其平行面上的任何图形在轴测投影面上的投影都反映实形，这称为正面斜轴测投影，其中最常见的是斜二轴测图，简称斜二测图，如图 9-10 所示。

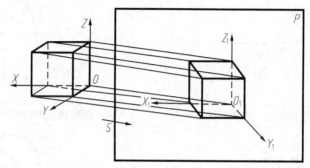

图 9-10　斜二测图的形成

1．轴间角和轴向伸缩系数

斜二测图的轴间角 $\angle X_1 O_1 Z_1 = 90°$，$\angle X_1 O_1 Y_1 = \angle Y_1 O_1 Z_1 = 135°$，$X$ 轴和 Z 轴的轴向伸缩系数 $p = r = 1$，Y 轴的轴向伸缩系数 $q = 0.5$。作图时，一般使 $O_1 Z_1$ 轴处于垂直位置，$O_1 X_1$ 轴处于水平位置，$O_1 Y_1$ 轴与水平线成 $45°$，如图 9-11 所示。

画平面立体的斜二测图时，其作图原理及步骤与正等测图的完全相同，只是轴间角和轴向伸缩系数不同。图 9-12 所示为正方体的斜二测图。

由斜二测图的特点可知：平行于 XOZ 坐标面的圆的斜二测投影反映实形；而平行于 XOY 和 YOZ 坐标面的圆的斜二测投影为椭圆，作图方法复杂。因此，当立体上只有某个平面（或互相平行的平面）形状复杂或圆较多时，常采用斜二测图来表达。

2．斜二测图的画法

【例 9-4】　根据图 9-13 所示支架的视图绘制其斜二测图。

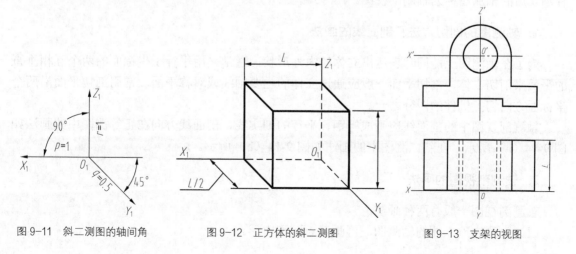

图 9-11　斜二测图的轴间角　　　图 9-12　正方体的斜二测图　　　图 9-13　支架的视图

分析：由于平行于 XOZ 坐标面的圆或圆弧的斜二测投影仍为圆或圆弧，因此把立体上有圆或圆弧的平面选为 XOZ 坐标面，作图就会比较方便。支架斜二测图的作图步骤如表 9-8 所示。

表 9-8 支架斜二测图的画法

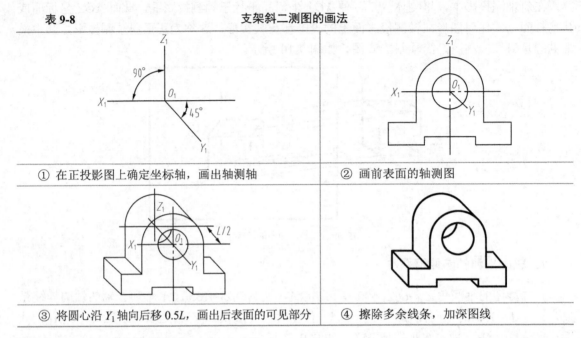

① 在正投影图上确定坐标轴，画出轴测轴	② 画前表面的轴测图
③ 将圆心沿 Y_1 轴向后移 $0.5L$，画出后表面的可见部分	④ 擦除多余线条，加深图线

画斜二测图时需要注意以下几点。

（1）Y 轴的轴向伸缩系数 $q = 0.5$，因此该方向的尺寸要缩短一半。

（2）平行于 XOZ 坐标面的各平面一般从前往后依次画出，不可见的图线不画。

（3）常将圆心沿轴线方向后移，来画圆柱的后底面。

9.4 轴测剖视图的画法

为了在轴测图上表达立体的内部结构形状，可假想用剖切平面将机件的一部分剖去，这种剖切后的轴测图称为轴测剖视图。

1．轴测图的剖切方法及剖面线的画法

为了在轴测图上能同时表达出立体的内外形状，通常采用平行于坐标面的两个互相垂直的平面来剖切立体，剖切平面一般应通过立体的主要轴线或对称平面。常用剖切平面沿两个坐标面方向切掉机件的四分之一。

轴测剖视图中的剖面线应画成等距、平行的细实线，剖面线方向在正等测图中的画法如图 9-14（a）所示，在斜二测图中的画法如图 9-14（b）所示。

2．轴测剖视图的画法

轴测剖视图一般有两种画法。

（1）先画完整立体的轴测图，再画截断面和内形。

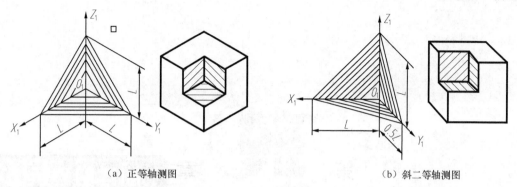

（a）正等轴测图   （b）斜二等轴测图

图 9-14　常用轴测图剖面线的方向

图 9-15 所示为圆筒的正等测剖视图的画法。

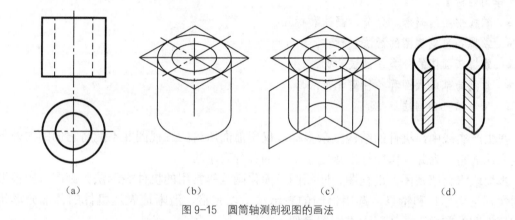

（a）　　　　　　（b）　　　　　　（c）　　　　　　（d）

图 9-15　圆筒轴测剖视图的画法

（2）先画截断面，再画内形。

图 9-16 所示为端盖的斜二测剖视图的画法。可以看出，这种画法更加方便。

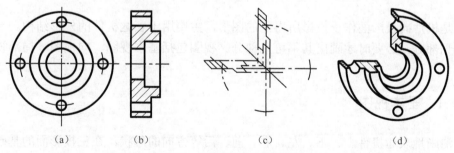

（a）　　　　　　（b）　　　　　　（c）　　　　　　（d）

图 9-16　端盖的的斜二测剖视图

第 **10** 章 机件的表示法

【学习目标】

- 掌握视图的概念、分类、画法和标注。
- 掌握各种剖视图的画法和标注。
- 掌握断面图的分类、画法和标注。
- 掌握局部放大图和各种简化画法。
- 了解第三角画法。

在生产实践中,机件的结构复杂多样,仅用前面所讲的三视图并不能将它们的内外形状完全表达清楚。为此,国家标准规定了机件的各种表示法。

本模块将介绍视图、剖视图、断面图及简化画法等常用的机件表示法。画图时应根据机件的实际结构形状和特点,选用恰当的表示法,以完整、清晰地表达机件的各部分形状。在方便看图的前提下,还要力求制图简便。

10.1 视图

视图是机件向投影面作正投影所得到的图形,主要用于表达机件的外形结构。一般只画机件的可见部分,必要时才画出其不可见部分。视图包括基本视图、向视图、局部视图及斜视图。

10.1.1 基本视图

为了清晰地表达机件上、下、左、右、前、后等方向的形状,在三投影面的基础上再增加 3 个投影面,即用正六面体的 6 个面作为基本投影面,将机件放在其中,分别向 6 个基本投影面投影,投影所得的视图称为基本视图,如图 10-1 所示。

基本投影面的展开方法如图 10-2 所示,正投影面不动,其他投影面均按图示方向展开。

展开后各视图的配置如图 10-3 所示,6 个基本视图按展开后的位置配置称为按投影关系配置。基本视图按投影关系配置时一律不标注视图名称。

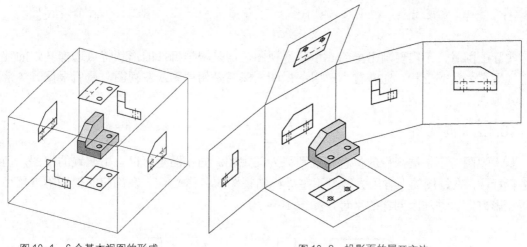

图 10-1 6 个基本视图的形成　　　　　　　　　图 10-2 投影面的展开方法

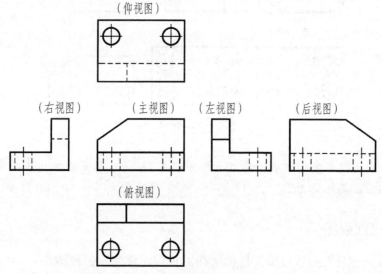

图 10-3 基本视图的配置关系

6 个基本视图除了前面讲过的主视图、俯视图、左视图三视图以外，还增加了：

（1）右视图——从右向左投影；

（2）仰视图——从下向上投影；

（3）后视图——从后向前投影。

6 个基本视图与三视图一样，仍应符合"三等"的投影规律。

（1）主、俯、仰、后视图长对正。

（2）主、左、右、后视图高平齐。

（3）俯、左、仰、右视图宽相等。

其中，除后视图外，其他视图靠近主视图的一边是机件的后面，远离主视图的一边是机件的前面。

主视图和后视图反映机件上、下位置关系一致，但左右位置恰恰相反。

实际画图时，不需要画出全部 6 个基本视图，而是根据机件的形状特点选择其中的几个基本视图来表达其形状。通常首先选用主视图，然后是俯视图或左视图，最后根据具体情况选择其他视图。

10.1.2　向视图

基本视图若不按展开后的位置配置则称为向视图。向视图是可以自由配置的视图，但必须进行标注。在视图的上方用大写拉丁字母标出视图的名称"×"，在相应的视图附近用箭头指明投影方向，并注上同样的字母，如图 10-4 所示。

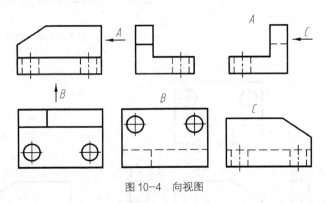

图 10-4　向视图

 表示投射方向的箭头尽可能配置在主视图上，只是表示后视投射方向的箭头才配置在其他视图上。

10.1.3　局部视图

将机件的某一部分向基本投影面投影所得的视图，称为局部视图。

图 10-5（a）所示的机件用主视图、俯视图两个基本视图已把主体结构表达得很清楚了。若用局部视图仅画出需要表达的部分，则会更明了了。局部视图可认为是不完整的基本视图，采用它可以减少基本视图的数量，补充基本视图没有表达清楚的部分，如图 10-5（b）所示。

画局部视图时应注意以下几点。

（1）局部视图应尽量配置在投影方向上，并且与原视图保持投影关系。当局部视图按投影关系配置，中间又没有其他图形隔开时，可省略标注，如图 10-5（b）中没有标注的局部视图。

（2）为了合理布图，也可将局部视图放置在其他适当的位置。这时应在局部视图上方用大写拉丁字母标出视图的名称"×"，在相应的视图附近用箭头指明投射方向，并注上相同的字母，如图 10-5（b）中的 A 向局部视图。

（3）局部视图的断裂边界线用波浪线或双折线表示，如图 10-5（b）中的 A 向局部视图。但当所表达的局部结构是完整的且外轮廓又成封闭线框时，波浪线可省略不画，如图 10-5（b）中没有标注的局部视图。

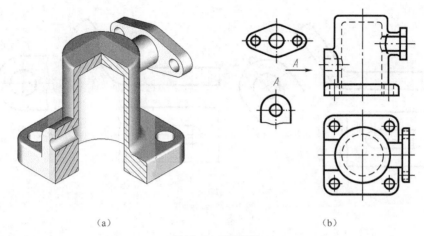

（a） （b）

图 10-5 局部视图

10.1.4 斜视图

将机件向不平行于任何基本投影面的平面投射所得的视图，称为斜视图。

如图 10-6 所示，当机件上的某些表面与基本投影面倾斜时，其基本视图不能反映真实形状。为了表达倾斜表面的真实形状，可以选择一个平行于倾斜面并垂直于某一个基本投影面的平面作为投影面，如图中的正垂面 V_1 面，然后将倾斜结构向该投影面进行投影，之后将新投影面旋转到与基本投影面重合，最终得到可以反映倾斜表面真实形状的斜视图，如图 10-7 所示。

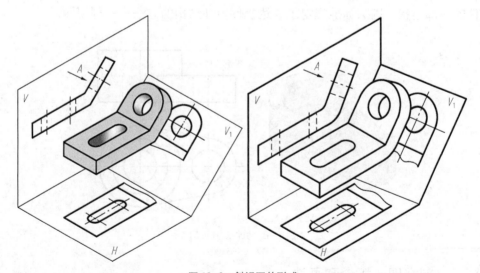

图 10-6 斜视图的形成

画斜视图时应注意以下几点。

（1）斜视图通常按投射方向配置并标注，如图 10-7（a）所示的斜视图 A。必要时，也可移到其他地方。为了作图方便，允许将图形旋转，如图 10-7（b）所示的 A 向视图旋转配置，旋转符号的箭头应指明旋转方向，表示该视图名称的字母应靠近旋转符号的箭头端，也允许将旋转角度写在字母后。

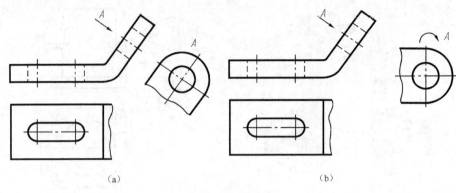

图 10-7　斜视图

（2）斜视图只用于表达倾斜结构的形状，其余部分不必画出，用波浪线或双折线断开，如图 10-7 所示的 A 向视图。

（3）若斜视图上所表达的结构是完整的且外形轮廓成封闭线框，则波浪线可省略不画。

10.2　剖视图

当机件的内部形状较为复杂时，视图中就会出现很多虚线，它们常常与其他线条相交，这样图形就不够清晰，且不便于读图和标注尺寸，如图 10-8 所示机件的三视图。为了清楚地表达机件的内部形状，国家标准规定了表达机件内部结构的方法——剖视图。

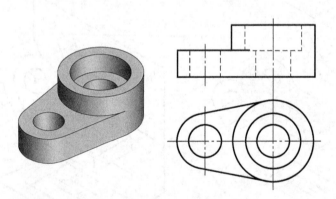

图 10-8　机件及其视图

10.2.1　剖视图的概念和画法

假想用剖切面剖开机件，将处在观察者和剖切面之间的部分移去，而将其余部分向基本投影面投影，这样所得的图形就称为剖视图，简称剖视，如图 10-9 所示。

 　剖视图中一般不画虚线，但若还有未表示清楚的结构或少量的虚线可以减少视图数量时，可以画出必要的虚线。

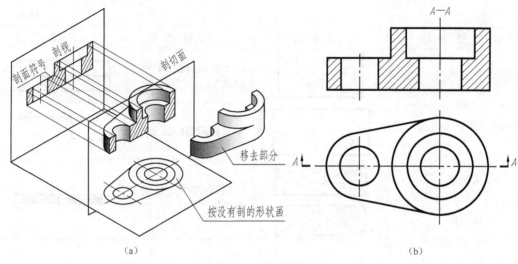

图 10-9 剖视图的形成

1．剖视图的画法

（1）确定剖切位置。为了表达机件内部结构的真实形状，一般选择平行于投影面且与机件内部结构的对称面或轴线重合的面作为剖切面。图 10-9（a）所示的剖切面是通过机件前、后对称平面的正平面。

（2）画剖视图的轮廓线。先画出剖切面与机件接触部分的轮廓线，再画剖切面后的可见轮廓线，它们都用粗实线来表达。

（3）在剖切面与机件接触的断面处画上剖面符号，如图 10-9（b）所示。国家标准规定不同材料要用不同的剖面符号，常用的剖面符号如表 10-1 所示。

 如果不需要表示材料的类别，可采用与金属材料相同的通用剖面线来表示。

表 10-1 常用的剖面符号

材　料　名　称	剖　面　符　号	材　料　名　称	剖　面　符　号
金属材料（已有规定剖面符号者除外）		砖	
非金属材料（已有规定剖面符号者除外）		型砂、填砂、粉末冶金、砂轮、陶瓷刀片及硬质合金刀片等	
线圈绕组件		混凝土	
转子、电枢、变压器、电抗器等的迭钢片		钢筋混凝土	

续表

材 料 名 称		剖 面 符 号	材 料 名 称	剖 面 符 号
液体			木质胶合板（不分层数）	
玻璃及供观察用的其他透明材料			基础周围的泥土	
木材	纵剖面		格网（筛网、过滤网等）	
	横剖面			

画金属材料或无须表示材料类别的剖面符号时应遵守以下规定。

（1）剖面符号也称剖面线，画成与主要轮廓线或剖面区域的对称线成 45° 角的平行且间隔相等的细实线，如图 10-10 所示。

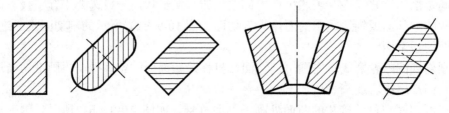

图 10-10　剖面线的画法

（2）同一机件所有的剖视图和断面图中的剖面线应方向相同、间隔相等。

2．剖视图的配置与标注

剖视图一般按投影关系配置，也可根据图面布局配置在其他适当的位置。

剖视图一般应加以标注，表明其与有关视图之间的投影关系，以便于读图。标注应包括剖切位置、投射方向和剖视图的名称，如图 10-9（b）所示。

（1）剖切符号：表示剖切位置和投射方向。剖切位置用粗实线绘制，长度约为 5mm。箭头表示剖切后的投影方向，画在剖切位置线的外端并与其垂直。要避免剖切符号与轮廓线相接触。

（2）剖切符号的编号：一般在起止和转折位置的剖切符号外侧标注大写拉丁字母 "X"。

（3）剖视图的名称：在剖视图的上方写出与剖切符号的编号相对应的两个字母，中间加一条细实线，如 "$X-X$"。字母一律水平书写，字头朝上。

10.2.2　剖视图的种类

按机件内部结构的表达需要及其剖切范围，剖视图可分为全剖视图、半剖视图和局部剖视图。

1. 全剖视图

用剖切平面完全地剖开机件所得的剖视图称为全剖视图，如图 10-11 所示。

全剖视图一般用于不对称的、内部结构形状较复杂、外形又较简单或外形已在其他视图上表达清楚的机件，主要是为了表达机件的内部结构。

全剖视图应按规定进行标注。当剖视图按基本视图关系配置时，可省略箭头。当剖切平面通过机件的对称面或基本对称面且剖视图按投影关系配置、中间又无其他视图隔开时，可省略标注，图 10-11 所示的全剖视图即可省略标注。

2. 半剖视图

具有对称平面的物体在与对称平面垂直的投影面上，可以以对称中心线为界，一半画成剖视图，另一半画成视图，这种组合的图形称为半剖视图。图 10-12 所示的主视图即为半剖视图。

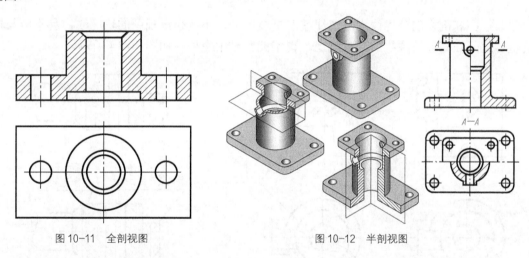

图 10-11　全剖视图　　　　　　　　　　图 10-12　半剖视图

画半剖视图应注意以下问题。

（1）半剖视图的标注方法与全剖视图的完全相同。当剖切平面未通过机件的对称平面时，必须标出剖切位置和名称。

（2）在半剖视图中，表示机件外部的半个视图和表示机件内部的半个剖视图的分界线是对称中心线，应画成细点画线。

（3）在半剖视图中，不剖的半个视图中表示内部形状的虚线一般不必画出。

（4）机件的形状接近于对称且不对称的部分已另有图形表达清楚时，也可画成半剖视图。

（5）半剖视图一般画在主、俯视图的右半边，俯、左视图的前半边，主、左视图的上半边。

3. 局部剖视图

用剖切平面局部地剖开机件所得的剖视图，称为局部剖视图，如图 10-13 所示。

局部剖视图可以同时表达机件的内、外部结构，不受机件是否对称的条件限制，剖切位置、剖切范围的大小均可根据实际需要而定，是一种比较灵活的表达方法，因此应用广泛。

画局部剖视图应注意以下问题。

（1）局部剖视图的标注方法与全剖视图的相同，剖切位置明显的局部剖视图一般可省略标注。

（2）在一个视图中，选用局部剖的次数不宜过多，否则容易显得零乱，从而影响图形的清晰度。

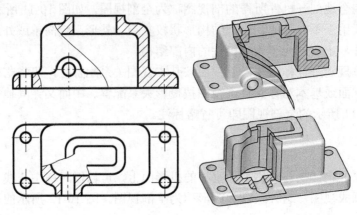

图 10-13　局部剖视图

（3）视图和剖视的分界线用波浪线或双折线区分，不能超出视图的轮廓线，且不应与轮廓线重合或画在其他轮廓线的延长线上，也不能穿过中空处，如图 10-14 所示。

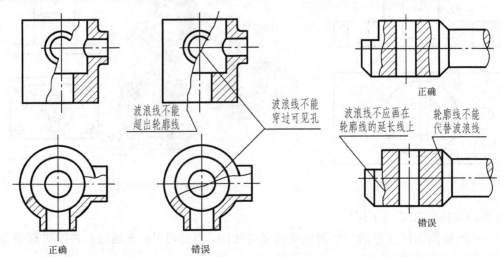

图 10-14　波浪线正误对比

（4）当对称机件的轮廓线与中心线重合时，不宜采用半剖视图，而用局部剖，如图 10-15 所示。

（5）当被剖结构为回转体时，允许将其对称中心线作为局部剖的分界线，如图 10-16 所示。

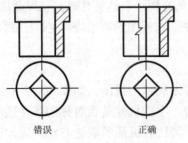

图 10-15　局部剖视图的应用（1）

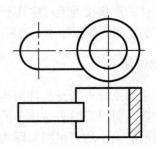

图 10-16　局部剖视图的应用（2）

10.2.3　剖切面的种类

为了清晰地表达各种机件不同的内部结构，国家标准规定可以选用不同位置和数量的剖切面来剖切机件，常见的平面有以下几种。

1．单一剖切面

（1）单一平行剖切平面。单一平行剖切平面采用与基本投影面平行的单一剖切平面进行剖切，前面所介绍的全剖视、半剖视和局部剖视都是采用这种方式。

（2）单一斜剖切平面。用不平行于任何基本投影面但垂直于某一基本投影面的单一投影面剖切平面的方法叫做单一斜剖切平面，如图 10-17 中的 *A*—*A*，用来表达机件上倾斜部分的内部结构形状。

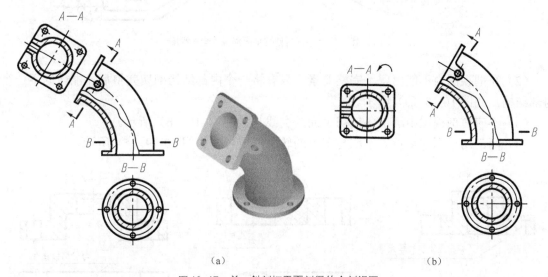

（a）　　　　　　　　　　　　　　　　　　　（b）

图 10-17　单一斜剖切平面剖得的全剖视图

画单一斜剖切平面图时应注意以下几点。

（1）单一斜剖切平面剖得的视图一般按投影关系配置，必须标注剖切符号、投影方向和剖视图名称，如图 10-17（a）所示。

（2）为了合理利用图纸，可将剖视图保持原来的倾斜程度，平移到其他适当位置。

（3）为了画图方便，在不引起误解时还可以将图形旋转，这时必须标注旋转符号和视图名称 "*X*—*X*⌒"。其中，箭头所指方向为斜剖视图的旋转方向，视图名称写在箭头一侧，如图 10-17（b）所示。

2．几个平行的剖切平面

用几个相互平行且与基本投影面平行的剖切平面剖切机件，适用于当机件上的孔、槽、空腔等内部结构分布在互相平行的平面上的情况，如图 10-18 所示。

画图时应注意以下几点。

（1）必须进行标注。在剖切平面的起止和转折处画出剖切符号和大写拉丁字母"X"，在所画的剖视图的上方中间位置用相应字母写出其名称"X—X"。若按基本视图关系配置，则可省略箭头，如图10-18所示。

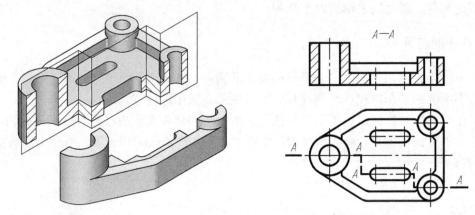

图10-18　几个平行的剖切平面剖得的全剖视图

（2）在剖视图内不能出现不完整要素，只有将一个内部结构剖切完整后才能转向下一个内部结构，如图10-19（a）所示。

（3）不应在剖视图中画出各剖切平面的交线，如图10-19（b）所示。

（4）两剖切平面的转折处不应与图上的轮廓线重合，如图10-19（c）所示。

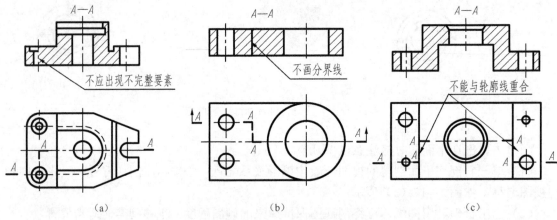

图10-19　几个平行的剖切平面剖得的视图的常见错误

（5）当机件上的两个要素在图形上有公共对称中心线或轴线时，应以对称中心线或轴线为界各画一半，如图10-20所示。

3．几个相交的剖切平面

当机件的内部结构形状用一个剖切平面不能表达完全，且这个机件在整体上又具有回转轴时，可采用两个相交平面（交线垂直于某一基本投影面）来剖切机件。画该剖视图时，首先把由倾斜平面剖开的结构连同有关部分旋转到与选定的基本投影面平行的位置，然后再进行投影。图 10-21 所示的俯视图为两个相交平面剖切机件后所画出的全剖视图。

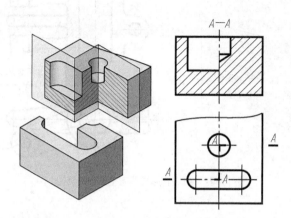

图 10-20 具有公共对称线的剖视图的画法

画图时应注意以下几点。

（1）必须进行标注。标注时，在剖切平面的起止和转折处画上剖切符号，且标上同一字母，然后在起止处画出箭头，表示投影方向。在所画的剖视图的上方中间位置用同一字母写出其名称"*X—X*"，如图 10-21（b）中所示 *A—A*。

（2）剖切平面后的其他结构一般仍按原来位置进行投影，如图 10-21（b）所示的小油孔的水平投影。

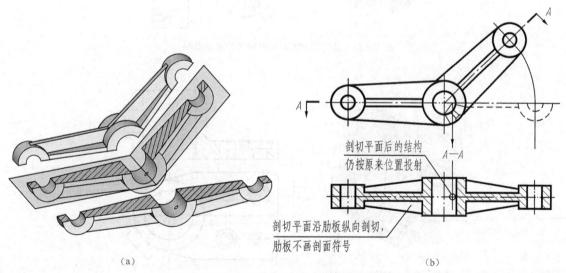

（a）   （b）

图 10-21 两个相交的剖切平面剖得的全剖视图

（3）当剖切后产生不完整要素时，该部分按不剖画出，如图 10-22 所示。

另外，根据机件内部的结构特点还可以用几个相交或平行的剖切平面的组合来剖切机件，如图 10-23 和图 10-24 所示。

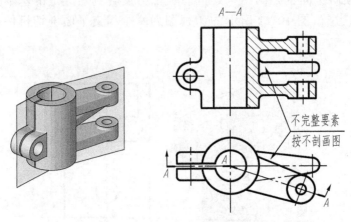

图 10-22　剖切后形成不完整要素的画法

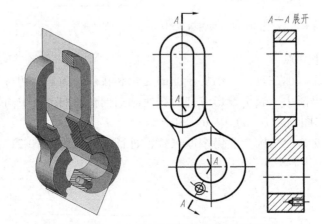

图 10-23　几个相交的剖切面获得的全剖视图

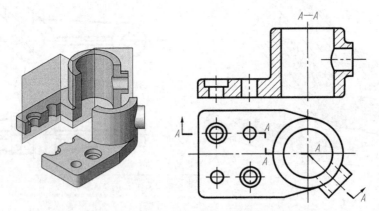

图 10-24　几个平行和相交的剖切面获得的全剖视图

　　如果需要，还可以在剖视图的剖面区域中再作一次局部剖，此时两个剖面区域的剖面线应同方向、同间隔，但要相互错开。要用引出线标注其名称，剖切位置明显时也可省略标注，如图 10-25 所示。

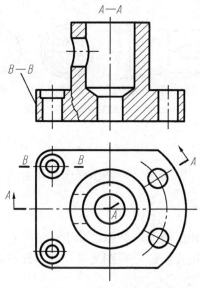

图 10-25 剖视图中再作局部剖

10.3 断面图

断面图也是机件的一种表示法，主要用来表达机件截断面处的形状。

10.3.1 断面图的概念

假想用剖切面将物体的某处切断，只画出该剖切面与物体接触部分的图形，称为断面图，简称断面，如图 10-26 所示。

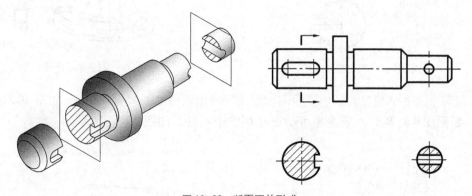

图 10-26 断面图的形成

断面图主要用来表达机件上某些部分的断面形状，如肋、轮辐、键槽、小孔及各种细长杆件、型材的断面形状等。

　　断面图和剖视图的区别：断面图仅画出机件与剖切面接触部分的图形；而剖视图除需要画出剖切平面与机件接触部分的图形外，还要画出其后所有可见部分的图形，如图 10-27 所示。

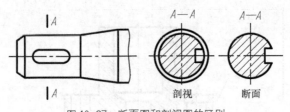

图 10-27　断面图和剖视图的区别

10.3.2　断面图的种类

根据画在图上的位置不同，断面图分为移出断面和重合断面两种。

1. 移出断面

画在视图外的断面图称为移出断面，其画法如下。

（1）移出断面的轮廓线用粗实线画在视图之外，尽量配置在剖切线的延长线上，必要时也可配置在其他适当的位置，如图 10-28 所示。

（2）剖切平面通过回转面形成的孔或凹坑的轴线时，按剖视图画，如图 10-28 所示的左、右两处断面图。

（3）当剖切平面通过非圆孔而导致完全分离的两个断面时，按剖视图画。为画图方便，允许将倾斜图形旋转后画出，如图 10-29 所示。

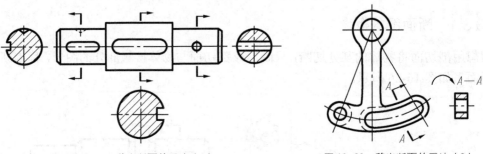

图 10-28　移出断面的画法（1）　　　　　图 10-29　移出断面的画法（2）

（4）用两个或多个相交的剖切平面剖切得出的移出断面中间一般应断开，如图 10-30 所示。

（5）断面图形对称时，断面也可画在视图的中断处，如图 10-31 所示。

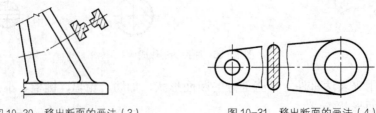

图 10-30　移出断面的画法（3）　　　　　图 10-31　移出断面的画法（4）

移出断面的标注方法如下。

（1）移出断面一般用剖切符号表示剖切位置，用箭头表示投影方向，并标注大写拉丁字母"X"，在断面图上方用同样的字母标出相应的断面图名称"$X—X$"，如图 10-32

所示。

（2）配置在剖切符号延长线上的对称移出断面可省略所有标注，如图 10-32 所示。

（3）配置在其他位置的对称移出断面可省略箭头，如图 10-32 所示。

（4）配置在剖切符号延长线上的不对称移出断面或按投影关系配置的移出断面可省略字母，如图 10-32 所示。

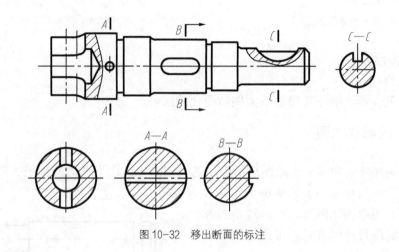

图 10-32　移出断面的标注

2. 重合断面

画在视图之内的断面称为重合断面，如图 10-33 所示。重合断面一般用于断面形状简单而又不影响图形清晰的情况下。

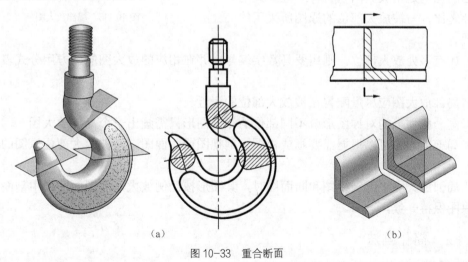

（a）　　　　　　　　　　　　　（b）

图 10-33　重合断面

重合断面的画法：重合断面的轮廓线用细实线绘制，当视图中的轮廓线与断面图的图线重合时，视图中的轮廓线仍应连续画出。

重合断面的标注：配置在剖切线上的不对称重合断面可省略字母，如图 10-34 所示。对称的重合断面图可不标注，如图 10-35 所示。

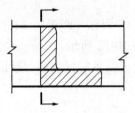

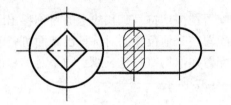

图 10-34 重合断面的标注（1）   图 10-35 重合断面的标注（2）

10.4 其他表示法

机件的常见表示法中还有局部放大图和简化画法。

10.4.1 局部放大图

将机件上的部分结构用大于原图形所采用的比例画出的图形称为局部放大图，如图 10-36
所示。当机件上的某些细小工艺结构（如退刀
槽、越程槽等）用原图比例画，图形过小而表
达不够清楚或标注尺寸困难时，可采用局部放
大图。

局部放大图的画法及注意事项如下。

（1）用细实线的圆或长圆圈出被放大的部
分，在对应的局部放大图的上方注出比例。局
部放大图的比例是指放大图与机件对应要素的
线性尺寸之比，与被放大部位的原图所采用的
比例无关。

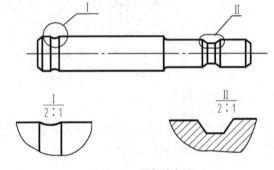

图 10-36 局部放大图

（2）如有多处放大部位，则用罗马数字编号，并在相应的放大图的上方用分式表示编号
和比例。

（3）局部放大图应尽量配置在被放大部位的附近。

（4）同一机件上的对称图形或不同部位的相同图形只需画出一个局部放大图。

（5）局部放大图可以根据需要画成视图、剖视图或断面图，与被放大部位原图的表达方
式无关。

（6）局部放大图采用剖视图和断面图时，其图形按比例放大，但剖面区域中剖面线的间
距仍与原图保持一致。

10.4.2 简化画法

在完整和清晰表达机件的前提下，为使画图简便、读图方便，国家标准还制定了一些简
化画法的规定。

（1）机件上的肋、轮辐及薄壁的画法：当剖切平面通过轮辐、肋的对称平面或对称中心
线（即按纵向剖切）时，轮辐和肋都不画剖面线，而是用粗实线将它们与其相邻部分分开。
若按横向剖切，则这些结构都要画上剖面符号，如图 10-37 和图 10-38 所示。

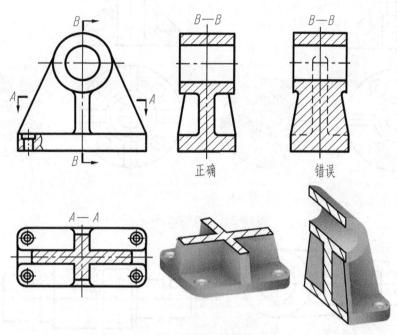

图 10-37　剖视图中肋板的画法

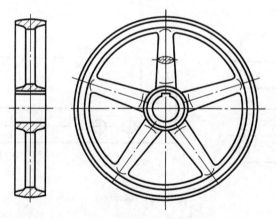

图 10-38　剖视图中轮辐的画法

（2）均匀分布的肋板及孔的画法：当回转体机件上均匀分布的肋、轮辐、孔等结构不处于剖切平面上时，可先将这些结构旋转到剖切平面上，按对称形式画出其剖视图，且不需加任何标注，而其分布情况由垂直于回转轴的视图表达，如图 10-39 所示。

（3）断开画法：轴、杆等较长的机件当沿长度方向形状相同或按一定规律变化时，允许断开后缩短画出，断开后的尺寸仍应按实际长度标注。断裂处的边界线用波浪线或双点画线绘制，如图 10-40（a）、（b）所示。实心和空心圆柱可按图 10-40（c）所示绘制。较大的零件断裂处可用双折线绘制，如图 10-40（d）所示。

（4）对称图形的画法：当图形对称时，在不致引起误解的前提下，可只画一半或四分之一，并在对称中心线的两端画出两条与其垂直的平行细实线，如图 10-41 所示。

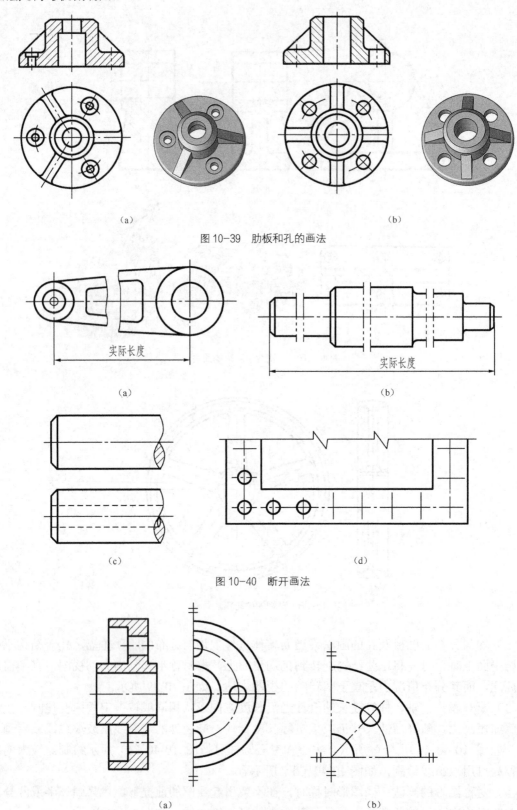

（a） （b）

图 10-39 肋板和孔的画法

（a） （b）

（c） （d）

图 10-40 断开画法

（a） （b）

图 10-41 对称图形的画法

（5）机件上小平面的画法：当回转体机件上的平面在图形中不能充分表达时，可用相交的两条细实线表示，如图 10-42 所示。

（6）小结构交线的画法：圆柱体上因钻小孔、铣键槽等出现的交线允许省略，但必须有其他视图清楚地表示了孔、槽的形状，如图 10-43 所示。

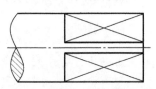

图 10-42　机件上小平面的画法

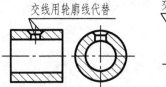
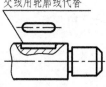

图 10-43　小结构交线的画法

（7）相同要素的简化画法：当机件上有若干相同的结构要素并按一定的规律分布时，只需画出几个完整的结构要素，其余的用细实线连接或画出其中心位置即可，如图 10-44 所示。

（8）法兰盘上孔的画法：法兰盘上均匀分布的孔允许按图 10-45 所示的方式表示，只画出孔的位置而将圆盘省略。

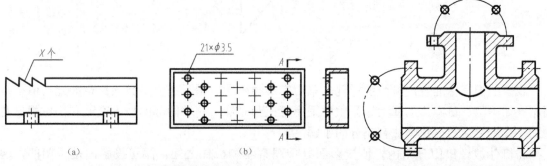

图 10-44　相同要素的简化画法　　　　　　　　图 10-45　法兰盘上的均布孔的画法

（9）倾斜圆或圆弧的简化画法：与投影面倾斜的角度小于或等于 30° 的圆或圆弧可用圆或圆弧来代替其在投影面上的椭圆或椭圆弧的投影，如图 10-46 所示。

（10）网状物、编织物或机件上的滚花：一般在轮廓线附近用细实线局部画出，并注明这些结构的具体要求，如图 10-47 所示。

图 10-46　倾斜圆或圆弧的简化画法　　　　　　　　图 10-47　滚花的画法

10.5 第三角画法简介

如图 10-48 所示，3 个互相垂直的投影面把空间分成了 8 个部分，分别称为第 I 至第Ⅷ分角。把机件放在第 I 分角进行投影，称为第一角画法。若将机件放在第Ⅲ分角进行投影，则称为第三角画法。

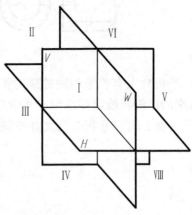

图 10-48　空间的 8 个分角

我国的国家标准规定机械图样优先采用第一角画法，国际上大多数国家也如此。但有些国家（如美国、日本、加拿大等）主要采用第三角画法。随着国际间技术交流和协作的日益增加，读者要对第三角画法有充分的了解。

将机件放在第Ⅲ分角内，使投影面处于观察者和机件之间，假想投影面是透明的，这样得到正投影的方法就是第三角画法，如图 10-49（b）所示。第三角画法与第一角画法的区别在于：观察者、机件和投影面的位置关系不同。第一角画法是把机件放在观察者与投影面之间，如图 10-49（a）所示。

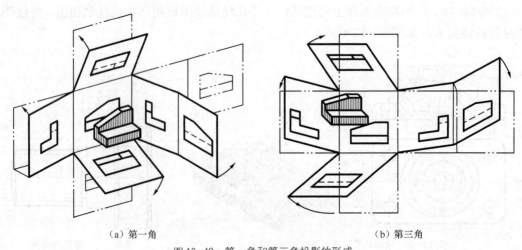

（a）第一角　　　　　　　　　　　　　　　　（b）第三角

图 10-49　第一角和第三角投影的形成

将机件分别从 6 个方向向各投影面进行投影，令 V 面不动，H 面向上、W 面向右各旋转 90° 与 V 面重合，即得到第三角投影的 6 个基本视图，其配置如图 10-50（b）所示。视图之间的关系同样符合"长对正，高平齐，宽相等"的投影规律。读者可对照如图 10-50（a）所示的第一角画法。

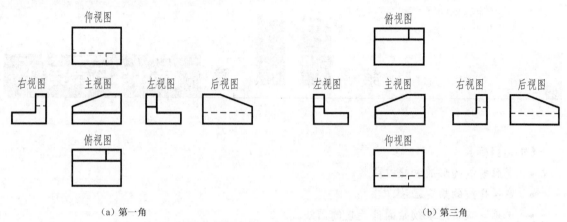

（a）第一角　　　　　　　　　　　　　　　　　（b）第三角

图 10-50　第一角和第三角画法的基本视图

为了区分第三角画法与第一角画法，国家标准规定了相应的识别符号，如图 10-51 所示。该符号一般标注在图纸标题栏的上方或专设的格内。采用第三角画法时，必须在图样中画出识别符号。

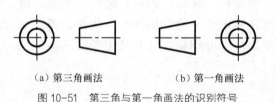

（a）第三角画法　　　　　　（b）第一角画法

图 10-51　第三角与第一角画法的识别符号

第 11 章 标准件与常用件

【学习目标】

- 了解螺纹的形成和螺纹要素。
- 掌握螺纹的规定画法。
- 熟练掌握常用螺纹紧固件连接的画法。
- 掌握键、销连接的规定画法。
- 掌握直齿圆柱齿轮的规定画法。
- 掌握滚动轴承的规定画法。

机械设备中广泛使用的螺栓、螺母、螺柱、螺钉、垫圈、键、销、滚动轴承等零部件其结构、尺寸等各方面都已标准化，称为标准件。齿轮、弹簧等部分结构和尺寸标准化的零部件称为常用件。本模块主要介绍标准件和常用件的基本知识、规定画法、标注和查表方法。

11.1 螺纹

螺纹是指在圆柱或圆锥表面上沿着螺旋线所形成的具有相同轴向剖面的连续凸起和沟槽，它有外螺纹与内螺纹两种。在圆柱或圆锥外表面上形成的螺纹称为外螺纹，在圆柱或圆锥内表面上形成的螺纹称为内螺纹。相互旋合的一对内、外螺纹称为螺纹副。

11.1.1 螺纹的形成

形成螺纹的方法很多，图 11-1（a）所示为车削外螺纹的情况，工件绕轴线作等速回转运动，刀具沿轴线作直线移动，刀尖相对于工件作螺旋运动。刀刃的形状不同，加工出的螺纹也不同。图 11-1（b）所示为车削内螺纹的情况。

直径较小的外螺纹可用板牙加工，如图 11-2（a）所示。直径较小的内螺纹可先钻出光孔，再攻丝，如图 11-2（b）所示。

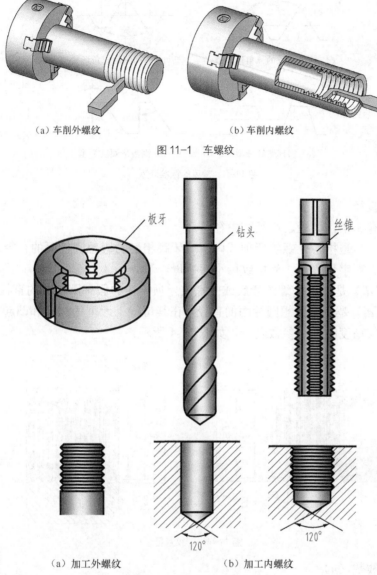

（a）车削外螺纹　　　　　　　（b）车削内螺纹

图 11-1　车螺纹

（a）加工外螺纹　　　　　　　（b）加工内螺纹

图 11-2　板牙、丝锥加工螺纹

11.1.2　螺纹的基本要素和结构

螺纹的基本要素包括牙型、公称直径、螺距、线数及旋向，统称为螺纹五要素。当内、外螺纹旋合时，五要素必须相同。

1. 螺纹基本要素

（1）螺纹牙型

通过螺纹轴线剖面上的螺纹轮廓形状称为牙型。常见的标准牙型如图 11-3 所示。

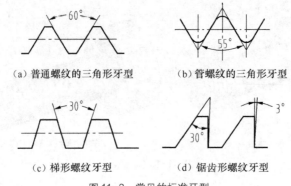

(a) 普通螺纹的三角形牙型　　　(b) 管螺纹的三角形牙型

(c) 梯形螺纹牙型　　　　　　(d) 锯齿形螺纹牙型

图 11-3　常见的标准牙型

（2）螺纹的直径

螺纹的直径有 3 个：大径、小径和中径。

大径（D 或 d）是指与外螺纹牙顶或内螺纹牙底相切的假想圆柱面的直径，又称为公称直径。内螺纹用大写字母表示，外螺纹用小写字母表示。

小径（D_1 或 d_1）是指与外螺纹牙底或内螺纹牙顶相切的假想圆柱面的直径。

中径（D_2 或 d_2）是一个假想圆柱面的直径，在其母线上牙型的沟槽和凸起宽度相等。中径是用于控制螺纹精度的主要参数之一，如图 11-4 所示。

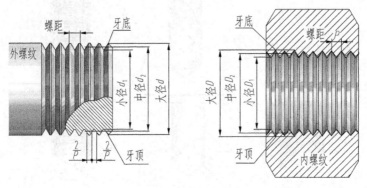

图 11-4　螺纹直径

（3）螺纹的线数（n）

螺纹的线数是指形成螺纹的螺旋线的条数，有单线和多线两种。沿一条螺旋线形成的螺纹称为单线螺纹。沿两条或两条以上且在轴向等距分布的螺旋线形成的螺纹称为多线螺纹。

当旋动螺纹件（如自来水钢笔，阀等）需要沿轴向较快移动时，可以并列切削成两头或多头螺纹。双头螺纹是有两个起始点的螺纹，三头螺纹是有 3 个起始点的螺纹。没有特别指明的螺纹，就应理解为单头螺纹。图 11-5 所示为用粗绳绕一圆棒来说明形成单头和双头螺纹的情形。双头螺纹的两个起始点在一直径的两端。

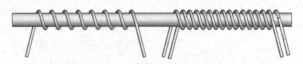

图 11-5　单头和双头螺纹的演示

（4）螺距 P 和导程 P_h

螺距是指相邻两牙在中径线上对应两点间的轴向距离。

导程是指同一条螺旋线上的相邻两牙在中径线上对应两点间的轴向距离。单线螺纹的导程等于螺距，多线螺纹的导程 $P_h = nP$，如图 11-6 所示。

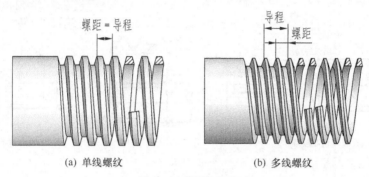

图 11-6　螺距和导程

（5）旋向

螺旋线有左旋和右旋之分。按顺时针方向旋进的螺纹称为右旋螺纹，按逆时针方向旋进的螺纹称为左旋螺纹，如图 11-7 所示。当螺纹轴线处于竖直位置时，左旋螺纹总是向左上方倾斜，而右旋螺纹总是向右上方倾斜。螺纹如果没有另行说明，就应理解是右旋螺纹。在图样上左旋螺纹总是标注 LH 符号。

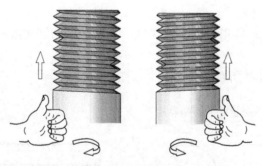

图 11-7　螺纹旋向

 　　内、外螺纹旋合的条件是五要素必须相同。

2．螺纹结构

（1）螺纹的端部

为了便于内、外螺纹装配和防止端部螺纹损伤，在螺纹端部常加工出规定的形状，如倒角、倒圆等，如图 11-8（a）所示。

（2）螺纹退刀槽

在车削螺纹时，刀具接近螺纹末尾处要渐渐离开工件表面时，会出现一段不完整的螺纹，称为螺纹的收尾，简称螺尾，如图 11-8（b）所示。螺尾是不能正常工作的部分，因此，为避免产生螺尾，可以预先在螺纹的末尾处加工出退刀槽。车外螺纹时，退刀槽的直径小于螺纹的小径；车内螺纹时，退刀槽的直径大于螺纹的大径。螺纹退刀槽如图 11-8（c）所示。

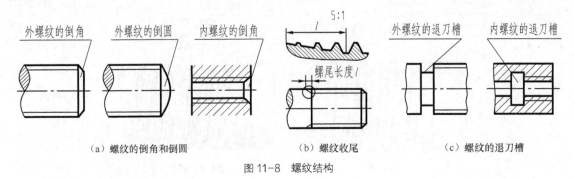

（a）螺纹的倒角和倒圆　　　　（b）螺纹收尾　　　　（c）螺纹的退刀槽

图 11-8　螺纹结构

11.1.3　螺纹的规定画法

螺纹的真实投影为螺旋线，画这些曲线既费时又烦琐，因此很少采用真实画法。《机械制图国家标准》GB/T 4459.1—1995 规定了内、外螺纹及其连接的表示方法。

1．外螺纹的画法

螺纹的牙顶（大径）和终止线用粗实线绘制；牙底（小径）用细实线绘制，并应画入倒角内，小径为大径的 0.85 倍。

在投影为圆的视图中，牙顶圆画成粗实线，表示牙底的细实线圆只画约 3/4 圈，倒角圆省略不画。

外螺纹的画法如图 11-9 所示。

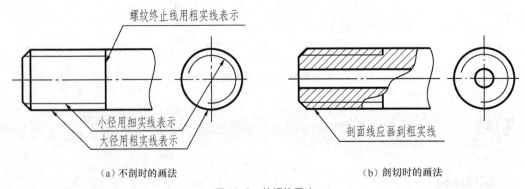

（a）不剖时的画法　　　　　　　（b）剖切时的画法

图 11-9　外螺纹画法

2．内螺纹的画法

在螺孔作剖视的图中，牙顶（小径）和螺纹终止线用粗实线绘制，牙底（大径）用细实线绘制。

在投影为圆的视图中，牙顶圆用粗实线绘制；牙底圆用 3/4 圈细实线绘制，倒角圆省略不画，大径与小径之间按 $D_1 = 0.85D$ 的关系画出，如图 11-10（a）所示。不通的螺纹孔钻孔深应大于螺孔深，通常取 0.5*D*，钻孔底部锥角应画成120°，如图 11-10（b）所示。不剖时，牙顶、牙底及螺纹终止线均用虚线表示，如图 11-10（c）所示。

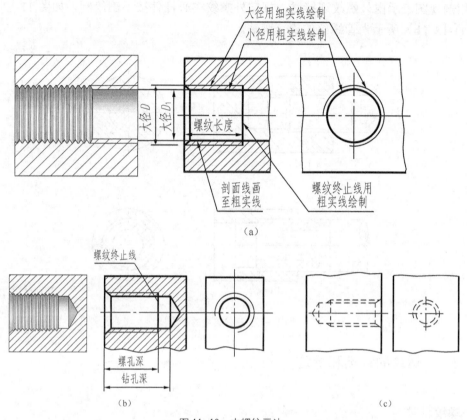

图 11-10　内螺纹画法

螺纹孔相贯线的画法如图 11-11 所示。

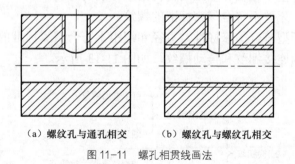

（a）螺纹孔与通孔相交　（b）螺纹孔与螺纹孔相交

图 11-11　螺孔相贯线画法

 　螺纹画法：牙顶线与螺纹终止线画成粗实线，牙底线画成细实线；牙顶圆画成粗实线整圆，牙底圆画成 3/4 圈细实线圆，倒角圆不画。

3. 螺纹连接的画法

在用剖视画法表示内、外螺纹的连接时，其旋合部分应按外螺纹的画法绘制，其余部分仍按各自的规定画法绘制。注意，内、外螺纹的大小径线分别对齐，剖面线应画到牙顶线，如图 11-12 所示。

当用剖视图表示内外螺纹连接时，规定外螺纹实心杆件按不剖绘制，如图 11-12（a）所示。图 11-12（b）所示为管螺纹的旋合画法。

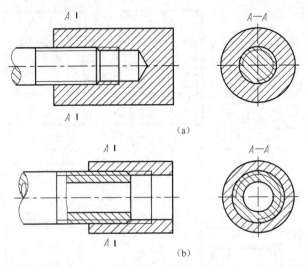

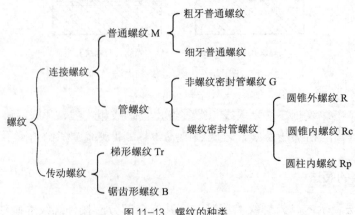

图 11-12　螺纹连接的画法

11.1.4　螺纹的种类和标注

1. 螺纹种类

螺纹按螺纹要素是否标准可分为标准螺纹、非标准螺纹及特殊螺纹。

（1）标准螺纹：牙型、直径和螺距均符合国家标准的螺纹。

（2）非标准螺纹：牙型不符合国家标准的螺纹。

（3）特殊螺纹：牙型符合国家标准，直径和螺距不符合国家标准的螺纹。

螺纹按用途可分为连接螺纹和传动螺纹，如图 11-13 所示。

图 11-13　螺纹的种类

2．螺纹的标注

由于螺纹采用了简单的规定画法，为此应在图样上按规定格式标注螺纹的标记，以区别螺纹的种类。表 11-1 所示为标准螺纹的标记及其图样上的标注示例。

表 11-1 　　　　　　　　　　　　　标准螺纹的标记及其标注示例

螺纹种类	标准号	特征代号	标记方法	标注示例	说　明
普通螺纹	GB/T197—2003	M	M20×2-5H-S-LH 左旋 短旋合长度 中、顶径公差代号 螺距 公称直径（大径） 螺纹特征代号 M 114×Ph6P2-5h 中、顶径公差代号 螺距 导称 公称直径（大径） 螺纹特征代号	M20×2-5H-S-LH M14×Ph6P2-5h	1．粗牙不注螺距 2．右旋不注 LH 3．中等公差精度不注公差代号 4．中等旋合长度不注 N 5．螺纹副的标记示例 M20-6H/6g
梯形螺纹	GB/T5796.4—2005	Tr	Tr40×14(P7)LH-8e-L 长旋合长度 中径公差代号 旋向 螺距 导程 公称直径（大径） 螺纹特征代号	Tr40×14(P7)LH-8e-L	1．单线螺纹不注导程 2．右旋不注 LH 3．只注中径公差带代号 4．无短旋合长度 5．螺纹副的标记 Tr40×7-7H/7e
锯齿形螺纹	GB/T135765—1992	B	B40×14(P7)LH-8c-L 长旋合长度 中径公差代号 旋向 螺距 导程 公称直径（大径） 螺纹特征代号	B40×14(P7)LH-8c-L	1．标注方法 2．梯形螺纹螺纹副 B40×7-7A/7e
非密封管螺纹	GB/T7307—2001	G	G 3A - LH 左旋 公差等级代号 尺寸代号 螺纹特征代号	G3　　　　G3A-LH	1．外螺纹公差 A、B 两级标注；内螺纹不标注 2．右旋不注 LH 3．螺纹副仅需要标注外螺纹标记

续表

螺纹种类	标准号	特征代号	标记方法	标注示例	说明
密封管螺纹	GB/T7306.1—2003	Rp	Rp 1/2 LH └ 左旋 └ 尺寸代号 └ 螺纹特征代号		1. R_1 表示与圆柱内螺纹配合的圆锥外螺纹；R_2 表示与圆锥内螺纹配合的圆锥外螺纹 2. 右旋不注 LH 3. 不注公差等级代号
		Rc	Rc 3/4 └ 尺寸代号 └ 螺纹特征代号		
		R_1 R_2	R₁ 3/4 └ 尺寸代号 └ 螺纹特征代号		

3．普通螺纹

普通螺纹的完整标记格式为

$$\boxed{螺纹特征代号}\ \boxed{尺寸代号}—\boxed{公差带代号}—\boxed{旋合长度代号}—\boxed{旋向代号}$$

上述标注内容说明如下。

（1）螺纹特征代号：普通螺纹的螺纹特征代号为 M。

（2）尺寸代号如下。

单线：公称直径×螺距（粗牙不注螺距），公称直径和螺距的单位为 mm。

多线：公称直径×P_h导程 P 螺距。如要进一步表明螺纹的线数，可在后面增加括号说明（使用英语进行说明，如双线为 two starts，三线为 three starts，四线为 four starts）。

（3）公差带代号：包括中径、顶径公差带代号。中径公差带代号在前。当两者相同时只注一个代号。公差带代号由表示公差等级的数值和表示公差带位置的字母组成（大写字母代表内螺纹，小写字母代表外螺纹）。例如，内螺纹；6H；外螺纹：5g。

（4）旋合长度代号：内、外螺纹的旋合长度分为长（L）、短（S）和中等（N），中等旋合时一般不标注。

（5）旋向代号：左旋时应注写旋向代号 LH，右旋时可省略标注。

标记示例：M8×1－LH

M6×0.75－5h6h－S－LH

M14×P_h6P2－7H–L—LH 或 M14×P_h6P2（three starts）－7H－L－LH

4．梯形螺纹

梯形螺纹完整标记的各部分内容顺序如下。

$$\boxed{螺纹特征代号}\ \boxed{尺寸代号}\ \boxed{旋向代号}—\boxed{公差带代号}—\boxed{旋合长度代号}$$

上述标注内容说明如下。

（1）螺纹特征代号：梯形螺纹为 Tr。

（2）尺寸代号：单线：公称直径×螺距。

多线：公称直径 × 导程（P 螺距）。

（3）旋向代号：左旋时应注写旋向代号 LH，右旋时可省略标注。

（4）公差带代号：梯形螺纹的公差带代号只标注中径公差带，中径公差等级为 7、8、9 级。例如，内螺纹；7H；外螺纹：8e。

（5）旋合长度代号：梯形螺纹的旋合长度只有长（L）和中等（N）。

标记示例：Tr40 × 14（P7）LH － 8e － L。

5. 管螺纹

管螺纹分为非螺纹密封管螺纹（GB/T 7307—2000）、螺纹密封管螺纹（GB/T 7306—2000）。

非螺纹密封管螺纹的标记格式为

$$\boxed{\text{螺纹特征代号}}\;\boxed{\text{尺寸代号}}\;\boxed{\text{公差等级代号}}\text{—}\boxed{\text{旋向代号}}$$

例如：G1/2A-LH。G 为非密封管螺纹的特征代号。

螺纹密封管螺纹的标记格式为

$$\boxed{\text{螺纹特征代号}}\;\boxed{\text{尺寸代号}}\;\boxed{\text{旋向代号}}$$

例如：R1/2，Rc3/4。螺纹密封管螺纹的特征代号有 R_1、R_2、R_c 及 R_p。

上述标注内容说明如下。

（1）螺纹特征代号：55°非密封管螺纹的内外螺纹均为 G。55°密封管螺纹分为 3 类：圆柱内螺纹为 R_p、圆锥内螺纹为 Rc，与圆柱内螺纹旋合的圆锥外螺纹为 R_1、外螺纹为 R_2。

（2）尺寸代号：管螺纹来源于英制，因此它的尺寸代号是用一个无单位的数字代号来表示，只是定性（不是定量）地表征管螺纹的大小，并不等于管螺纹的大径，所以不能称为公称直径。

（3）旋向代号：左旋时，55°非密封管螺纹的外螺纹应在公差等级代号后加注 LH，其余的左旋管螺纹均应在其尺寸代号后加注 LH。右旋时省略标注。

（4）公差带代号：55°非密封管螺纹的外螺纹有 A、B 两种公差等级，应注上。而其余的管螺纹只有一种公差等级，故不必标注。

管螺纹的标记必须从螺纹大径引出标注。

6. 锯齿形螺纹

锯齿形螺纹的标注方法与梯形螺纹相同，标注示例如表 11-1 所示。

普通螺纹、梯形螺纹和锯齿形螺纹的标注是将规定标记注写在尺寸线或尺寸线的延长线上，尺寸线箭头指在螺纹大径上。

7．特殊螺纹和非标准螺纹

特殊螺纹需要在螺纹标记前加"特"字。例如，特 Tr5 × 05，如图 11-14 所示。
非标准螺纹应画出牙型并注上尺寸及技术要求，如图 11-15 所示。

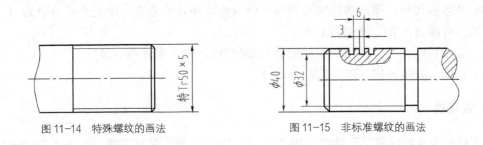

图 11-14　特殊螺纹的画法　　　　图 11-15　非标准螺纹的画法

11.2　螺纹紧固件

运用内、外螺纹的旋合起连接紧固作用的零件，称为螺纹紧固件。

11.2.1　螺纹紧固件及其标记

螺纹紧固件的种类很多，常用的有螺栓、螺柱、螺母、垫圈、螺钉等，如图 11-16 所示。

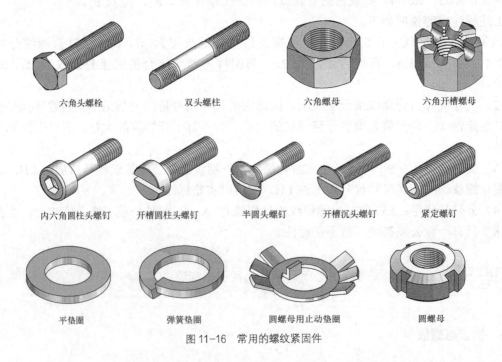

| 六角头螺栓 | 双头螺柱 | 六角螺母 | 六角开槽螺母 |

| 内六角圆柱头螺钉 | 开槽圆柱头螺钉 | 半圆头螺钉 | 开槽沉头螺钉 | 紧定螺钉 |

| 平垫圈 | 弹簧垫圈 | 圆螺母用止动垫圈 | 圆螺母 |

图 11-16　常用的螺纹紧固件

表 11-2 所示为常用螺纹紧固件的规定标记，需要时可由标记从标准中查得各部分尺寸。

表 11-2 常见螺纹紧固件的规定标记

名称及图标号	图 例	标记及解释
六角头螺栓 A 和 B 级 GB/T 5782—2000	M16 60	规定标记：螺栓 GB/T 5782—2000 M16 × 60 表示 A 级六角头螺栓，螺纹规格 d = M16，公称长度 L = 60 mm
双头螺柱 （bm = 1.25） GB/T 898—1988	M16 bm 40	规定标记：螺柱 GB/T 898—1988 M16 × 40 双头螺柱，螺纹规格 d = M16，公称长度 L = 40 mm
开槽圆柱头螺钉 GB/T 65—2000	M10 45	规定标记：螺钉 GB/T 65—2000 M10 × 45 开槽圆柱头螺钉，螺纹规格 d = M10，公称长度 L = 45 mm
开槽沉头螺钉 GB/T 68—2000	M10 50	规定标记：螺钉 GB/T 68—2000 M10 × 50 开槽沉头螺钉，螺纹规格 d = M10，公称长度 L = 50 mm
十字槽沉头螺钉 GB/T 819.1—2000	M10 50	规定标记：螺钉 GB/T 819.1—2000 M10 × 50 十字槽沉头螺钉，螺纹规格 d = M10，公称长度 L = 50 mm
开槽锥端紧定螺钉 GB/T 71—1985	M6 20	规定标记：螺钉 GB/T 71—1985 M6 × 20 开槽锥端紧定螺钉，螺纹规格 d = M6，公称长度 L = 20 mm
六角螺母 GB/T 6 170—2000	M16	规定标记：螺母 GB/T 6170—2000 M16 六角螺母，螺纹规格 d = M16
平垫圈 GB/T 97.1—2002	$\phi17$	规定标记：垫圈 GB/T 97.1—2002 16—140 HV A 级平垫圈，螺纹规格 d = M16，性能等级为 140 HV

11.2.2 螺纹紧固件的画法

画螺纹紧固件视图可先从标准中查出各部分尺寸，然后按规定画出。但为提高作图速度，通常按螺纹的公称直径 d 的一定比例绘制。表 11-3 所示为螺栓、螺母、垫圈及螺钉的比例画法。

表 11-3 螺栓、螺母、垫圈及螺钉的比例画法

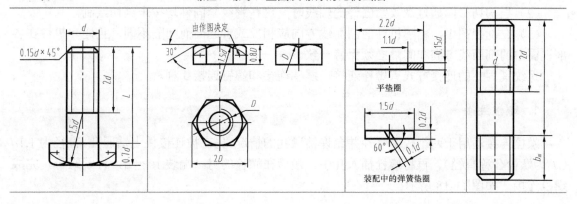

续表

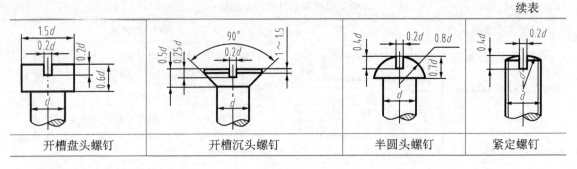

| 开槽盘头螺钉 | 开槽沉头螺钉 | 半圆头螺钉 | 紧定螺钉 |

螺栓、螺母及垫圈的视图表达如图 11-17 所示。

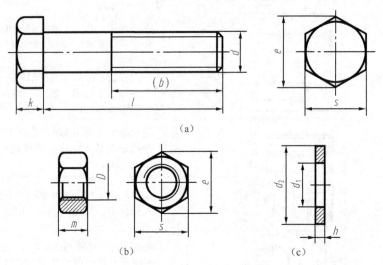

图 11-17　螺栓、螺母及垫圈的视图表达

11.2.3　螺纹紧固件的连接画法

画螺纹紧固件连接图时，应遵守以下规定。

（1）两个机件的接触面只画一条线，不接触面为表示其间隙画两条线，被遮住的轮廓线不画。

（2）当剖切平面通过螺纹紧固件的轴线时，这些螺纹紧固件均按未剖切绘制。

（3）在剖视图中，相邻机件的剖面线方向应相反或者同向而间隔不同，且同一机件在各剖视图中的剖面线方向和间隔必须保持一致。

螺纹紧固件的连接方式有螺栓连接、螺柱连接和螺钉连接 3 种。

1. 螺栓连接

螺栓连接适用于两个较薄零件并允许钻通孔的情况。先在被连接件上钻通孔，直径为 $1.1d$（d 为螺栓公称直径），再将螺栓插入孔中，最后在螺栓的另一端装上垫圈，拧紧螺母，完成螺栓连接，如图 11-18 所示。

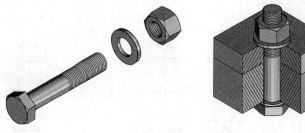

图 11-18 螺栓连接

在装配图中，螺栓连接常采用比例画法或简化画法，如图 11-19 和图 11-20 所示。

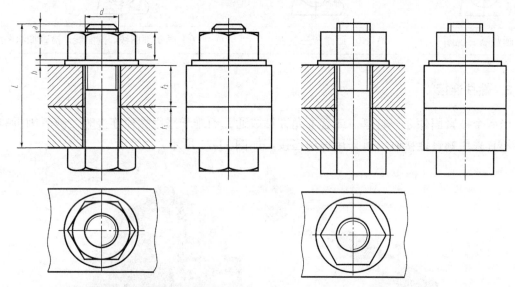

图 11-19 螺栓连接的比例画法   图 11-20 螺栓连接的简化画法

螺栓的公称长度 L 可按下式计算：

$$L \geqslant t_1 + t_2 + h + m + a$$

式中，t_1、t_2 为被连接零件的厚度；h 为垫圈的厚度；m 为螺母的厚度，$m = 0.85d$；a 为螺栓伸出螺母的长度，$a \approx （0.2 \sim 0.3）d$。计算出 L 后还需从螺栓的标准长度系列中选取与 L 相近的标准值。

螺栓连接比例画法的画图步骤如表 11-4 所示。

表 11-4   螺栓连接画图步骤

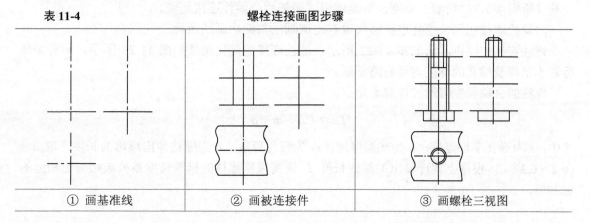

| ① 画基准线 | ② 画被连接件 | ③ 画螺栓三视图 |

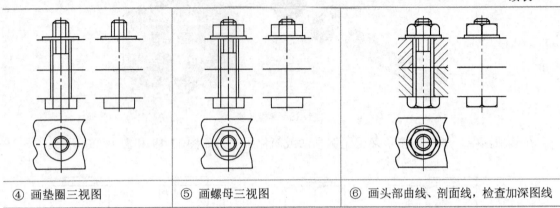

| ④ 画垫圈三视图 | ⑤ 画螺母三视图 | ⑥ 画头部曲线、剖面线，检查加深图线 |

2. 螺柱连接

当两个被紧固件之一较厚，或者不允许钻成通孔而难于采用螺栓连接时，或者因拆装频繁而不宜采用螺钉连接时，可采用螺柱连接，如图 11-21 所示。

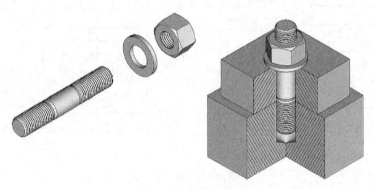

图 11-21　螺柱连接

连接前，先在较厚的零件上加工出螺孔，在较薄的零件上加工出通孔（孔径≈1.1d）。连接时，将双头螺柱的一端（旋入端）全部旋入较厚零件的螺孔，再将通孔零件穿过螺纹的另一端（紧固端），然后套上垫圈，旋紧螺母，即把两个零件连接起来。

与螺栓连接相同，螺柱连接画法也有比例画法与简化画法两种。

螺柱连接的比例画法如图 11-22 所示。螺柱连接的简化画法如图 11-23 所示，所有倒角等细小结构及钻孔的深度均可省略不画。

螺柱的公称长度可通过计算选定：

$$L \geqslant t + h + m + a$$

式中：t 为通孔零件厚度；h 为垫圈厚度；m 为螺母厚度；a 为螺柱伸出螺母的长度，取 $a \approx$ （0.2～0.3）d。根据上式计算出的螺柱长度 L 还需根据螺柱的标准长度系列选用与它相近的标准值。

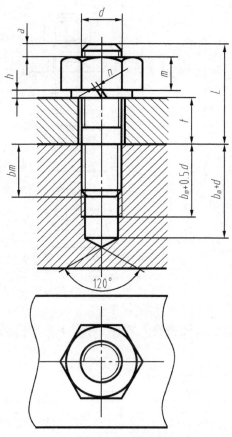

图 11-22 螺柱连接近似画法

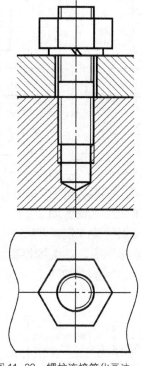

图 11-23 螺柱连接简化画法

螺柱连接的具体画图步骤如表 11-5 所示。

表 11-5 螺柱连接画图步骤

① 画基准线	② 画被连接件	③ 画螺柱投影图

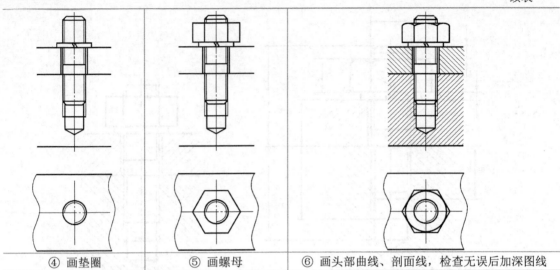

④ 画垫圈	⑤ 画螺母	⑥ 画头部曲线、剖面线，检查无误后加深图线

螺柱连接的几点说明如下。

（1）双头螺柱旋入端长度

为保证连接牢固，双头螺柱旋入端的长度 b_m 随被旋入零件（机体）的材料不同，分为以下 4 种长度，如表 11-6 所示。

表 11-6　　　　　　　　　　　双头螺柱旋入端螺纹长度

螺 纹 长 度	标 准 号	用 途
$b_m = 1d$	GB/T 897—1988	用于钢或青铜
$b_m = 1.25d$	GB/T 898—1988	用于铸铁
$b_m = 1.5d$	GB/T 899—1988	用于铸铁
$b_m = 2d$	GB/T 900—1988	用于铝合金

（2）螺孔与钻孔深度

机体上螺孔的深度应大于螺柱旋入端长度 b_m，一般取 $b_m + 0.5d$，钻孔深度取 $b_m + d$。

螺柱连接的注意事项如下。

（1）连接图中，螺柱旋入端的螺纹终止线应与两零件的结合面对齐，表示旋入端全部旋入，足够拧紧。

（2）弹簧垫圈用于防松，外径比普通垫圈小，以保证紧压在螺母底面范围之内。弹簧垫圈的开槽方向应是阻止螺母松动的方向，在图中应画成与垫圈端面线成 60°～80° 且向左上倾斜的两条线，两线之间的距离 $n = 0.1d$（d 为螺纹大径）。

3. 螺钉连接

螺钉按用途可分为连接螺钉和紧定螺钉两类。连接螺钉一般用于受力不大而又不需要经常拆卸的场合。较厚的零件加工出螺孔，较薄的零件加工出通孔，如图 11-24 所示。

螺钉旋入螺孔一端的画法同螺柱连接，其穿过通孔端的画法与螺栓连接画法类似。

螺钉的公称长度为

$$L \geqslant t + b_m$$

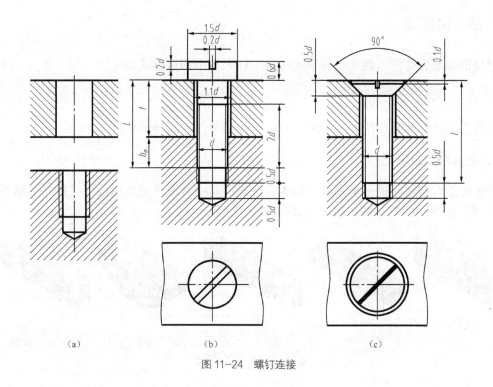

（a） （b） （c）

图 11-24 螺钉连接

式中，b_m 为螺钉旋入螺孔的深度。b_m 的值由被连接零件（机件）的材料决定，与双头螺柱连接相同，t 为通孔零件的厚度。

螺钉连接的注意事项如下。

（1）螺纹终止线应高于螺孔的端面，表示螺钉有拧紧余地，以保证连接紧固。

（2）螺钉头部起子槽画法规定：主视图画在中间位置，俯视图中画成与水平线成 45°倾斜角，如图 11-24（b）所示。

（3）槽宽可用加粗的粗实线 $2b$（b 表示粗实线宽度）表示，如图 11-24（c）所示。

紧定螺钉连接的画法如图 11-25 所示。

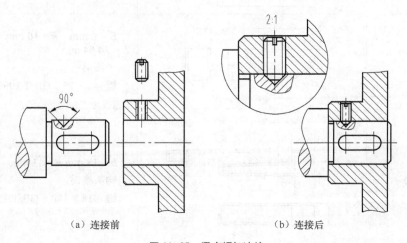

（a）连接前 （b）连接后

图 11-25 紧定螺钉连接

11.3 键、销连接

键和销都是标准件，键连接和销连接是工程上常用的可拆连接。

11.3.1 键及键连接

键用于连接轴和装在轴上的齿轮、带轮等传动零件，起传递转矩的作用。

1．键的种类及标记

常用的键有普通平键、半圆键、钩头楔键等，其中普通平键应用最广，按其形状不同又分为 A 型、B 型、C 型 3 种，如图 11-26 所示。

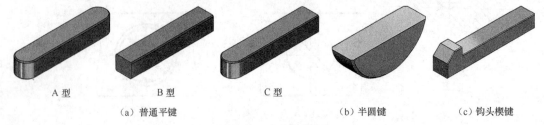

A 型　　B 型　　C 型

（a）普通平键　　　　　　　　　（b）半圆键　　　（c）钩头楔键

图 11-26　常用键的类型

键的形式及标记图例如表 11-7 所示。

表 11-7　　　　　　　　　　　键的形式和标记图例

名　称	图　例	标记示例
普通平键		$B = 16$ mm $h = 10$ mm　$L = 50$ mm 方头普通平键（B 型）： 键 B16 × 50　GB/T 1096—2003 （A 型普通平键可不标出 A）
半圆键		$B = 6$ mm　$h = 10$ mm　$d_1 = 25$ mm $L = 24.54$ mm 半圆键： 键 6 × 25　GB/T 1099.1—2003
钩头楔键		$b = 18$ mm $h = 11$ mm　$L = 100$ mm 钩头楔键： 键 18 × 100　GB/T 1565—2003

2．键槽的画法及其尺寸标注

用上述 3 种键连接轴和轮，必须先在轴和轮上加工出键槽。

键槽的尺寸可根据轴的直径从国标中查出。图 11-27 所示为采用普通平键连接时轴和轮上键槽的图形表示及尺寸标注。图 11-28 所示为采用半圆键连接时轴和轮上键槽的图形表示及尺寸标注。

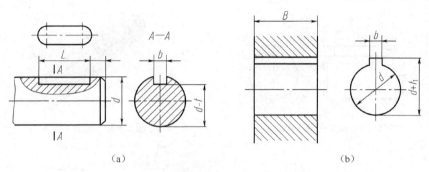

（a） （b）

图 11-27　平键键槽的图形表示和尺寸标注

3．键连接的装配图画法

将键与带键槽的轴和轮装配好以后，键一部分嵌在轴的键槽内，另一部分嵌在轮上的键槽中，这样就可以保证轴和轮一起转动。

画装配图，首先要根据轴径和键的类型查出键的尺寸 b 和 h、半圆键的直径 d_1、轴和轮上的键槽尺寸、选定键的标准长度等。

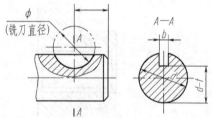

图 11-28　半圆键键槽的图形表示及尺寸标注

（1）普通平键连接画法。如图 11-29 所示，键的两侧面为工作表面，而上下底面为非工作表面，在装配图中键的两侧面及下底面和轴上、轮上相应表面接触，而键的上底面和轮上的键槽表面间应有间隙。此外，当剖切平面通过键的纵向对称面时，键按不剖绘制；当剖切面通过键的横向对称面时，键的断面要画剖面线。

（2）半圆键和钩头楔键联接画法。半圆键与平键相比，具有自动调位的优点，但轴上的键槽加工困难，生产效率不高，其主要用于轻载或锥形轴的连接。半圆键的两个侧面为工作表面，上、下底面为非工作表面。

半圆键连接的画法与普通平键连接的画法类似，如图 11-30 所示。

图 11-29　平键连接的画法　　　　图 11-30　半圆键连接的画法

在钩头楔键连接中，键的斜面与轮上键槽的斜面必须紧密接触，图上不能有间隙，如图 11-31 所示。

4．花键连接画法

花键连接与单键连接相比，能传递更大的力矩，并且连接可靠、导向性好。花键按齿形可分为矩形花键、三角形花键、渐开线花键等。图 11-32 所示为矩形花键轴，图 11-33 所示为矩形花键的画法与标记。

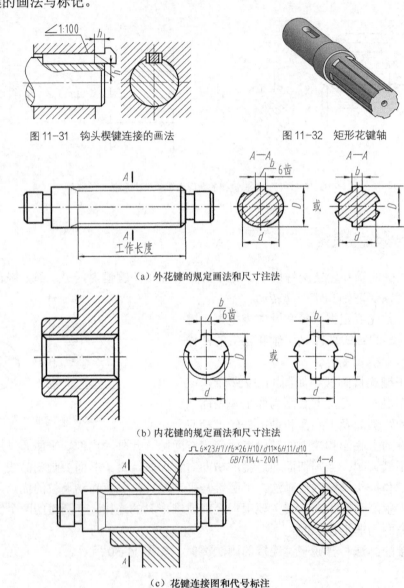

图 11-31　钩头楔键连接的画法　　　　图 11-32　矩形花键轴

（a）外花键的规定画法和尺寸注法

（b）内花键的规定画法和尺寸注法

（c）花键连接图和代号标注

图 11-33　矩形花键的画法与标记

矩形花键的画法规定如下。

（1）在平行于和垂直于花键轴线的投影面的视图中，外花键的大径 D 用粗实线绘制，小径 d 用细实线绘制。

（2）工作长度上的终止线和尾部末端用细实线绘制，尾部一般用倾斜于轴线 30° 的细线绘制，必要时可按实际情况画出。

（3）在断面图中可剖出部分或全部齿形。

（4）在包含轴线的局部剖视图中，小径 d 用粗实线绘制。

内花键和外花键的标注可采用尺寸标注法或代号注法两种。图 11-33（a）、（b）所示为尺寸标注法。若用代号标注，则指引线应从大径引出，代号组成如下。

| 齿形符号 | 齿数 | × | 小径 | 小径公差带代号 | × | 大径 | 大径公差带代号 | × | 键宽 | 键宽公差带代号 | 国标代号 |

花键连接图的画法如图 11-33（c）所示，连接部分按外花键画法绘制，不重合部分按各自的规定画法绘制。图中是用代号形式标注花键尺寸，代号中以分数形式同时注出内、外花键各要素的公差带。

11.3.2　销及销连接

销主要用于机器零件之间的连接与定位。常用的销有圆柱销、圆锥销和开口销，如图 11-34 所示。销的结构尺寸和标记可查阅标准，见附录 C。

（a）圆柱销　　　　　　　（b）圆锥销　　　　　　　（c）开口销

图 11-34　常用的销

国标 GB 119—86 中规定有 A 型（dm6）、B 型（dh8）、C 型（dh11）和 D 型（du8）4 种不同配合的圆柱销。

国标 GB 117—86 中规定圆锥销有 A 型（磨削）和 B 型（车削）两种，锥度为 1:50。

表 11-8 列出了 3 种销的标记示例。

表 11-8　　　　　　　　　　　　　　销的形式及其标记示例

名称	标准号	图例	标记示例
圆锥销	GB/T 117—2000	$R_1 \approx d$　$R_2 \approx d+(L-2a)/50$	直径 $d=10$ mm，长度 $l=100$ mm，材料为 35 钢，热处理硬度 28～38HRC，表面氧化处理的圆锥销　销 GB/T 117—2000 A10×100（圆锥销的公称尺寸是指小端直径）
圆柱销	GB/T 119.1—2000		直径 $d=10$ mm，公差为 m6，长度 $l=80$ mm，材料为钢，不经表面处理　销 GB/T 119.1—2000 10m6×80
开口销	GB/T 91—2000		公称直径 $d=4$ mm（指销孔直径），$l=20$ mm，材料为低碳钢不经表面处理　销 GB/T 91—2000 4×20

销连接的画法如图 11-35 所示。

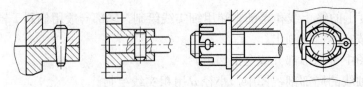

图 11-35 销连接的画法

图 11-36 所示为凸缘联轴器装配图，联轴器是连接两轴一同回转而不脱开的装置，该装置采用了螺纹紧固件、键和销连接，读者可自行分析图中各种连接的作用及画法。

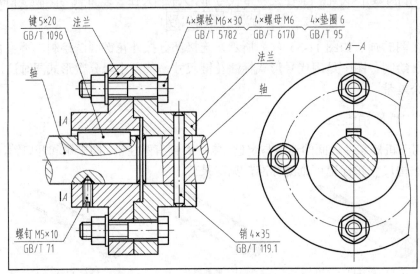

图 11-36 联轴器装配图

11.4 齿轮

齿轮是机械传动中广泛使用的零件，用于传递扭矩、改变速度和传动方向。常见的齿轮传动形式有以下 3 种。

（1）圆柱齿轮——用于两平行轴之间的传动，如图 11-37（a）所示。

（2）圆锥齿轮——用于两相交轴之间的传动，如图 11-37（b）所示。

（3）蜗轮蜗杆——用于两交叉轴之间的传动，如图 11-37（c）所示。

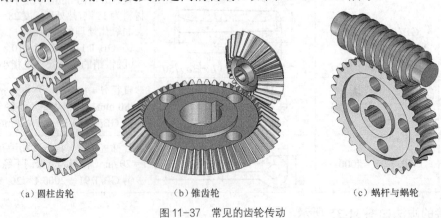

（a）圆柱齿轮 　　　　（b）锥齿轮 　　　　（c）蜗杆与蜗轮

图 11-37 常见的齿轮传动

11.4.1　圆柱齿轮

圆柱齿轮的轮齿有直齿、斜齿和人字齿 3 种，轮齿又分为标准齿与非标准齿。采用标准参数的齿轮称为标准齿轮。本小节主要介绍具有渐开线齿形的标准直齿圆柱齿轮的有关知识和规定画法。

1. 直齿圆柱齿轮

齿线为分度圆柱面直母线（即轮齿的方向与齿轮轴线平行）的圆柱齿轮，称为直齿圆柱齿轮。

（1）名称、代号及尺寸计算

图 11-38 所示为两个直齿圆柱齿轮啮合的示意图，图中其各部分的名称和代号解释如下。

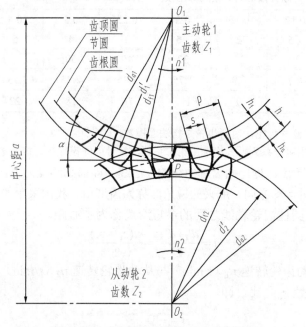

图 11-38　直齿圆柱齿轮各部分名称及代号

① 齿顶圆 d_a：通过轮齿顶部的圆。

② 齿根圆 d_f：通过轮齿根部的圆。

③ 分度圆 d：制造时用于分度的圆，标准齿轮的分度圆上齿间与齿厚相等。

④ 节圆 d'：一对啮合轮齿的齿廓在中心连线 O_1O_2 上的啮合接触点 P 称为节点，过节点 P 的两个圆称为节圆。节圆是在两齿轮上做无滑动纯滚动的圆。一对正确安装的标准齿轮的节圆与分度圆重合，即 $d' = d$。

⑤ 齿高 h：齿顶圆和齿根圆之间的径向距离，$h = h_a + h_f$。

齿顶高 h_a：齿顶圆与分度圆之间的径向距离。

齿根高 h_f：齿根圆与分度圆之间的径向距离。

⑥ 齿距 p：分度圆上相邻两齿廓对应点之间的弧长称为齿距。齿距 p 由齿厚 s 与齿间 e 组成。在标准齿轮中，$s = e$，即有 $p = s + e = 2s = 2e$。

齿厚 s：一个齿廓在分度圆上的弧长。

齿间 e：分度圆上两相邻齿之间的弧长。

⑦ 齿数 z：齿轮轮齿的数目。

⑧ 模数 m：由于分度圆周长 $= pz = \pi d$，所以 $d = pz/\pi$，令 $m = p/\pi$，则 $d = mz$，式中 m 称为齿轮的模数，它等于齿距 p 与圆周率 π 的比值。因为两啮合齿轮的齿距 p 必须相等，所以它们的模数也必须相等。

模数是设计、制造齿轮的重要参数。模数大，则齿距 p 也增大，随之齿厚 s 也增大，因而齿轮的承载能力大。不同模数的齿轮要用不同模数的刀具来加工制造。为了便于齿轮的设计和加工，模数的数值已经标准化，如表 11-9 所示。在标准齿轮中，$h_a = m$，$h_f = 1.25\,m$，模数增大，齿顶高和齿根高也随之增大，即模数越大，轮齿越大，齿轮承载能力越高。

表 11-9 渐开线圆柱齿轮标准模数（摘自 GB/T 1357—1987）

第一系列	0.1	0.12	0.15	0.2	0.25	0.3	0.4	0.5	0.6
	1.25	1.5	2	2.5	3	4	5	6	8
	16	20	25	32	40	50			
第二系列	0.35	0.7	0.9	1.75	2.25	2.75	(3.25)	3.5	(3.75)
	(6.5)	7	9	(11)	14	18	22	28	(30)

注：① 本表适用于渐开线圆柱齿轮，对斜齿轮是指法面模数。

② 选用时应优先选用第一系列，其次选用第二系列，括号内的模数尽可能不选用。

⑨ 齿形角 α：在节点 P 处，两齿廓曲线的公法线（即齿廓的受力方向）与两节圆的内公切线（即节点 P 处的瞬时运动方向）所夹的锐角，称为齿形角。我国采用的齿形角一般为 20°。

⑩ 中心距 a：两圆柱齿轮轴线之间的最短距离称为中心距。

$$a = \frac{d'_1 + d'_2}{2} = \frac{m(z_1 + z_2)}{2}$$

⑪ 传动比 i：主动齿轮转速 n_1（r/min）与从动齿轮转速 n_2（r/min）之比，也是从动齿轮齿数 z_2 与主动齿轮齿数 z_1 之比，即

$$i = \frac{n_1}{n_2} = \frac{z_2}{z_1}$$

（2）基本参数与基本尺寸间的关系

齿轮的基本参数是模数 m、齿数 z 和齿形角 α，m 和 z 是通过设计计算确定的，模数和齿形角相同的一对齿轮才能正确啮合。渐开线标准直齿圆柱齿轮各基本尺寸与模数、齿数间的关系如表 11-10 所示。

表 11-10 直齿标准圆柱齿轮各部分尺寸计算公式

名　称	代　号	计　算　公　式	名　称	代　号	计　算　公　式
齿距	p	$P = \pi m$	分度圆直径	d	$d = mz$
齿顶高	h_a	$h_a = m$	齿顶圆直径	d_a	$d_a = m(z + 2)$
齿根高	h_f	$h_f = 1.25m$	齿根圆直径	d_f	$d_f = m(z - 2.5)$
齿高	h	$h = h_a + h_f$	中心距	a	$a = (d_1 + d_2)/2 = m(z_1 + z_2)/2$

2．斜齿圆柱齿轮

将直齿轮沿轴线拧转一个角度，轮齿齿面变成渐开线螺旋面，如图 11-39 所示。渐开线螺旋面与分度圆柱面的交线为齿线。齿线为螺旋线的圆柱齿轮称为斜齿轮。如果两斜齿轮的轴线保持平行，那么轮齿是逐渐进入啮合的。因此，斜齿轮传动平稳、噪声小、传动的动力较大，但是产生轴向力。斜齿轮端面齿廓是渐开线而法向齿廓不是渐开线，如图 11-40 所示。

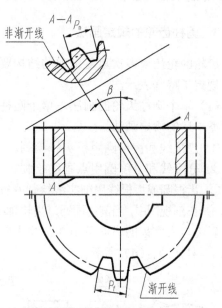

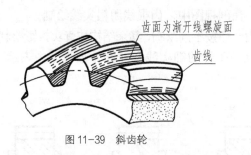

图 11-39　斜齿轮　　　　　　　　　　　　图 11-40　斜齿轮齿廓曲线

（1）名称及代号

这里仅介绍与直齿轮不同的几个名称。

① 螺旋角：分度圆螺旋线的切线与通过切点的分度圆柱面直母线之间所夹的锐角称为螺旋角，用 β 表示。一般 $\beta = 8° \sim 20°$。

② 齿距：斜齿轮有端面齿距 P_t 和法向齿距 P_n，$P_n = P_t \cos\beta$。

③ 模数：相应于端面齿距和法面齿距又有端面模数 m_t 与法面模数 m_n，$m_n = m_t \cos \beta$。

由于轮齿齿面的加工是沿齿线的切线方向进行的，刀具轴线与齿线的法线方向一致，故斜齿轮的法向模数为标注模数，其数值与直齿轮相同，如表 11-9 所示。

④ 齿形角 α：斜齿轮有端面压力角 α_t 和法向压力角 α_n，$\tan\alpha_n = \tan \alpha_t \cos \beta$。

（2）基本参数和基本尺寸之间的关系

斜齿轮法向参数为标准值，基本参数是法向模数 m_n、齿数 z、齿形角 α_n 和螺旋角 β。

除 α 外，其他参数是通过设计计算确定的，只有模数和齿形角相等、螺旋角相等但方向相反的一对齿轮才能啮合。渐开线标准斜齿轮的基本尺寸与基本参数间的计算公式如表 11-11 所示。

表 11-11   圆柱斜齿齿轮各部分尺寸计算公

名　称	代　号	计　算　公　式	名　称	代　号	计　算　公　式
法向齿距	p_n	$p_n = m_n\pi$	分度圆直径	d	$D = m_n z/\cos\beta$
端面齿距	p_t	$p_t = p_n/\cos\beta$	齿顶圆直径	d_a	$d_a = d + 2h_a$
齿顶高	h_a	$h_a = m_n$	齿根圆直径	d_f	$d_f = d - 2h_f$
齿根高	h_f	$h_f = 1.25m_n$	中心距	a	$a = \dfrac{m_n}{2\cos\beta}(z_1 + z_2)$
齿高	h	$h = h_a + h_f = 2.25m_n$			

3．圆柱齿轮的规定画法

齿轮的轮齿属多次重复出现的结构要素，为简化制图，国家标准（GB/T 4459.2—2003）对其规定了特殊表示法。

（1）单个圆柱齿轮的画法。单个圆柱齿轮的画法如图 11-41 所示。其中轮齿部分的画法应遵循下述的规定画法。

① 齿顶线和齿顶圆用粗实线绘制。

② 分度线和分度圆用点画线绘制。

③ 齿根圆或齿根线用细实线绘制或省略不画。在剖视图中，齿根线用粗实线绘制。

④ 在剖视图中，当剖切面通过齿轮轴线时，轮齿一律按不剖绘制，其余结构按真实投影绘制。

斜齿与人字齿的齿向可用 3 条与齿向一致的互相平行的细实线在非圆外形视图中表示，如图 11-41（c）、（d）所示。

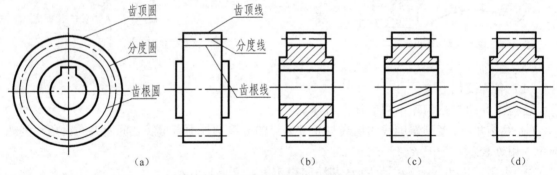

图 11-41   单个直齿圆柱齿轮的画法

（2）直齿圆柱齿轮啮合的画法。表达两齿轮啮合一般用两个视图。两齿轮啮合时，除啮合区外，其余部分均按单个齿轮绘制。啮合区绘制规定如下。

① 在反映为圆的视图中，啮合区内的两节圆相切，齿顶圆均用粗实线绘制，如图 11-42（a）所示；或者省略不画，如图 11-42（b）所示。两齿根圆均不画。

② 在非圆外形视图中，啮合区内的齿顶线不需要画出，节线用粗实线绘制，如图 11-42（c）所示。

③ 在通过轴线的剖视图中，啮合区内一个齿轮的轮齿按粗实线绘制，另一个齿轮的轮齿被遮挡的部分用细虚线绘制或省略不画，如图 11-43 所示。

④ 斜齿和人字齿可以在主视图的外形视图上用细实线表示轮齿的方向，画法同单个齿轮。

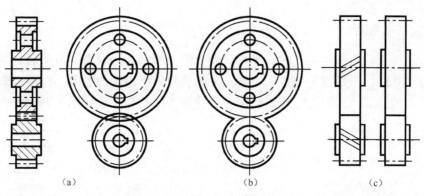

图 11-42　圆柱齿轮啮合的规定画法

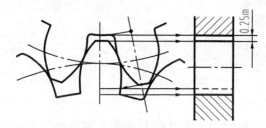

图 11-43　轮齿在剖视图中的画法

4．圆柱齿轮参考图例

图 11-44 所示为直齿圆柱齿轮零件图的图样格式。齿轮参数表一般放置在图样的右上角，参数表中列出的参数项目可根据需要增减，检验项目按功能要求定，图样中的技术要求一般放在图样的右下角。

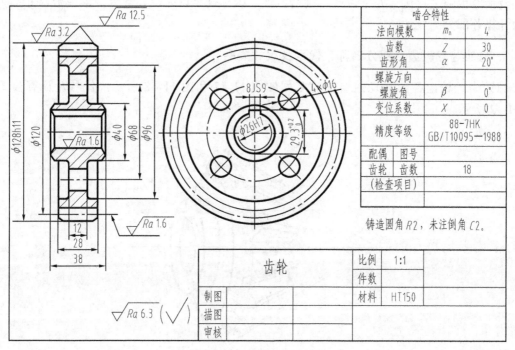

图 11-44　直齿圆柱齿轮工作图

5. 齿轮齿条啮合画法

如图 11-45 所示，当圆柱齿轮的直径增加到无限大时，其分度圆、齿顶圆、齿根圆和齿廓曲线都变成了直线，于是齿轮变成了齿条，它的模数等于齿轮的模数。齿距、齿顶高、齿根高等基本尺寸的计算和圆柱齿轮基本相同。齿轮齿条的啮合画法如图 11-46 所示。

图 11-45 齿轮齿条啮合直观图

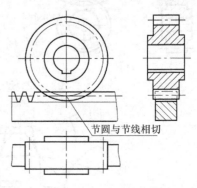

图 11-46 齿轮齿条啮合投影图

直齿圆柱齿轮在传动过程中由于主动轮与从动轮的轮齿在全长上同时接触、同时分开，因此，其传动过程不够平稳，特别是高速时，冲击和噪声都很大。此时，如果将齿轮制成斜齿或人字齿，就可改善这种情况。

11.4.2 直齿圆锥齿轮

圆锥齿轮的轮齿是制作在圆锥面上，因而其轮齿沿着圆锥素线方向的大小不同，模数、齿高及齿厚也随之变化。为了设计、制造方便，国标规定以大端模数为标准模数，并按大端模数计算各部分的尺寸。

1. 圆锥齿轮轮齿各部分名称、代号及尺寸关系

圆锥齿轮轮齿各部分几何要素的名称如图 11-47 和图 11-48 所示，代号及计算公式如表 11-12 所示。

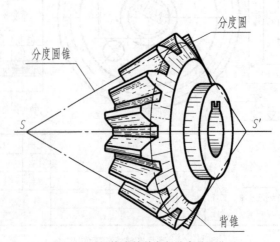

图 11-47 圆锥齿轮的各部分名称及代号

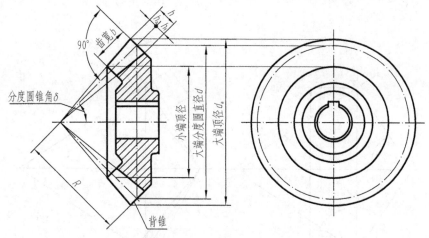

图 11-48 单个圆锥齿轮的规定画法

表 11-12 圆锥齿轮轮齿各部分名称、代号及尺寸计算

名　　称	代　号	计　算　公　式
分度圆锥角	δ	$\tan \delta_1 = \dfrac{z_1}{z_2}, \tan \delta_2 = \dfrac{z_2}{z_1}, \delta_2 = 90\degree - \delta_1$
齿顶高	h_a	$h_a = m$
齿根高	h_f	$h_f = 1.2m$
分度圆直径	d	$d = mz$
齿顶圆直径	d_a	$d_a = d + 2h_a \cos\delta = m(z + 2\cos\delta)$
齿根圆直径	d_f	$d_f = d - 2h_f \cos\delta = m(z - 2.4\cos\delta)$
锥距	R	$R = \dfrac{d_1}{2\sin\delta_1} = \dfrac{d_2}{2\sin\delta_2}$
齿宽	b	$b \leqslant 4m$ 或 $b \leqslant \dfrac{1}{3}R$
齿顶角	θ_a	$\tan\theta_a = h_a/R = 2\sin\delta/z$
齿根角	θ_f	$\tan\theta_f = h_f/R = 2.4\sin\delta/z$

2．圆锥齿轮的表示法

（1）单个直齿圆锥齿轮的画法。如图 11-48 所示，主视图画成剖视图，轮齿按不剖处理。左视图中，用粗实线绘制大端和小端齿顶圆，大端分度圆用点画线绘制，大、小端的齿根圆均不画，其余按投影关系绘制。单个直齿圆锥齿轮的画图步骤如图 11-49 所示。

（2）直齿圆锥齿轮啮合的画法。两锥齿轮啮合时，两分度锥相切，锥顶交于一点。主视图多采用剖视图，如图 11-50（a）所示。图 11-50（b）中所示主视图为其外形视图。直齿圆锥齿轮啮合的画图步骤如图 11-51 所示。图 11-52 所示为圆锥齿轮零件图。

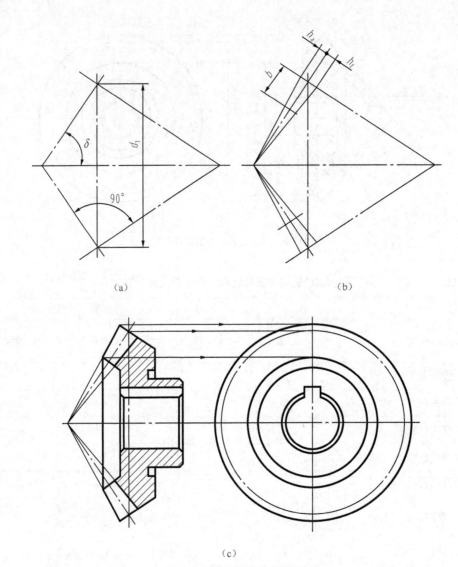

（a） （b）

（c）

图 11-49 单个圆锥齿轮的画图步骤

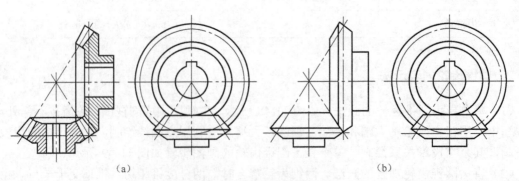

（a） （b）

图 11-50 圆锥齿轮啮合的画法

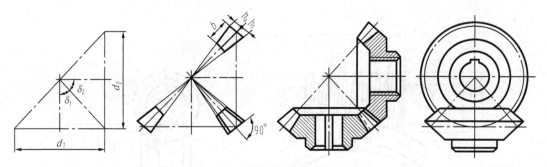

图 11-51 圆锥齿轮啮合的画图步骤

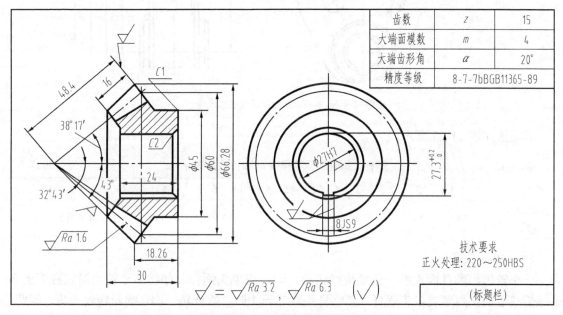

齿数	z	15
大端面模数	m	4
大端齿形角	α	20°
精度等级	8-7-7bBGB11365-89	

技术要求
正火处理：220~250HBS

(标题栏)

图 11-52 圆锥齿轮零件图

11.4.3 蜗杆、蜗轮

蜗杆与蜗轮用于垂直交叉轴之间的传动。工作时蜗杆带动蜗轮传动，这种传动的优点是传动速比大、结构紧凑、传动平稳，缺点是传动效率低。

1．蜗杆、蜗轮的主要参数

（1）模数 m

蜗杆轴向截面中轮齿的模数称为轴向模数，垂直于蜗轮轴线且通过蜗轮对称面的截面上的轮齿模数称为端面模数，它们为标准模数，如图 11-53 所示。

（2）蜗杆特性系数 q

蜗轮的齿形主要决定于蜗杆的齿形，一般蜗轮是用形状和尺寸与蜗杆相同的蜗轮滚刀来加工的。但由于相同模数的蜗杆可能有多种不同的蜗杆直径，所以为减少滚刀数量，以便于标准化，对每一个模数都相应地规定了一定的蜗杆分度圆直径。将蜗杆分度圆直径 d_1 与模数 m 之比，称为蜗杆特性系数 q，即

$$q = d_1/m \text{ 或 } d_1 = mq$$

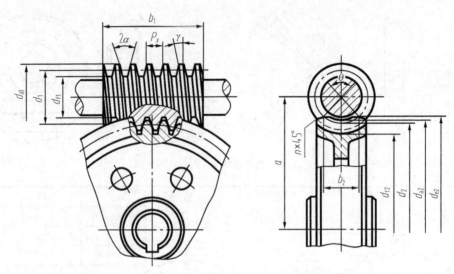

图 11-53　蜗杆、蜗轮各部分名称代号

其数值如表 11-13 所示。

表 11-13　　　　　　　　蜗杆、蜗轮的标准模数 m 和特性系数 q　　　　　　　　单位（mm）

模数 m	1	1.5	2	2.5	3	(3.5)	4	(4.5)	5	6	(7)	8	9	10	12
蜗杆特性系数 q	14		13		12		11		10（12）	9（11）		8（11）			

（3）蜗杆头数 z_1

一个轮齿沿圆柱面上的一条螺旋线运动，即形成单头蜗杆。如将多个轮齿沿圆柱面上多条螺旋线运动，则形成多头蜗杆。当蜗杆头数等于 1 时，蜗杆转一圈，蜗轮转过一齿。因此，蜗杆蜗轮传动的速比为

$$i = z_2 / z_1$$

式中：z_2 为蜗轮头数，z_1 为蜗杆头数。

（4）导程角 γ

当蜗杆直径系数 q 和蜗杆头数 z_1 确定后，其导程角（在蜗杆分度圆柱上的螺旋线升角）随之确定，如图 11-54 所示。

蜗杆与蜗轮啮合时，蜗杆的导程角 γ 与蜗轮的螺旋角 β 大小相等、方向相同，即 $\gamma = \beta$。

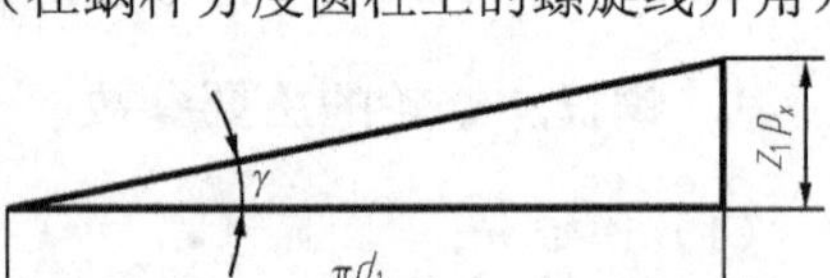

（5）中心距 a

蜗杆与蜗轮两轴线之间的距离叫中心距。它与模数 m、蜗杆直径系数 q、蜗杆齿数 z_2 之间的关系为

图 11-54　导程和导程角、分度圆之间的关系

$$a = \frac{m}{2}(q + z_2)$$

2. 蜗杆与蜗轮各部分尺寸计算

（1）蜗杆各部分尺寸的计算公式如表 11-14 和图 11-55 所示。

表 11-14　　　　　　　　　　　　　蜗杆各部分的计算公式

名称	代号	计 算 公 式	名称	代号	计 算 公 式
分度圆直径	d_1	$d_1 = mq$	齿高	h_1	$h_1 = h_{a1} + h_f = \dfrac{1}{2}(d_{a1} - d_{f1}) = 2.2m$
齿顶圆直径	d_{a1}	$d_{a1} = d_1 + 2h_{a1} = m(q+2)$	轴向齿距	p_x	$p_x = \pi m$
齿根圆直径	d_{f1}	$d_{f1} = d_1 + 2h_{f1} = m(q - 2.4)$	导程角	γ	$\tan\lambda = mz_1/d_1 = z_1/q$
齿顶高	h_{a1}	$h_{a1} = \dfrac{1}{2}(d_{a1} - d_1) = m$	导程	p_z	$p_z = z_1 p_x$
齿根高	h_{f1}	$h_{f1} = \dfrac{1}{2}(d_1 - d_{f1}) = 1.2m$	蜗杆齿宽	b_1	$b_1 = (13\sim16)m$，（当 $z_1 = 1\sim2$ 时） $b_1 = (15\sim20)m$，（当 $z_1 = 3\sim4$ 时）

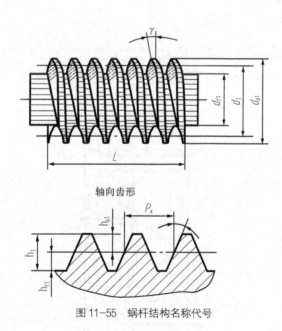

图 11-55　蜗杆结构名称代号

（2）蜗轮各部分尺寸的计算如表 11-15 和图 11-56 所示。

表 11-15　　　　　　　　　　　　　蜗轮各部分计算公式

名　　称	代　　号	计 算 公 式
分度圆直径	d_2	$d_2 = mz_2$
喉圆直径	d_{a2}	$d_{a2} = m(z_2 + 2)$
齿根圆直径	d_{f2}	$d_{f2} = m(z_2 - 2.4)$

续表

名　称	代　号	计 算 公 式
咽喉面半径	r_{ai}	$r_{ai} = \dfrac{d_1}{2} - m$
中心距	a	$a = \dfrac{m}{2}(q + z_2)$
齿顶高	h_{a2}	$h_{a2} = \dfrac{1}{2}(d_{a2} - d_2) = m$
齿根高	h_{f2}	$h_{f2} = \dfrac{1}{2}(d_{a2} - d_{f2}) = 1.2m$
齿高	h_2	$h_2 = h_{a2} + h_{f2} = \dfrac{1}{2}(d_{a2} - d_{f2}) = 2.2m$

3．蜗杆、蜗轮的画法

（1）蜗杆的画法

蜗杆一般用一个主视图和表示齿形的轴向剖面图来表示，图 11-57 所示为蜗杆的零件图。齿顶圆（齿顶线）用粗实线绘制，分度圆（分度线）用点画线绘制，齿根圆（齿根线）用细实线绘制或省略不画。

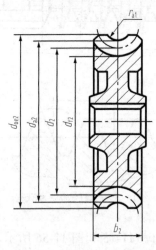

图 11-56　蜗轮结构名称代号

（2）蜗轮的画法

蜗轮一般采用两个视图，且以非圆视图作为主视图并作剖视。在主视图上，轮齿部分的画法与圆柱齿轮类似。在投影为圆的左视图上，轮齿部分只画出分度圆（点画线）和外圆（最大直径圆——粗实线圆），其他部分按真实投影关系绘制。图 11-58 所示为蜗轮的零件图。

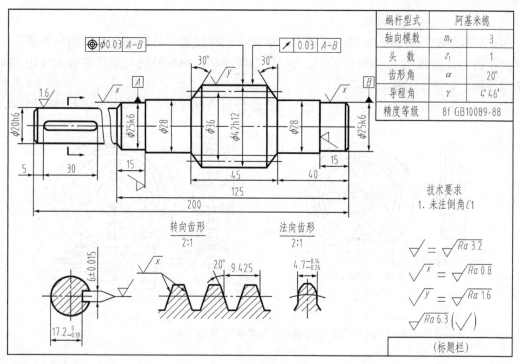

蜗杆型式		阿基米德
轴向模数	m_x	3
头　数	z_1	1
齿形角	α	20°
导程角	γ	4°46′
精度等级		8f GB10089-88

技术要求
1. 未注倒角 C1

图 11-57　蜗杆零件图

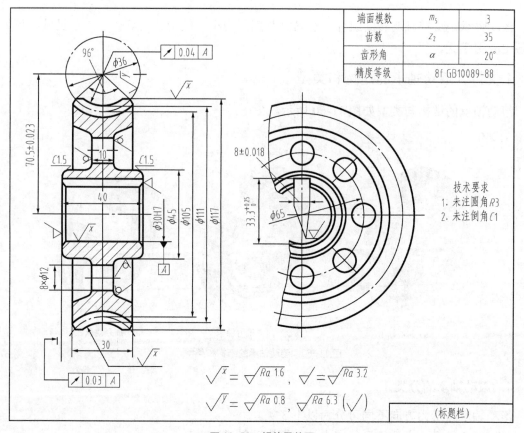

端面模数	m_s	3
齿数	z_2	35
齿形角	α	20°
精度等级		8f GB10089-88

技术要求
1. 未注圆角 R3
2. 未注倒角 C1

图 11-58　蜗轮零件图

（3）蜗杆、蜗轮啮合画法

在外形视图和蜗杆投影为圆的视图上，蜗轮与蜗杆投影重合的部分只画蜗杆不画蜗轮；在蜗轮投影为圆的视图上，蜗轮分度圆与蜗杆节线相切，蜗轮外圆与蜗杆的齿顶线相交都用粗实线绘制，如图 11-59（a）所示。

在剖视图和蜗轮投影为圆的视图上，啮合部分用局部剖表示，如图 11-59（b）所示。

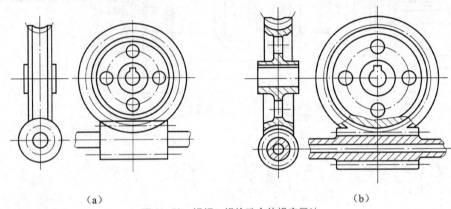

（a）   （b）

图 11-59　蜗杆、蜗轮啮合的规定画法

11.5　滚动轴承

滚动轴承是支持轴旋转的组件，它具有摩擦阻力小、结构紧凑等优点，在机械、仪表和设备中应用广泛。

11.5.1　滚动轴承的结构和类型

滚动轴承的结构与类型如图 11-60 所示。

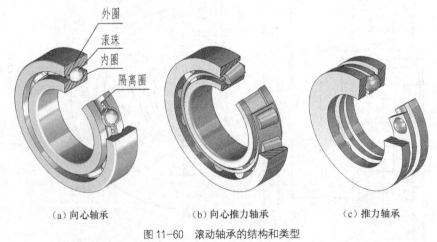

（a）向心轴承　　　　　　（b）向心推力轴承　　　　　　（c）推力轴承

图 11-60　滚动轴承的结构和类型

1．滚动轴承的分类

滚动轴承按受力方向不同可分为以下 3 类。

（1）向心轴承：主要承受径向力，如深沟球轴承。

（2）推力轴承：只承受轴向力，如推力球轴承。

（3）向心推力轴承：可同时承受径向力和轴向力，如圆锥滚子轴承。

2．滚动轴承的结构

滚动轴承一般由内圈、外圈、滚动体和保持架组成。

（1）内圈：紧套在轴上，随轴一起转动。

（2）外圈：在轴承座孔内，固定不动或偶尔做少许转动。

（3）滚动体：排列在内、外圈滚道之间。它按形状不同可分为圆球、圆柱、圆锥、滚针等。

（4）保持架：用来把滚动体均匀分开，又称为隔离圈。

3．滚动轴承代号和标记

滚动轴承代号可查阅 GB/T 271—1997、GB/T 272—1993。代号主要由基本代号、前置代号和后置代号构成，其排列次序如图 11-61 所示。

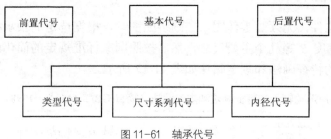

图 11-61　轴承代号

基本代号表示轴承的基本类型、结构和尺寸，是轴承代号的基础，它由轴承类型代号、尺寸系列代号及内径代号构成。

（1）类型代号：由数字和字母组成，如表 11-16 所示。

表 11-16　　　　　　　活动轴承类型代号（摘自 GB/T 272—1993）

代号	0	1	2	3	4	5	6	7	8	N	U	QJ
轴承类型	双列角接触球轴承	调心球轴承	调心滚子轴承	推力调心滚子轴承	圆锥滚子轴承	双列深沟球轴承	推力球轴承	深沟球轴承	角接触球轴承	推力圆柱滚子轴承	圆柱滚子轴承	外球面球轴承	四点接触球轴承

（2）尺寸系列代号：由两位数字组成。前一位数字代表宽度系列（向心轴承）或高度系列（推力轴承），后一位数字代表直径系列。尺寸系列表示内径相同的轴承可具有不同的外径，而同样的外径又有不同的宽度（或高度），用以满足各种不同要求的承载能力。

（3）内径代号：表示轴承的内径，由右后两位数字表示。代号 00、01、02、03 分别表示内径为 10 mm、12 mm、15 mm、17 mm。数字大于 04 号时，数字乘以 5，即为内径 d。

前置、后置代号是轴承在结构形状、尺寸、公差和技术要求有变化时，在其基本代号前后添加的补充代号，一般不标注。

滚动轴承的标记为

| 滚动轴承 | 基本代号 | 国标号 |

【**例 11-1**】 轴承 6202 GB/T 276—1994。

6——类型代号，"6"表示深沟球轴承。

2——尺寸系列代号，表示（0）2 尺寸系列。

02——内径代号，内径为 15 mm。

【**例 12-2**】 轴承 30306 GB /T 297—1994。

3——类型代号，"3"表示圆锥滚子轴承。

03——尺寸系列代号，"3"表示（0）3 尺寸系列。

06——内径代号，内径 $d = 6 \times 5 = 30$ mm。

【**例 13-3**】 轴承 51208 GB/T 301—1995。

5——类型代号，"5"表示推力球轴承。

12——尺寸系列代号。

08——内径代号，内径 $d = 8 \times 5 = 40$ mm。

11.5.2 滚动轴承表示法

滚动轴承是标准件，无须画零件图。在画装配图时，根据选定的轴承型号在标准中查出外径 D、内径 d、宽度 B 等几个主要尺寸，然后按照国家标准规定的简化画法或示意画法画出。常用滚动轴承的特征画法和规定画法如表 11-17 所示。

表 11-17 　常用滚动轴承的特征画法和规定画法（摘自 GB/T 4459.7—1998）

名称和标准号	查表主要数据	特 征 画 法	规 定 画 法	装配示意图
深沟球轴承 60000 型 GB/T 276—1994	D d B			
圆锥滚子轴承 30000 型 GB/T 297—1994	D d B T C			
推力球轴承 50000 型 GB/T 301—1995	D d T			

11.6　弹簧

弹簧在机械中主要用来减振、夹紧、储存能量、测力等。弹簧的种类繁多，有螺旋弹簧、涡卷弹簧、板簧、碟形弹簧等。图 11-62 所示为常用的弹簧。

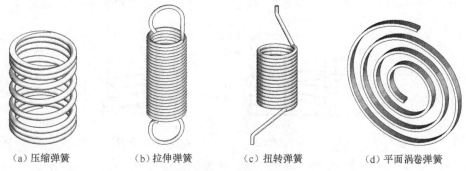

（a）压缩弹簧　　　（b）拉伸弹簧　　　（c）扭转弹簧　　　（d）平面涡卷弹簧

图 11-62　常用的弹簧

本节主要介绍螺旋压缩弹簧的尺寸计算和画法。

11.6.1　圆柱螺旋压缩弹簧各部分的名称及尺寸关系

（1）簧丝直径 d：制造弹簧的钢丝直径。

（2）弹簧外径 D_2：弹簧的最大直径。

（3）弹簧内径 D_1：弹簧的最小直径，$D_1 = D_2 - 2d$。

（4）弹簧中径 D：弹簧的平均直径，$D = (D_2 + D_1)/2 = D_1 + d = D_2 - d$。

（5）有效圈数 n、支承圈数 n_0、总圈数 n_1：为了使压缩弹簧工作时受力均匀，平稳性好，制造时需将弹簧两端并紧、磨平，这部分圈数仅起支承作用，称为支承圈。支承圈有 1.5 圈、2 圈和 2.5 圈 3 种，其中常见的是 2.5 圈。除支承圈外，其余的圈称为有效圈，总圈数 $n_1 = n + n_0$。

（6）节距 t：除支承圈外，相邻两圈沿轴向的距离。

（7）自由高度 H_0：弹簧在不受外力时的高度，$H_0 = nt + (n_0 - 0.5)d$。

（8）弹簧展开长 L：制造时弹簧簧丝的长度

$$L \approx n_1 \sqrt{(\pi D)^2 + t^2}$$

计算后取标准中的相近值，圆柱螺旋压缩弹簧尺寸及参数由 GB/T 2089—1994 规定。

11.6.2　圆柱螺旋压缩弹簧的规定画法

GB/T 4459.4—2003 中规定了螺旋弹簧的画法，如图 11-63 所示。

（1）在平行于弹簧轴线的视图中，各圈的轮廓线应画成直线。

（2）左旋和右旋弹簧均可画成右旋，但必须保证的旋向要求应在"技术要求"中注明。

（3）有效圈数在 4 圈以上的螺旋弹簧，中间部分可省略，并允许适当缩短其图形的长度。

（4）不论支承圈多少和两端磨平并紧情况如何，均可按支承圈 2.5 圈绘制，如图 11-63 所示，必要时也可按支承圈实际结构绘制。

（5）在装配图中，被弹簧挡住的结构一般不画出，可见部分应从弹簧外轮廓线或从弹簧钢丝剖面的中心线画起，如图 11-63 所示。

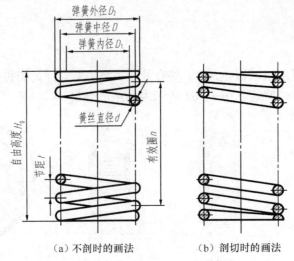

（a）不剖时的画法　　　　（b）剖切时的画法

图 11-63　圆柱螺旋压缩弹簧各部分的名称和画法

　　螺旋弹簧被剖切、型材直径或厚度在图形上小于或等于 2 mm 时，剖面可以涂黑表示；当簧丝直径小于 1 mm 时，可用示意画法，如图 11-64 所示。

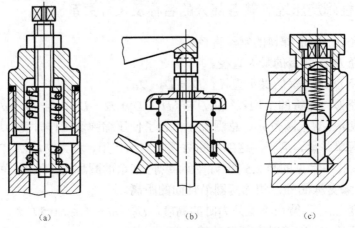

（a）　　　　　　　　（b）　　　　　　　　（c）

图 11-64　圆柱螺旋压缩弹簧在装配图中的画法

　　圆柱螺旋压缩弹簧的画图步骤如表 11-18 所示。螺旋弹簧的零件图如图 11-65 所示。

表 11-18　　　　　　　　　　　圆柱螺旋压缩弹簧的画图步骤

① 以自由高度 H_0 和中径 D 作矩形	② 根据簧丝直径 d 画出支承圈	③ 根据节距 t 画出有效圈	④ 按右旋作簧丝剖面的切线，校核，加深，画剖面线

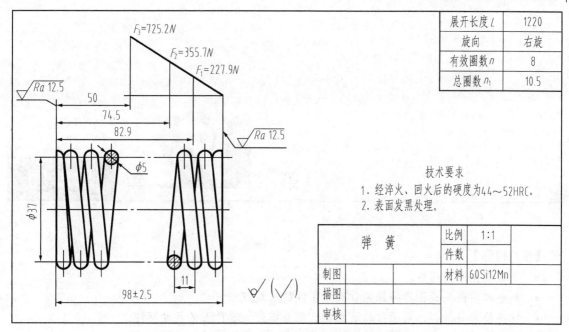

展开长度 L	1220
旋向	右旋
有效圈数 n	8
总圈数 n_1	10.5

技术要求
1. 经淬火、回火后的硬度为44～52HRC。
2. 表面发黑处理。

弹　簧		比例	1:1	
		件数		
制图			材料	60Si12Mn
描图				
审核				

图 11-65　螺旋压缩弹簧的零件图

第 **12** 章 零件图

【学习目标】

- 了解零件图的内容。
- 熟悉零件图的视图选择原则和典型零件的表达方法。
- 掌握公差与配合、表面结构要求的选择与标注、零件图的尺寸标注。
- 掌握读零件图的方法与步骤。
- 掌握测绘零件的方法与步骤。

任何机器或部件都是由零件装配而成的。图 12-1 所示的铣刀头是专用铣床上的一个部件，它是由左边的 V 型带轮通过键连接，把动力传给阶梯轴，带动右边的铣刀盘进行切削的。图 12-2 所示为该部件的轴测分解图，从图中可以看出铣刀头是由带轮、阶梯轴、座体、端盖、轴承、螺钉、垫圈、销子等零件组成的。

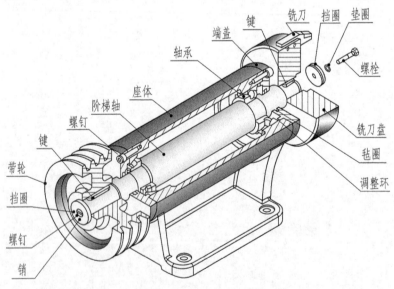

图 12-1　铣刀头装配轴测图

制造该部件必须先制造零件。其中螺钉、螺栓、垫圈及销等属于标准件，可以外购；其余零件需按每个零件的功能作用进行设计，确定其形状、结构、尺寸及技术要求，并画出零件工作图（简称零件图），用以指导零件的加工制造和检验。因此，表示零件形状、结构、大小及技术要求的图样称为零件图。零件图是生产中的重要技术文件。

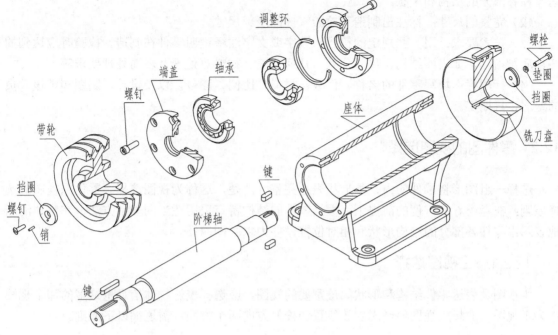

图 12-2　铣刀头轴测分解图

12.1　零件图的内容

图 12-3 所示为铣刀头轴的零件图。

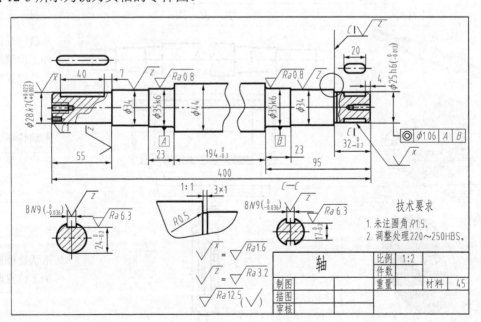

图 12-3　铣刀头轴的零件图

一张完整的零件图应包括下列内容。

（1）一组图形：用一组视图、剖视图、断面图及局部放大图等表达方法完整、清楚地表达零件各部分的结构和形状。

（2）完整的尺寸：标注出制造和检验零件的全部尺寸。

（3）技术要求：用一些规定的符号、数字或文字注释说明零件在制造、检验时应达到的各项质量指标，如表面结构、尺寸公差、几何公差、材料热处理及表面处理要求等。

（4）标题栏：填写零件的名称、件数、材料、比例、图号，以及设计、制图和审核人员的签名、日期等。

12.2 零件图的视图选择

选择一组图形将零件的内、外形状表达完整、清楚，这称为视图选择。零件图视图的选择原则：在考虑看图方便的前提下，根据零件的结构特点采用适当的表示方法，完整、清晰地表示出零件各部分的结构形状和相对位置，并力求画图简便。

12.2.1 主视图选择

主视图是表达零件结构和形状的最重要的视图，应选择表达物体信息量最多的那个视图作为主视图。选择主视图要考虑安放位置和投射方向两个方面，需遵循以下原则。

1. 形状特征原则

以最能反映零件形状特征的方向作为主视方向。表 12-1 所示为主视方向的选择示例。

表 12-1　　　　　　　　　　　　　主视方向选择示例

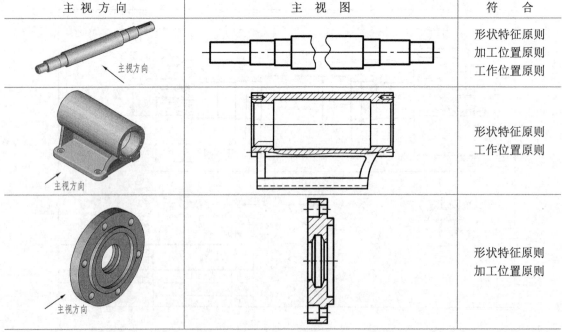

主 视 方 向	主 视 图	符 合
主视方向		形状特征原则 加工位置原则 工作位置原则
主视方向		形状特征原则 工作位置原则
主视方向		形状特征原则 加工位置原则

续表

主 视 方 向	主 视 图	符 合
主视方向		形状特征原则 平稳放置原则

2．加工位置原则

主视图应尽量表示零件在加工时所处的位置，以便于工人加工时看图。轴套类、盘盖类等主要由回转体组成的零件其主要加工方法为车削和磨削，加工时工件轴线多处于水平位置，所以画这类零件时，主视图通常将轴线水平放置，如图 12-3 所示。

3．工作位置原则

主视图应尽量表示零件在机器中的工作位置或安装位置。某些零件（如叉架类、箱体类零件）的形状比较复杂、加工工序较多、加工位置多变，一般按工作位置放置，并按形状特征原则选择主视方向。按工作位置画图时，便于想象零件的工作情况。图 12-4 所示铣刀头座体的主视图就是按工作位置来画的。

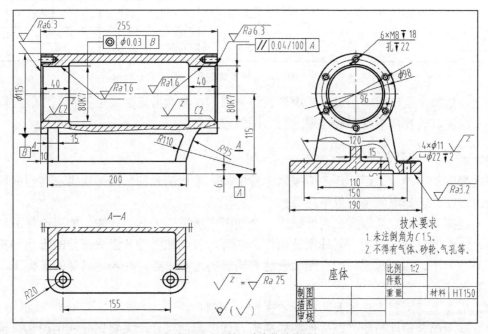

图 12-4　铣刀头座体零件图

4．平稳放置原则

如果零件的工作位置是倾斜的或者在机器中是运动的，无固定的工作位置，且加工工序较多，很难满足工作位置和加工位置原则，则将其平稳放置，并遵循形状特征原则选择主视图，如图 12-5 所示。

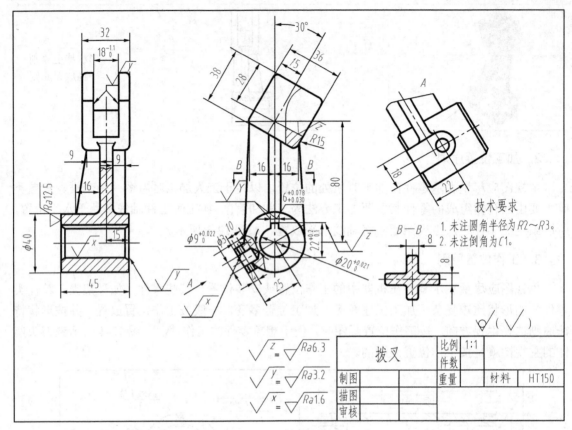

图 12-5　拨叉零件图

总之，选择主视图时，应首先考虑形状特征原则，其次考虑加工位置和工作位置原则，同时应考虑使其他视图虚线少和合理地利用图纸幅面。

12.2.2　其他视图的选择

在主视图初步确定之后，还需要根据零件中尚未表达清楚的结构形状确定其他视图的数量和表达方法，选择时应考虑以下几点。

（1）根据零件的复杂程度和内外结构，全面考虑所需要的其他视图，如可选择另外的基本视图、断面图、局部视图、斜视图及简化画法等，直到把零件各组成部分的形状和相对位置表达清楚为止。注意应使每个视图的表达有明确的重点内容，在表达清楚的前提下，采用的视图数量应尽可能少。

（2）优先考虑用基本视图及其在基本视图上作剖视。

（3）要考虑合理地布图，既要使图样清晰、便于标注尺寸，又要充分利用图幅，使零件视图表达方案简明合理。

图 12-6 所示为微型叶片泵的泵盖零件图，其中主视图轴线水平放置，符合其在车床上的加工位置，并采用全剖；右视图主要反映该零件的外形轮廓及销孔、沉孔的分布；左视图反映该零件左端开的弧形槽，并用 C—C 剖视表示槽深。

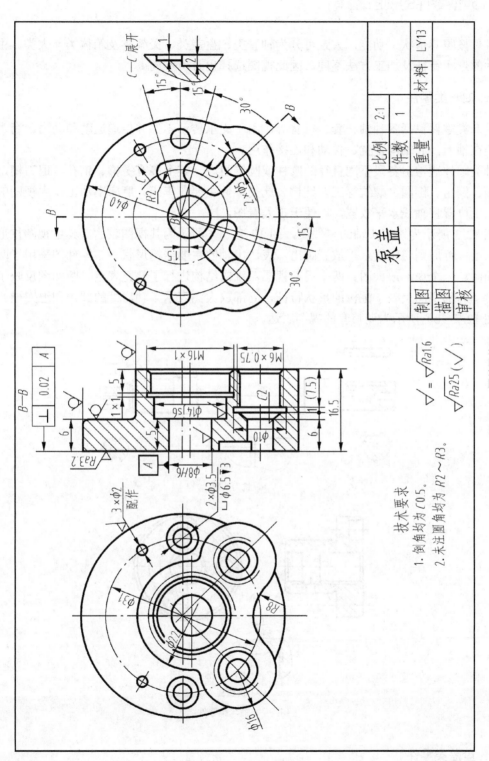

图 12-6 泵盖零件图

12.3 典型零件的视图选择

零件按照其形状、功能，大致可分为轴套类、盘盖类、叉架类及箱体类 4 大类。由于各类零件的形状特征及加工方法不同，因此视图选择也有所不同。

1. 轴套类零件

轴套类零件包括各种轴、套、衬套等，用于支承传动零件并传递运动和动力。套类零件一般装在轴上，起轴向定位、传动和连接作用。

轴类零件通常由各段不同直径的圆柱或圆锥组成，其上多有键槽、销孔、退刀槽、砂轮越程槽、倒角、倒圆、螺纹等工艺结构。此类零件主要在车床、磨床上加工，主视图的选择多按加工位置将轴线水平放置，以便于工人看图。

图 12-3 所示为铣刀头轴的零件图，图 12-7（a）所示为其视图表达。其主视图按形状特征及加工位置原则将轴线水平放置画出，表达出轴的主要结构形状。该零件图采用了两个移出断面图、一个局部放大图、两个局部视图对轴的结构进行了补充表达。断面图反映了键槽的深度，局部视图反映了键槽的形状特征，局部放大图表示了轴肩处的圆角和退刀槽。

图 12-7（b）所示为调整套的视图表达。

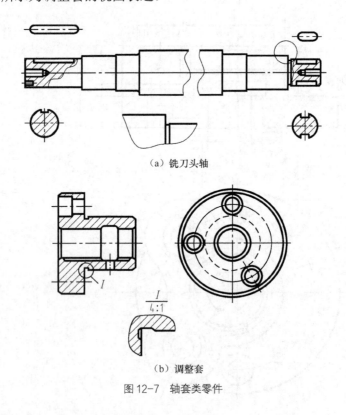

（a）铣刀头轴

（b）调整套

图 12-7　轴套类零件

2. 盘盖类零件

盘盖类零件包括端盖、法兰、手轮、齿轮、带轮等，用于传递扭矩或连接支承及定位、密封等。

盘盖类零件一般为扁平的、圆形的或方形的，常带有沉孔、止口、凸台及轮辐等。

此类零件的主要表面多在车床上加工，因此按加工位置和轴向结构形状特征选择主视图，并多用剖视图来表达机件的内部结构。一般需采用两个基本视图，而另一视图多为外形视图，如结构对称可只画一半。

图 12-8 所示为泵盖的视图选择，主视图作全剖视，层次分明地表达了零件各部分的形状和相对位置，将主视图轴线水平放置，符合零件的加工位置。左视图主要表达了凸缘的形状、两个螺孔和 4 个台阶孔的分布情况。

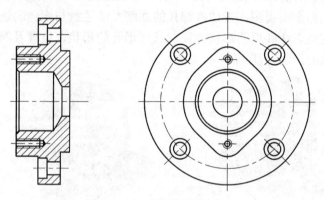

图 12-8　泵盖的视图选择

与盘盖相似的零件也有比较复杂的，图 12-9 所示为车床尾座的手轮，它由轮毂、轮辐和轮缘组成，轮毂与轮缘不在同一平面内。中间用 3 根均布的轮辐相连，其中一根轮辐和轮缘连接处有凹坑和通孔，以便装配手柄。轮毂中心有轴孔和键槽，以便和丝杆相连。由于这类零件主要加工工序都在车床上，故绘图时总是把轴线水平放置，一般采用两个基本视图，常以主视图表示轮宽和各组成部分的相对位置，右视图或左视图表示轮廓形状和轮辐分布。在主视图上，根据轮辐的分布情况可采用旋转剖视或全剖视。轮辐的截面形状常用移出断面来表示。

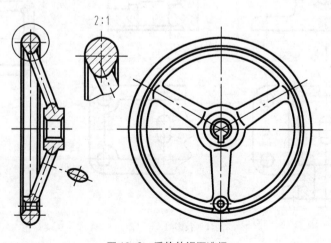

图 12-9　手轮的视图选择

3．箱体类零件

箱体类零件主要包括泵体、阀体、箱座、箱盖等，在机器或部件中用于支承和容纳其他零件，是机器或部件的主体。它们结构形状比较复杂，毛坯多为铸造而成，须经多道工序加工。因此，箱体类零件主视图的投影方向主要根据形状特征及工作位置进行选择，一般需要几个基本视图再配以其他辅助视图，才能将零件表达清楚。

图 12-10 所示为一阀体的视图选择。

选择主视方向如图 12-10（a）所示。该零件的内、外部结构形状均需要表达。零件没有对称性，故不能采用半剖视。图 12-10（b）中所示主视图采用局部剖视图，主要表达形体内、外结构形状；左视图为全剖视图，表达内部孔的通路及法兰盘与阀体的连接情况；俯视图采用 *A—A* 剖视图，重点表达底板的形状特征、长圆形孔的形状、位置及阀体的壁厚。*B* 向局部视图表达底板凹槽的形状特征。

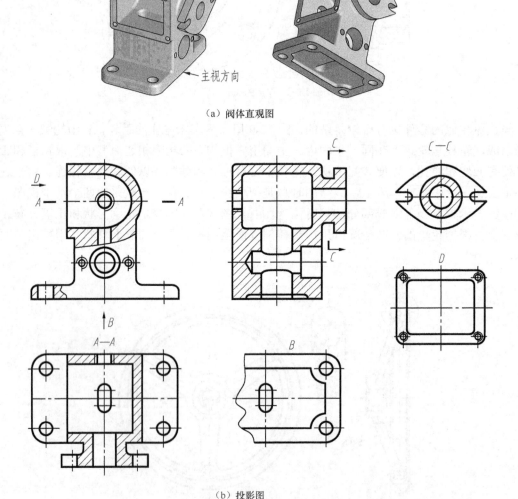

（a）阀体直观图

（b）投影图

图 12-10　阀体的视图选择

由于左视图内、外形表达发生冲突，因此增加了一个 *D* 向视图用以表达方形端面外形及其上连接孔的分布。为表达法兰的形状特征，增加了一个 *C—C* 剖视图。

图 12-11 所示为铣刀头座体的视图选择。从图 12-2 中可看出其具体结构形状。座体是铸件，主要由安装底板、连接板和支承轴孔组成。主视图按工作位置放置，采用局部剖视图表达支承轴孔和肋板的形状、两端连接板的厚度等；左视图采用局部剖视图表达了底板、连接板、支承轴孔的相对位置以及圆筒端面的均布螺孔和连接板的形状特征。局部仰视图表达了底板的形状特征、安装孔的位置和通槽。

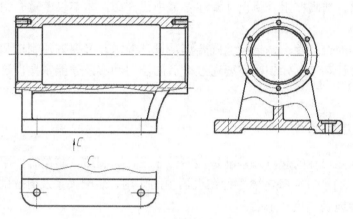

图 12-11　铣刀头座体的视图表达

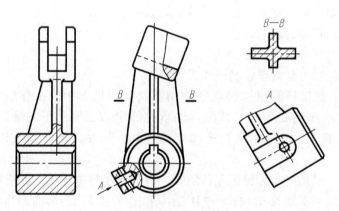

图 12-12　拨叉的视图选择

4. 叉架类零件

叉架类零件一般包括拨叉、连杆、支架、摇臂、杠杆等。

叉架类零件主要由安装部分、工作部分、加强与支承部分组成。加强与支承部分一般为肋板，安装部分和工作部分一般带有圆孔、螺孔、油孔、凸台、凹坑等结构。这类零件通常不规则，加工位置多变，有的甚至没有确定的工作位置。叉架类零件一般为铸件或锻件，加工时要经过车、铣、刨等多道工序。

一般按工作位置和形状特征原则画主视图，大多采用局部剖视图表达内外结构形状，倾斜结构往往采用斜视图、斜剖视图及断面图来表示。

图 12-12 所示为拨叉的视图选择。图中采用了主、左两个基本视图，并作了局部剖视，表达了主体结构形状，A 向斜视图和 $B—B$ 移出断面图分别表达圆筒上面拱形凸台的形状及肋板的断面。

12.4 零件图的尺寸标注

尺寸是加工与检验零件的依据，零件图中的尺寸标注应满足正确、完整、清晰、合理的要求。正确、完整、清晰在组合体尺寸标注一节中已介绍，本节仅着重介绍有关尺寸标注的合理性问题。

关于尺寸标注的合理性，是指尺寸既要满足设计要求，又要方便制造和检验。尺寸合理标注涉及一系列设计和工艺知识，需要通过今后的学习和实践才能掌握，这里仅介绍一些基本知识。

12.4.1 尺寸基准

尺寸基准是标注尺寸的起点。基准是指零件在设计、制造、测量时，用以确定其位置的几何元素（点、线、面）。必须考虑零件在机器中的作用、装配关系及零件的加工、测量方法等因素，才能正确地确定尺寸基准。

常用的尺寸基准如下。

（1）基准面，如底板的安装面、重要端面、装配结合面、零件的对称面等。

（2）准线，如回转体的轴线。

（3）基准点，如球心、圆心等。

按用途不同，基准可分为设计基准和工艺基准。

（1）设计基准：是设计时用以保证零件功能及其在机器中的工作位置所选择的基准。图 12-13 所示的轴承座的底面为安装面，轴承孔的中心根据此平面确定，所以它是高度方向的设计基准。图 12-14 所示的阶梯轴要求各圆柱同轴，因此轴线作为径向尺寸的设计基准。

（2）工艺基准：是加工时为保证零件质量，有利于零件的加工、测量所选择的基准。如图 12-13 所示，轴承座上螺纹孔 M10—7 H 的深度尺寸应以凸台端面为基准测量，故凸台端面是高度方向的工艺基准。图 12-14 所示的阶梯轴加工时要求阶梯轴的轴线与车床的主轴轴线同轴，所以阶梯轴的轴线既是设计基准，又是工艺基准。标注尺寸时应尽量使设计基准与工艺基准重合，这样既能满足设计要求又能满足工艺要求，如不能保证两者重合，就优先保证设计要求。

按作用不同，基准分为主要基准和辅助基准。零件有长、宽、高 3 个方向的尺寸，因而每个方向至少有一个主要基准，一般 3 个方向上各选一个设计基准为主要基准，其余尺寸基准是辅助基准，即工艺基准。图 12-13 所示的轴承座，主要基准与辅助基准之间要有尺寸联系，如尺寸 57。

图 12-14 所示的阶梯轴，轴向以 $\phi 22$ 右端面为主要基准，轴的右端面为辅助基准，两者的尺寸联系是 53。

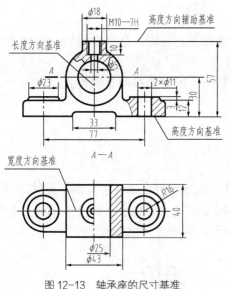

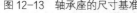

图 12-13 轴承座的尺寸基准

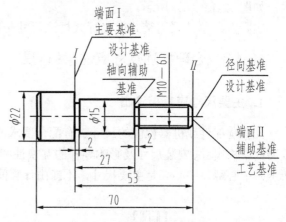

图 12-14 阶梯轴的尺寸基准

12.4.2 尺寸标注形式

根据尺寸在图样上的布置特点，尺寸标注可分为 3 类。

1. 链式

把同一方向的一组尺寸依次首尾相接，如图 12-15（a）所示。

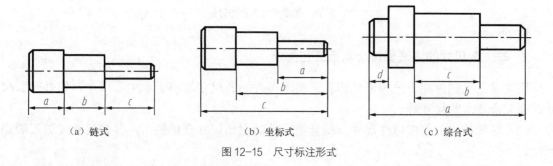

（a）链式 （b）坐标式 （c）综合式

图 12-15 尺寸标注形式

优点：能保证每一段尺寸的精度要求，前一段尺寸的加工误差不影响后一段。

缺点：各段的尺寸误差累计在总体尺寸上，总体尺寸的精度得不到保证。

在机械制造业中，链式常用于标注中心之间的距离、阶梯状零件中尺寸要求十分精确的各段及用组合刀具加工的零件。

2. 坐标式

同一方向的一组尺寸从同一基准出发进行标注，如图 12-15（b）所示。

优点：各段尺寸的加工精度只取决于本段的加工误差，不会产生累计误差。

当需要从一个基准定出一组精确的尺寸时经常采用这种方法。

3. 综合式

具有链式和坐标式的优点，能适应零件的设计要求和工艺要求，是最常用的一种标注形式，如图 12-15（c）所示。

实际上，单纯采用链式或坐标式标注尺寸是极少见的，用得最多的是综合式。

12.4.3 合理标注尺寸应注意的问题

1. 主要尺寸应直接注出

凡影响部件或机器性能的尺寸、有配合要求的尺寸、确定零件在部件中准确位置的尺寸、重要的结构尺寸、安装尺寸及影响零件的互换性和工作精度的尺寸均属于主要尺寸。如图 12-16 所示，中心距、中心高是主要尺寸，不能由计算间接得到，否则会产生累积误差。

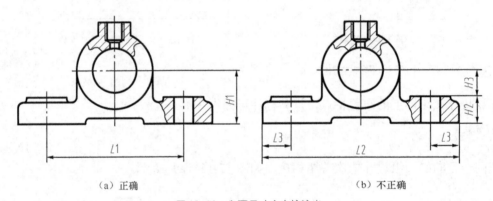

（a）正确　　　　　　　　　　　　　　　　（b）不正确

图 12-16　主要尺寸应直接注出

2. 非主要尺寸的注法要符合制造工艺要求

用来满足机械性能、结构形状和工艺要求等方面的尺寸均属于非主要尺寸，如外轮廓尺寸、非配合要求的尺寸等。

（1）尽量按加工顺序标注尺寸。轴套类零件的主要尺寸直接注出，其他尺寸按加工顺序标注。

表 12-2 所示为铣刀头轴的加工顺序。铣刀头轴的尺寸标注如图 12-17 所示，每一工序所需的尺寸都直接注出来了。长为 194 轴段的左、右端面为轴向设计基准，194、55、32、23 均为设计要求的主要尺寸。

表 12-2　　　　　　　　　　　　　　铣刀头轴的加工顺序

序号	说明	简图	序号	说明	简图
1	车外圆$\phi44$，长 400	$\phi44$　　400	2	车外圆$\phi35$，长 95	$\phi35$　　95

续表

序号	说明	简 图	序号	说明	简 图
3	车外圆ϕ34，保证尺寸23		6	车外圆ϕ34，保证尺寸23	
4	车外圆ϕ25，长度32，并倒角		7	车外圆ϕ28，长度55，并倒角	
5	调头车ϕ35，保证尺寸194		8	铣键槽	

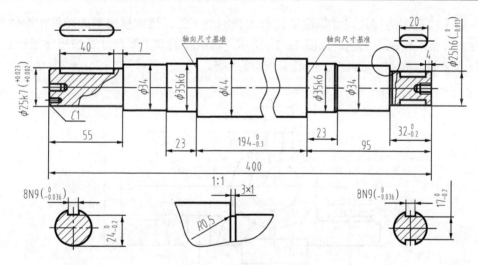

图 12-17 铣刀头轴的尺寸标注

（2）要便于检验和测量。加工阶梯孔时，一般从端面按相应的深度先做成小孔，再依次加工出大孔，因此，阶梯孔的轴向尺寸应从端面标注大孔的深度，以方便测量。图 12-18（a）、（b）所示为阶梯孔合理与不合理标注的对比。图 12-19（a）、（b）所示为深度尺寸的合理与不合理标注对比。

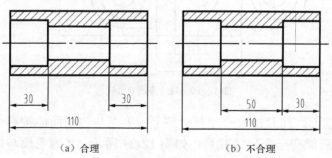

（a）合理　　　　　　　　　（b）不合理

图 12-18 阶梯孔尺寸标注

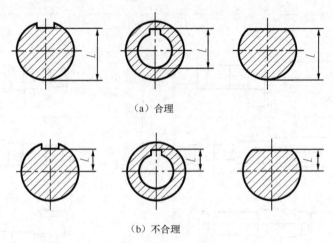

（a）合理

（b）不合理

图 12-19 键槽深度尺寸标注

（3）用木模造型的铸件尺寸标注要符合木模制造工艺。用木模造型的铸件按形体分析法进行标注，符合木模制造工艺。如图 12-20 所示，轴承座的非主要尺寸是按形体进行标注的，如圆柱尺寸 $\phi43$、高 40，凸台尺寸 $\phi23$、高度 3 等。

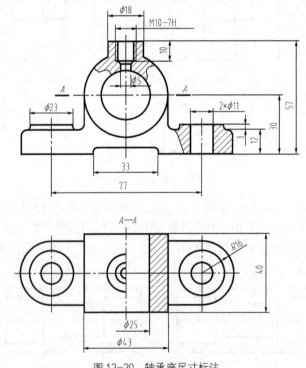

图 12-20 轴承座尺寸标注

（4）毛面与加工面之间只能有一个尺寸联系。毛面与加工面应按两个系统分别进行尺寸标注，它们之间只能有一个尺寸联系，如图 12-21 所示，A 为毛面与加工面之间的尺寸联系。

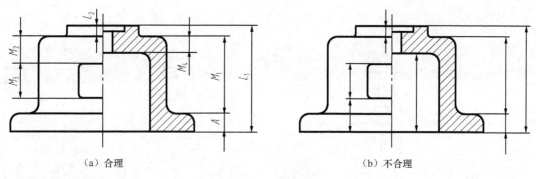

（a）合理　　　　　　　　　　　　　（b）不合理

图 12-21　毛坯面尺寸注法

3．避免注成封闭尺寸链

封闭尺寸链是指尺寸线首尾相接，绕成一整圈的一组尺寸。尺寸链的组成尺寸称为环。图 12-22（a）所示的阶梯轴，总长尺寸 A 与各轴段的长度尺寸 B、C、D 即构成一个封闭尺寸链。这种情况应该避免，因为尺寸链中任一环的尺寸位置误差都等于其他各环尺寸误差之和，欲同时满足各环的尺寸精度要求是不可能的。因此，在标注尺寸时，应选取不重要的尺寸空出不标注（该环称为开口环），以保证其他重要尺寸的精度，如图 12-22（b）所示。

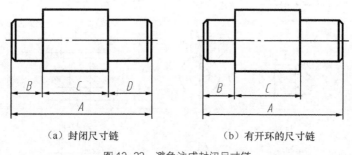

（a）封闭尺寸链　　　　　　　　　（b）有开环的尺寸链

图 12-22　避免注成封闭尺寸链

12.4.4　常见孔的尺寸注法

零件常见典型结构的尺寸注法如表 12-3 所示。

表 12-3　　　　　　　　　　　　　零件常见典型结构的尺寸注法

零件结构类型		简 化 注 法	一 般 注 法	说　明
光孔	一般孔	4×ϕ5▼10　　4×ϕ5▼10	4×ϕ5	▼深度符号 4×ϕ5 表示直径为 5 的均布的 4 个光孔。孔深与孔径连注，也可分别注出

续表

零件结构类型		简化注法	一般注法	说　明
光孔	精加工孔	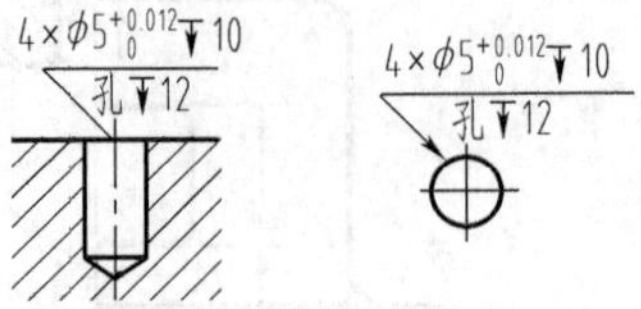 $4\times\phi5^{+0.012}_{0}$▼10　孔▼12　$4\times\phi5^{+0.012}_{0}$▼10　孔▼12	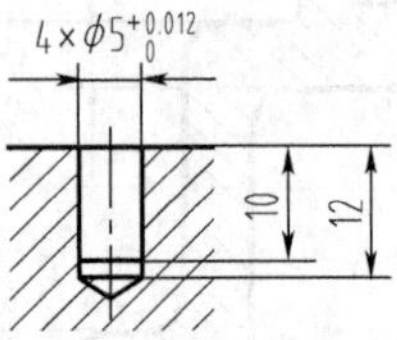 $4\times\phi5^{+0.012}_{0}$	光孔深为 12，钻孔后需精加工至 $\phi5^{+0.012}_{0}$，深度为 10
	锥孔	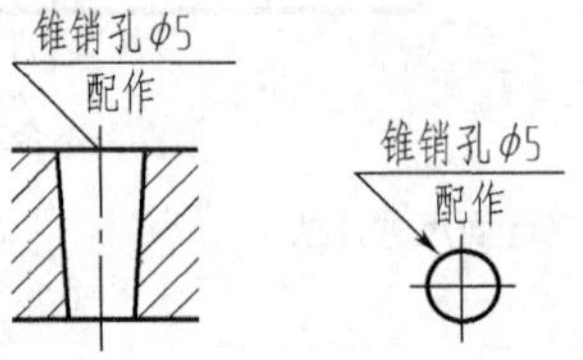 锥销孔$\phi5$ 配作　锥销孔$\phi5$ 配作	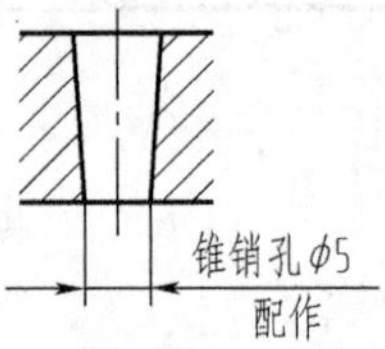 锥销孔$\phi5$ 配作	$\phi5$ 为与锥销孔相配的圆锥销小头直径（公称直径）。锥销孔通常是两零件装在一起后加工的
沉孔	锥形沉孔	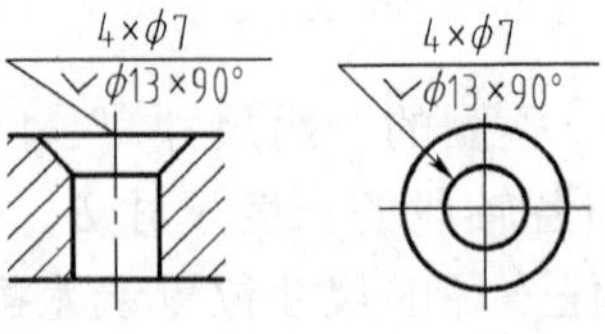 $4\times\phi7$ ∨$\phi13\times90°$　$4\times\phi7$ ∨$\phi13\times90°$	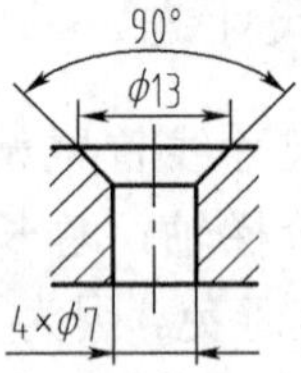 90°　$\phi13$　$4\times\phi7$	$4\times\phi7$ 表示直径为 7 的均布的 4 个孔，锥形沉孔可以旁注，也可直接注出
	柱形沉孔	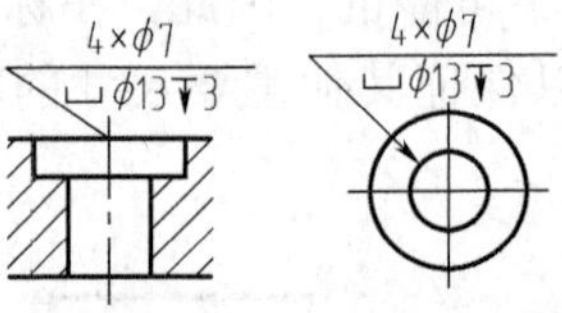 $4\times\phi7$ ⊔$\phi13$▼3　$4\times\phi7$ ⊔$\phi13$▼3	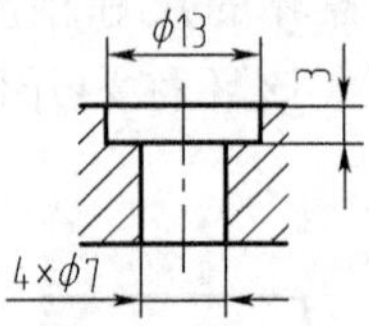 $\phi13$　3　$4\times\phi7$	柱形沉孔的小直径为 7、大直径为 13、深度为 3，均需标注
	锪平沉孔	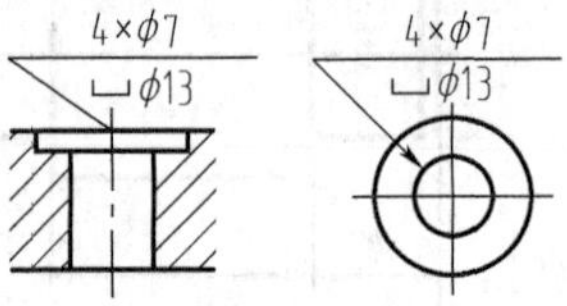 $4\times\phi7$ ⊔$\phi13$　$4\times\phi7$ ⊔$\phi13$	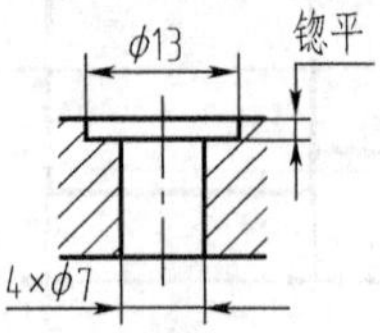 $\phi13$　锪平　$4\times\phi7$	锪平面 $\phi13$ 的深度不必标注，一般锪平到不出现毛面为止
螺孔	通孔	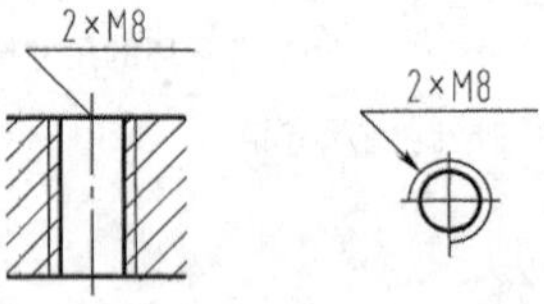 $2\times M8$　$2\times M8$	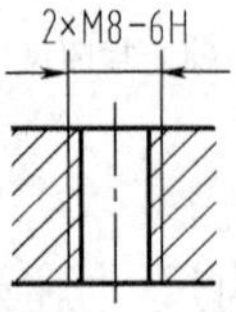 $2\times M8-6H$	$2\times M18$ 表示公称直径为8的两螺孔（中径和顶径公差带代号 6H 不注），可以旁注，也可直接注出
	不通孔	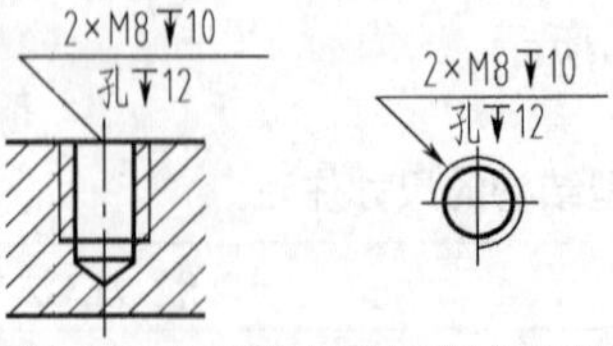 $2\times M8$▼10　孔▼12　$2\times M8$▼10　孔▼12	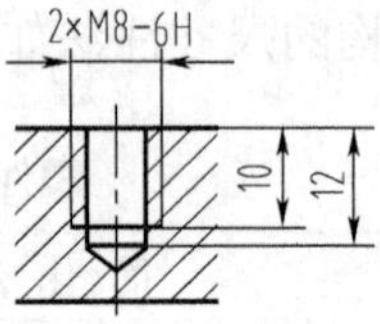 $2\times M8-6H$	一般应分别注出螺纹和钻孔的深度尺寸（中径和顶径的公差带代号 6H 不注）

12.5　典型零件的尺寸标注

【例 12-1】　从动轴的尺寸注法，如图 12-23 所示。

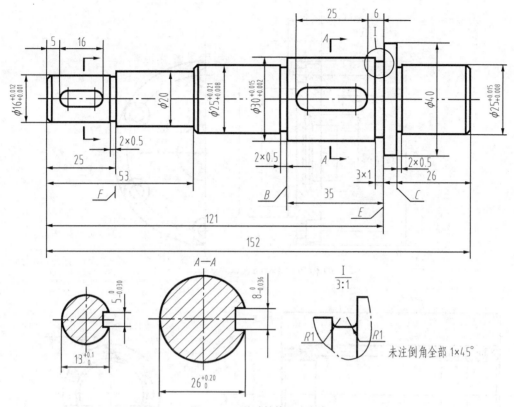

图 12-23 从动轴的尺寸注法

轴类零件的尺寸分径向尺寸和轴向尺寸两种。轴线作为径向基准，各轴段的直径都是以轴线为基准进行标注的，如图中各轴段的直径尺寸。轴向尺寸的标注要符合轴向安装各零件的装配要求，需要选择设计基准和工艺基准。重要结构尺寸要从设计基准出发标注。轴上有两处键槽，用于安装齿轮，大齿轮右端面与轴肩 E 靠紧，固定位置；轴径 $\phi 16$ 处键槽安装输出端齿轮，齿轮右端面与轴径 $\phi 20$ 的左端面 F 靠紧，固定位置；轴径 $\phi 25$、长 31 和 $\phi 25$、长 26 两处是安装滚动轴承的轴段，轴承的轴向定位靠轴肩端面 B、C；安装齿轮和滚动轴承处的径向尺寸精度较高，均有公差要求；键槽宽度尺寸以径向对称面为基准标注；为方便测量，标注键槽深度尺寸 13、26。

由上述分析可知，轴的径向尺寸以轴线作为基准；轴向尺寸以 E 端面作为主要基准，F 端面和 C 端面为辅助基准。

【例 12-2】 铣刀头端盖尺寸注法，如图 12-24 所示。

该端盖以轴线为径向基准标注所有的直径尺寸。由于端面 A 是端盖与座体的结合面，所以该端面为轴向设计基准。端盖右侧 $\phi 80 \times 5$ 圆柱面与座体孔配合，故止口深度 5 为轴向主要尺寸。

【例 12-3】 铣刀头座体尺寸注法，如图 12-25 所示。

高度方向主要尺寸基准为底面，中心高 115 为高度方向的主要尺寸；以座孔轴线为径向基准标注阶梯孔的直径，$\phi 80K7$ 为径向主要尺寸；长度方向以右端面为主要基准，长度方向主要尺寸为 255。

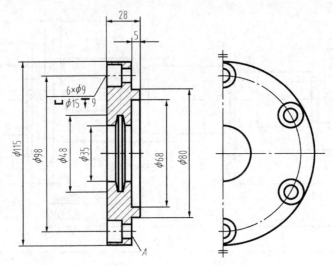

图 12-24　铣刀头端盖尺寸注法

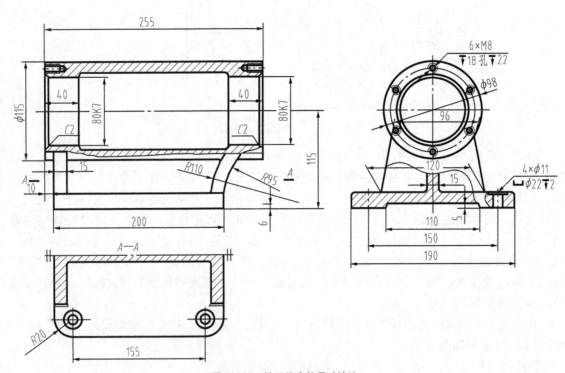

图 12-25　铣刀头座体尺寸注法

【例 12-4】　齿轮泵体的尺寸注法，如图 12-26 所示。

泵体是齿轮泵的主体结构，其他零件都直接或间接地安装在它里面。从图中可看出，泵体前后对称，因此宽度尺寸 60、80、90、120 等均为对称尺寸，前后对称面是宽度方向的尺寸基准。

长度方向以泵体的左端面为主要基准，泵体的左端面是与泵盖的结合面。长度方向的主要尺寸 $30^{+0.021}_{0}$ 是与齿轮端面相配合的尺寸。

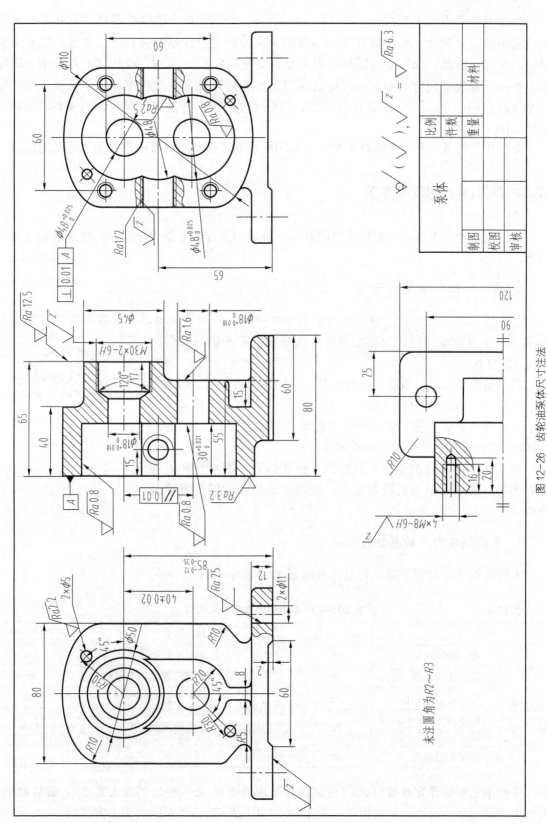

图 12-26 齿轮油泵泵体尺寸注法

高度方向有两个主要尺寸：$85^{-0.12}_{-0.35}$、40 ± 0.02。$85^{-0.12}_{-0.35}$ 是主动轴线距底面的高度，属于齿轮油泵的规格尺寸，它是以底面为基准的，底面既是设计基准又是工艺基准，也是安装时的基准面，因此，高度方向以底面为主要基准注出 $85^{-0.12}_{-0.35}$。尺寸 40 ± 0.02 是两啮合齿轮的中心距，是设计尺寸，标注该尺寸必须以上轴孔的轴线为基准往下标注，所以上轴孔轴线是高度方向尺寸 40 ± 0.02 的辅助基准。然后从基准出发标注其他尺寸，如 $\phi48$、$\phi15$、$\phi45$、$R30$ 等。

需要注意的是，泵体上的有关尺寸应与相配合的零件和相结合的零件的尺寸相对应。

12.6　零件图上的技术要求

零件图上的技术要求主要包括表面结构、极限与配合、形位公差、热处理及表面处理等内容。

12.6.1　表面结构表示法

零件加工时，由于零件和刀具间的运动和摩擦、机床的震动以及零件的塑性变形等各种原因，常导致零件的表面存在着许多微观高低不平的峰和谷，如图 12-27 所示。

表面结构要求包括粗糙度、波纹度、原始轮廓等参数。国家标准 GB/T 131—2006、GB/T 3505—2000 等规定了零件表面结构的表示法，涉及表面结构的轮廓参数是 R 轮廓（粗糙度参数）、W 轮廓（波纹度参数）和 P 轮廓（原始轮廓参数）。

图 12-27　零件表面的峰谷

表面结构对零件的配合、耐磨性、抗腐蚀性、密封性和外观都有影响。应根据机器的性能要求，恰当地选择表面结构参数及数值。

1. 表面结构的 R 轮廓参数简介

表面结构的 R 轮廓参数名称及代号如表 12-4 所示。

表 12-4　　　　　　　　　　　表面结构的 R 轮廓参数名称及代号

参　　数		代　　号	参　　数		代　　号
峰谷值	最大轮廓峰高	Rp	平均值	评定轮廓的算术平均偏差	Ra
	最大轮廓谷深	Rv		评定轮廓的均方根偏差	Rq
	轮廓的最大高度	Rz		评定轮廓的偏斜度	Rsk
	轮廓单元的平均线高度	Rc		评定轮廓的陡度	Rku
	轮廓的总高度	Rt			

生产中常用的评定参数为 Ra（轮廓算数平均偏差），Rz（轮廓的最大高度），数值愈小，表面愈平整光滑；反之，则愈粗糙。表 12-5 列出了 Ra 数值及对应的加工方法。

表 12-5   *Ra* 数值及应用

Ra	加 工 方 法	应 用 举 例
50	粗车、粗铣、粗刨及钻孔等	不重要的接触面或不接触面，如凸台顶面、穿入螺纹紧固件的光孔表面
25		
12.5		
6.3	精车、精铣、精刨及铰钻等	较重要的接触面、转动和滑动速度不高的配合面和接触面，如轴套、齿轮端面、键及键槽工作面
3.2		
1.6		
0.8	精铰、磨削及抛光等	要求较高的接触面、转动和滑动速度较高的配合面和接触面，如齿轮工作面、导轨表面、主轴轴颈表面及销孔表面
0.4		
0.2		
0.1	研磨、超级精密加工等	要求密封性能较好的表面、转动和滑动速度极高的表面，如精密量具表面、气缸内表面、活塞环表面及精密机床的主轴轴颈表面等
0.05		
0.025		
0.012		
0.008		

2. 表面结构的图形符号与代号

在产品的技术文件中对表面结构的要求可用几种不同的图形符号表示，每种符号都有特定的意义。

（1）表面结构的图形符号。基本图形符号由两条不等长的与标注面成 60°夹角的线段构成，仅用于简化代号的标注，其画法如图 12-28（a）所示。图 12-28（b）所示符号水平线的长度取决于其上下所标注内容的长度。图形符号和附加标注的尺寸如表 12-6 所示。图形符号的名称及含义如表 12-7 所示。

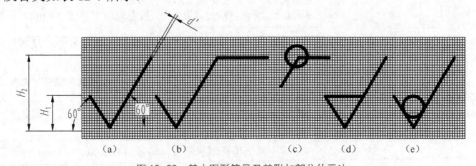

图 12-28 基本图形符号及其附加部分的画法

表 12-6   表面结构图形符号的尺寸

数字与字母的高度 h	2.5	3.5	5	7	10	14	20
符号宽度 d'	0.25	0.35	0.5	0.7	1	1.4	2
字母线宽							
高度 H_1	3.5	5	7	10	14	20	28
高度 H_2（最小值）	7.5	10.5	15	21	30	42	60

表 12-7 表面结构的图形符号的名称及含义

符 号	名 称	含 义
√	基本图形符号	未指定加工方法的表面，当通过注释时可以单独使用
▽	扩展图形符号	用去除材料的方法获得的表面，仅当其含义为"被加工表面"时可单独使用
◇		用不去除材料的方法获得的表面，也可用于保持上道工序形成的表面，不管这种状况是通过去除材料或不去除材料形成的
√ ▽ ◇	完整图形符号	对基本符号和扩展符号的扩充，用于对表面结构有补充要求的标注
○√ ○▽ ○◇		表示在图样某个视图上构成封闭轮廓的各表面有相同的表面结构要求
$\overset{c}{\underset{e\ d\ b}{\swarrow_{a}}}$	补充要求的注写	位置 *a*：注写表面结构的单一要求 位置 *a* 和 *b*：注写两个或多个要求 位置 *c*：注写加工方法 位置 *d*：注写表面纹理和方向 位置 *e*：注写加工余量

（2）表面结构代号。表面结构代号包括图形符号、参数代号及相应的数值等其他有关规定。表面结构代号的标注示例及含义如表 12-8 所示。

表 12-8 表面结构代号的标注示例及含义

代 号 示 例	含 义
√ Ra 0.8	表示去除材料，单向上限值，默认传输带，R 轮廓，评定长度为 5 个取样长度（默认 $5 \times \lambda c$），"16%规则"（默认），算术平均偏差 0.8 μm，没有纹理要求
◇ Rz 0.4	表示不允许去除材料，单向上限值，默认传输带，R 轮廓，评定长度为 5 个取样长度（默认 $5 \times \lambda c$），"16%规则"（默认），粗糙度最大高度 0.4 μm
√ 0.008-0.8/Ra 3.2	表示去除材料，单向上限值，传输带 0.008～0.8 mm，R 轮廓，评定长度为 3 个取样长度，"16%规则"，算术平均偏差 3.2 μm
◇ U Ra max3.2 L Ra 0.8	表示不允许去除材料，双向极限值，两极限值均使用默认传输带，R 轮廓，上限值：算术平均偏差 3.2 μm，评定长度为 5 个取样长度（默认 $5 \times \lambda c$），"最大规则"；下限值：算术平均偏差 0.8 μm，评定长度为 5 个取样长度（默认 $5 \times \lambda c$），"16%规则"（默认）
铣 √ 0.008-4/Ra 50 C 0.008-4/Ra 6.3	表示去除材料，双向极限值，两极限值传输带均为 0.008～4 mm，R 轮廓，上限值：算术平均偏差 50 μm；下限值：算术平均偏差 6.3 μm，评定长度为 5 个取样长度（默认 $5 \times \lambda c$），均为"16%规则"，表面纹理呈近似同心圆且圆心与表面中心相关，加工方法为铣
√ W1	表示去除材料，单向上限值，传输带 $A = 0.5$ mm（默认），$B = 2.5$ mm（默认），波纹度图形参数，评定长度 16 mm（默认），"16%规则"（默认），波纹度图形平均深度 1 mm
√ 0.8-25/Wz3 10	表示去除材料，单向上限值，传输带 0.8～25 mm，W 轮廓，评定长度为 3 个取样长度，"16%规则"（默认），波纹度最大高度 10 μm

续表

代 号 示 例	含　义
$\sqrt{}$ 0.008-/Pt max25	表示去除材料，单向上限值，无长滤波器，传输带 $\lambda s = 0.008$ mm，P 轮廓，评定长度等于工件长度（默认），"最大规则"，轮廓总高 25 μm
$\sqrt{}$ -0.3/6/AR0.09	表示任意加工方法，单向上限值，默认传输带 $\lambda s = 0.008$ mm，$A = 0.3$ mm（默认）粗糙度图形参数，评定长度为 6 mm，"16% 规则"，粗糙度图形平均间距 0.09 mm
Fe/Ep·Ni10bCr0.3r $\sqrt{}$ -0.8/Ra1.6 U-2.5/Rz12.5 L-2.5/Rz3.2	表示去除材料，单向上限值和一个双向极限值，单向：传输带 −0.8，R 轮廓，评定长度为 $5 \times 0.8 = 4$ mm，"16% 规则"（默认），算术平均偏差 1.6 μm，双向：上下极限传输带均为 2.5 mm，R 轮廓，上下极限评定长度为 $5 \times 2.5 = 12.5$，"16% 规则"（默认），粗糙度最大高度上限值为 12.5 μm，下限值为 3.2 μm

3. 表面结构的文本表示

文本中用图形符号表示表面结构比较麻烦，因此，国家标准规定允许用文字的方式表示表面结果要求，如表 12-9 所示。

表 12-9　　　　　　　　　　　　　　表面结构的文本表示

序　号	代　号	含　义	标 注 示 例
1	APA	允许用任何工艺获得	APARa0.8
2	MRR	允许用去除材料的方法获得	MRRRa0.8
3	NMR	用不去除材料的方法获得	NMRRa0.8

4. 表面结构要求在图样上的标注

要求一个表面一般只标注一次，并尽可能注在相应的尺寸及其公差的同一视图上。除非另有说明，所标注的表面结构要求是对完工零件表面的要求。标注示例如表 12-10 所示。

表 12-10　　　　　　　　　　　　　　表面结构要求标注示例

序　号	标 注 规 则	标 注 示 例
1	表面结构的注写和读取方向与尺寸的注写和读取方向一致	Ra 0.8　Rz 3.2　Rz 12.5　Rp 1.6
2	表面结构要求可标注在轮廓线上，其符号应从材料外指向并接触材料表面	Rz 12.5　Rz 6.3　Ra 1.6　Ra 1.6　Rz 12.5　Rz 6.3

序　号	标　注　规　则	标　注　示　例
3	可用带箭头或黑点的指引线引出标注	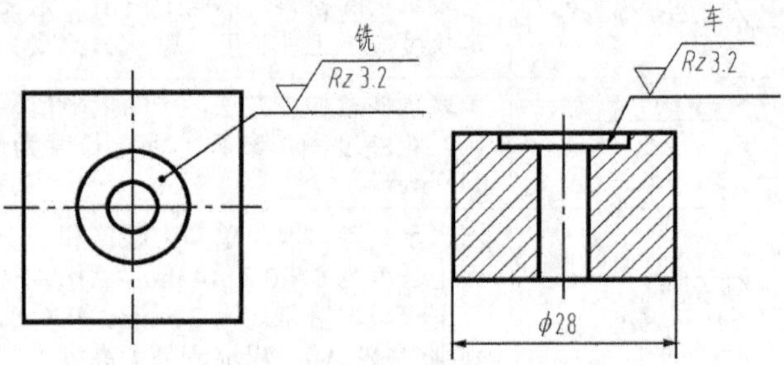
4	在不致引起误解时,表面结构要求可以标注在给定的尺寸线上	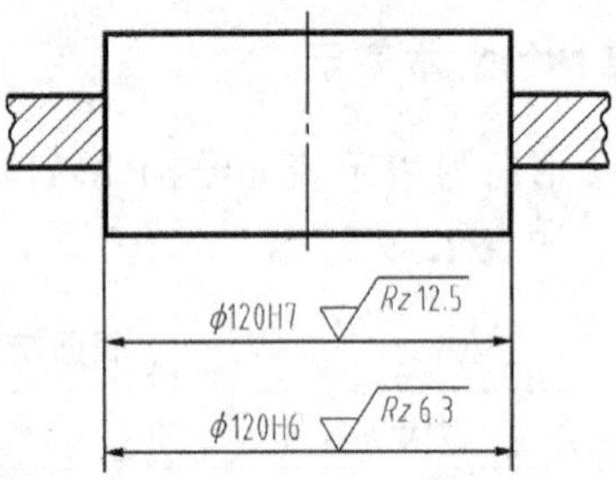
5	表面结构要求可标注在形位公差框格的上方	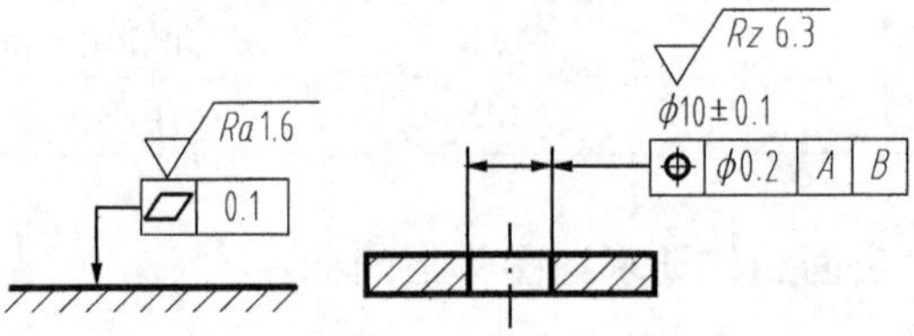
6	表面结构要求可以直接标注在延长线上	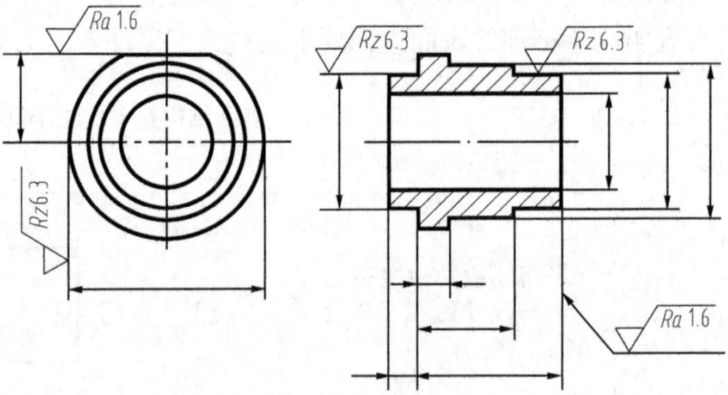
7	圆柱和棱柱的表面结构要求只标注一次,当每个棱柱表面有不同要求时,应分别单独标注	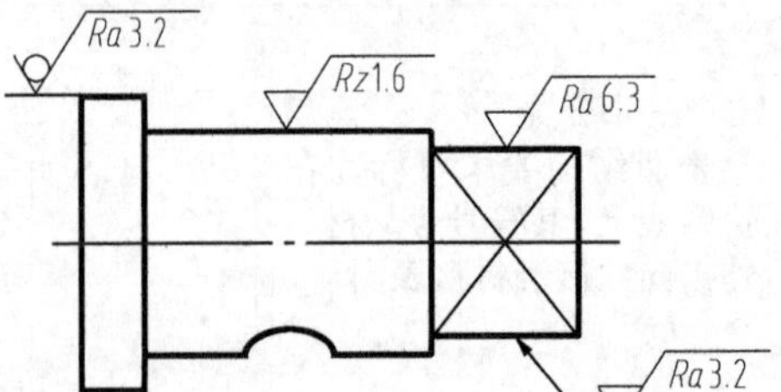

续表

序　号	标 注 规 则	标 注 示 例
8	有相同表面结构要求的简化注法：如果工件的多数（包括全部）表面有相同的表面结构要求，则其要求可统一标注在图样的标题栏附近（除全部表面有相同要求的情况外）。此时，表面结构要求的符号后面应有以下内容 ① 在圆括号内给出无任何其他标注的基本符号	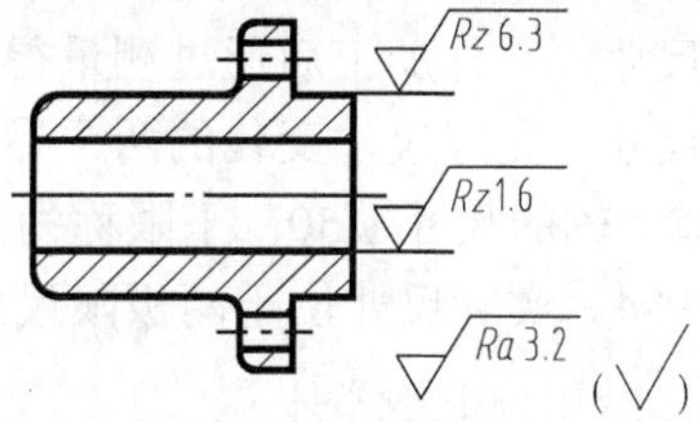
	② 在圆括号内给出不同的表面结构要求	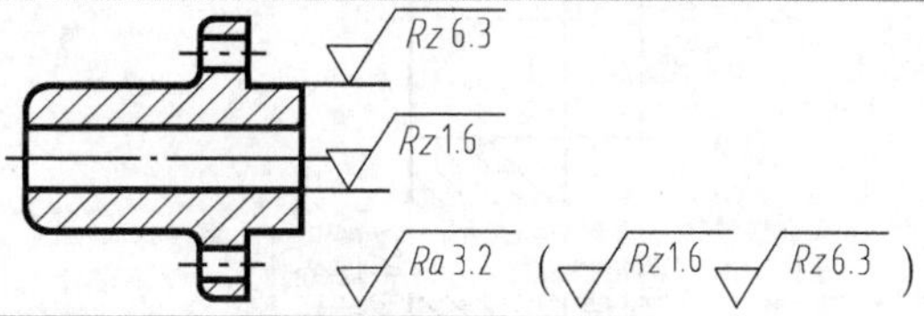
9	多个表面有共同要求的注法 ① 用带字母的完整符号的简化注法 ② 只用表面结构符号的简化注法	
10	由几种不同的工艺方法获得的同一表面当需要指出每种工艺的表面结构时，可将不同工艺的表面结构分别进行标注，图中给出了镀涂前后的表面结构要求	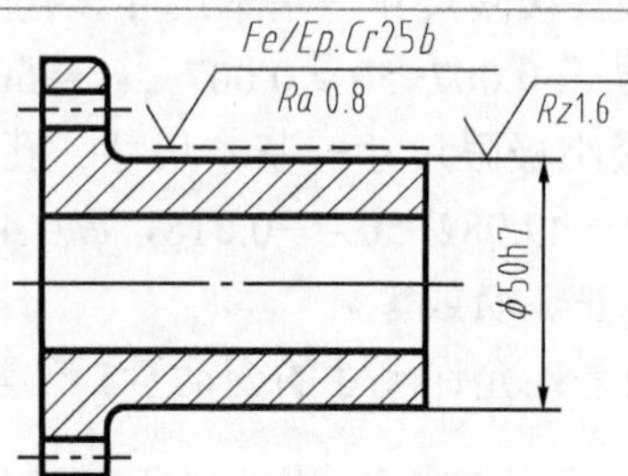

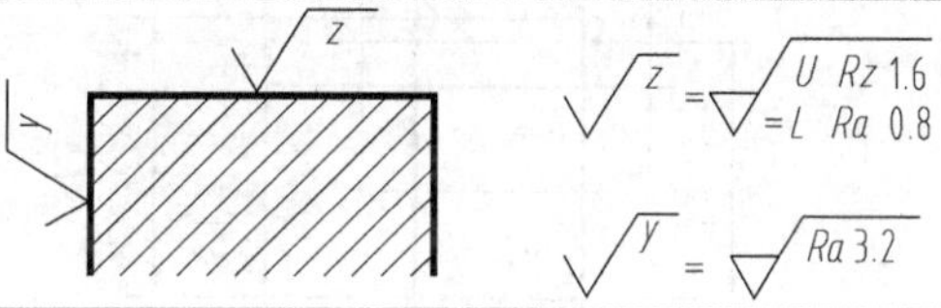

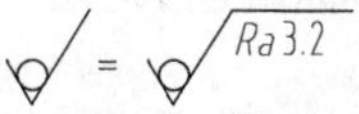

12.6.2　极限与配合

极限与配合是零件图和装配图中的一项重要的技术要求，也是产品检验的技术指标。它们的应用几乎涉及国民经济的各个部门，对机械工业更具有重要作用。

1. 零件的互换性

从一批相同的零件中任取一件，不经修配就能立即装到机器上并能保证使用要求，这种性质称为互换性。显然，机械零件具有互换性，既能满足各生产部门广泛协作的要求，又能进行高效率的专业化生产。

2. 极限与配合的基本概念

（1）基本尺寸：由设计计算（强度、刚度、结构）确定的尺寸，如图 12-29 中的尺寸 $\phi50$。

（2）实际尺寸：零件加工后通过测量得到的尺寸。

（3）极限尺寸：允许尺寸变化的两个界限值，上限称为最大极限尺寸，如图 12-29 中孔的尺寸 $\phi50.007$、轴的尺寸 $\phi50$；下限称为最小极限尺寸，如图 12-29 中孔的尺寸 $\phi49.982$、轴的尺寸 $\phi49.984$。实际尺寸位于两极限尺寸之间（包含极限尺寸）就为合格。

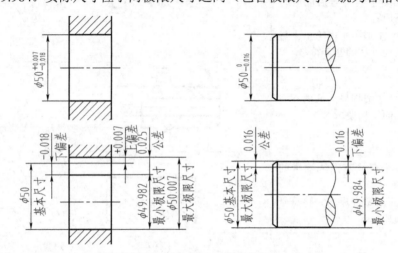

图 12-29　公差与配合的基本概念

（4）尺寸偏差（简称偏差）：某一尺寸减其基本尺寸所得的代数差。两极限偏差为上偏差和下偏差。

上偏差＝最大极限尺寸－基本尺寸。孔的上偏差代号为 ES，轴的上偏差代号为 es。在图 12-27 中，$ES = 50.007-50 = 0.007$，$es = 50-50 = 0$。

下偏差＝最小极限尺寸－基本尺寸。孔的下偏差代号为 EI，轴的下偏差代号为 ei。在图 12-27 中，$EI = 49.982-50 = -0.018$，$ei = 49.984-50 = -0.016$。

偏差可以为正、负或零。

（5）尺寸公差：允许尺寸的变动量。公差＝最大极限尺寸－最小极限尺寸＝上偏差－下偏差。

（6）零线：在极限与配合图解（简称公差带图）中，偏差为零的一条基准直线，零线表示基本尺寸。零线之上偏差为正，零线之下偏差为负，如图 12-30 所示。

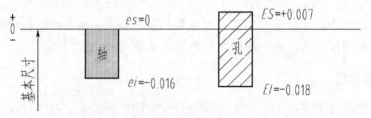

图 12-30　公差带图

（7）公差带：将尺寸公差与基本尺寸的关系按放大比例画成简图，称为公差带图。在公差带图中，由代表上、下偏差的两条直线所限定的区域，称为公差带。它反映了公差"大小"和相对于零线的"位置"。

3．标准公差和基本偏差

公差带中的"大小"和"位置"在国家标准《公差与配合》中予以了标准化，这就是标准公差和基本偏差。

（1）标准公差。标准公差是国家标准所列的用以确定公差带大小的任一公差。其数值由基本尺寸和公差等级确定。国家标准（GB/T1800）将标准公差分为 20 个等级，即 IT01，IT0，IT1，…，IT18。其中，IT 表示标准公差，数字表示公差等级，从 IT01 至 IT18，精度等级依次降低。IT01～IT12 用于配合尺寸，其余级别用于非配合尺寸。各等级标准公差的数值可查阅附录 A 中表 A1。

（2）基本偏差。基本偏差是用以确定公差带相对于零线位置的上偏差或下偏差，一般为靠近零线的那个基本偏差。国家标准分别对孔和轴规定了 28 种基本偏差，如图 12-31 所示。

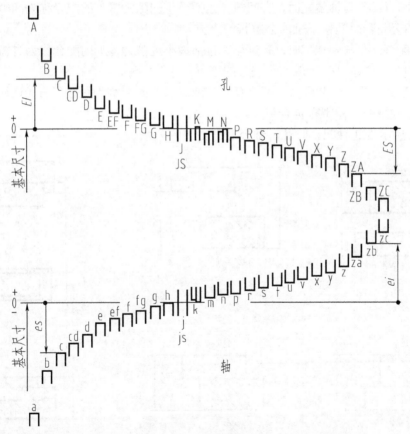

图 12-31　基本偏差系列图

从图中可以看出：

孔的基本偏差 A～H 为下偏差，J～ZC 为上偏差，JS 的上、下偏差分别为 $\pm\dfrac{IT}{2}$；

轴的基本偏差 a～h 为上偏差，j～zc 为下偏差，js 的上、下偏差分别为 $\pm\dfrac{IT}{2}$。

基本偏差只代表公差带相对于零线的位置，不表示公差带的大小，因此，图中仅画出了属于基本偏差的一端，另一端是开口的，欲使其封闭，取决于它与某一标准公差的组合。因此，孔、轴公差带代号形式为

$$\boxed{\text{基本尺寸}}\ \boxed{\text{基本偏差代号}}\ \boxed{\text{标准公差等级}}$$

例如：基本尺寸为 $\phi30$ 的孔，基本偏差为 H，公差等级为 7，孔的公差带代号可写成 ϕ 30H7。基本尺寸为 $\phi30$ 的轴，基本偏差为 k，公差等级为 6，轴的公差带代号可写成 $\phi30$k6。

4．配合

基本尺寸相同、相互结合的孔和轴之间的关系，称为配合。

（1）间隙和过盈。在机器装配时，相配合的孔与轴之间可能会有"间隙"或"过盈"。间隙或过盈量为孔的尺寸减去轴的尺寸所得的代数差，此值为正时是间隙，为负时是过盈。

（2）配合种类。配合依其性质不同分为 3 类：间隙配合、过盈配合和过渡配合。

① 间隙配合：孔与轴装配时，有间隙（包括最小间隙为零）的配合称为间隙配合。间隙配合时，孔的公差带总是位于轴的公差带的上方。

② 过盈配合：孔与轴装配时，有过盈（包括最小过盈为零）的配合称为过盈配合。过盈配合时，孔的公差带总是位于轴的公差带的下方。

③ 过渡配合：孔与轴装配时，可能有间隙或过盈的配合称为过渡配合。过渡配合时，孔的公差带总是与轴的公差带有重合部分。

图 12-32 所示为 3 种配合时孔、轴公差带之间的关系。

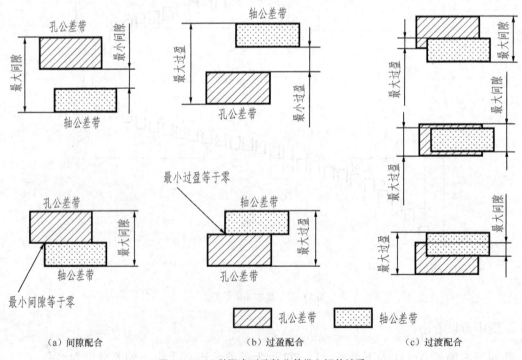

（a）间隙配合　　　　　（b）过盈配合　　　　　（c）过渡配合

图 12-32　3 种配合时孔轴公差带之间的关系

5. 基准制

配合是相结合的孔、轴之间的关系。若两者位置都不固定，则变化很多，因此，国家标准规定了两种基准制：基孔制和基轴制。

（1）基孔制。基孔制是基本偏差为一定的孔的公差带与不同基本偏差轴的公差带形成各种配合的一种制度。基孔制的孔为基准孔，基本偏差代号为 H。图 12-33 所示为采用基孔制所得到的各种配合。

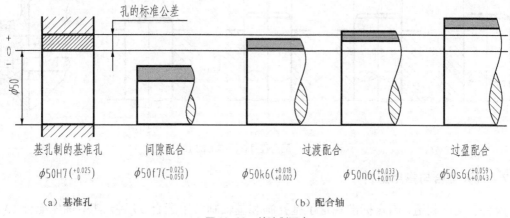

图 12-33　基孔制配合

（2）基轴制。基轴制是基本偏差为一定的轴的公差带与不同基本偏差孔的公差带形成各种配合的一种制度。基轴制的轴为基准轴，基本偏差代号为 h。图 12-34 所示为采用基轴制所得到的各种配合。

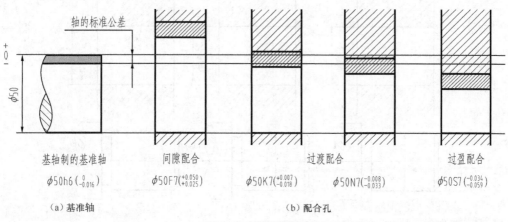

图 12-34　基轴制配合

一般情况下，优先选用基孔制配合，因为在同一公差等级下，加工孔比加工轴要困难些。只有在会带来明显的经济效益时，才采用基轴制。不过，当同一轴径的不同位置上有不同的配合要求时，也选用基轴制。

6．配合代号及其在图样上的标注

在装配图上常需要标注配合代号。配合代号由形成配合的孔、轴公差带代号组成，在基本尺寸右边写成分数的形式，分子为孔的公差带代号，分母为轴的公差带代号，其注写形式如图 12-35（a）、（b）、（c）所示。有时也采用极限偏差的形式标注，如图 12-35（d）所示。与轴承相配合的轴承的内、外圈公差带代号不写，标注如图 12-35（e）所示。

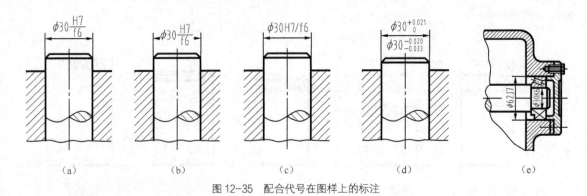

图 12-35　配合代号在图样上的标注

7．优先配合与常用配合

为利于生产制造，国家标准规定了基孔制和基轴制常用配合 59 种，其中优先配合 13 种，见附录 A。

8．尺寸公差在零件图中的标注

尺寸公差在零件图中的标注有 3 种形式，如图 12-36 所示。

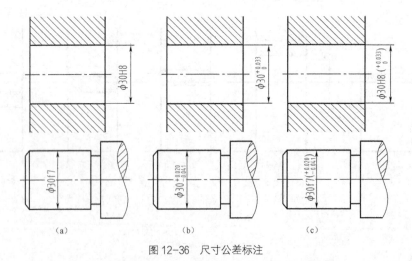

图 12-36　尺寸公差标注

（1）注出尺寸和公差带代号，例如 $\phi30H8$、$\phi30f7$，适用于大批量生产，如图 12-36（a）所示。

（2）注出基本尺寸及上、下偏差，如 $\phi30^{+0.033}_{0}$、$\phi30^{+0.020}_{-0.041}$，适用于单件小批量生产，如

图 12-36（b）所示。

（3）注出基本尺寸，同时注出公差带代号及上下偏差，偏差数值注在尺寸公差带代号之后，并加圆括号，如 $\phi 30H8\binom{+0.033}{0}$、$\phi 30f7\binom{+0.020}{-0.041}$，适用于批量不定的情况，如图 12-36（c）所示。

【**例 12-5**】 查表确定配合代号 $\phi 30\dfrac{H8}{k7}$ 的极限偏差值。

H8 为孔的公差带代号，k7 为轴的公差带代号。查优先配合中孔的极限偏差表（见附录 A 表 A5），在基本尺寸>24～30 行中，与公差带 H8 列得到下偏差为 $^{+33}_{0}$ μm，即得孔的极限偏差为 $\phi 30^{+0.033}_{+0}$。查优先配合中轴的极限偏差表（见附录 A 表 A4），在基本尺寸>24～30 行中，与公差带 k7 列得 $^{+23}_{+2}$ μm，即得轴的极限偏差为 $\phi 30^{+0.023}_{+0.002}$。

12.6.3 几何公差

1．几何公差的概念

在机器中对某些精度要求较高的零件不仅需保证其尺寸公差，还要保证其几何公差。

几何公差包括形状公差、方向公差、位置公差和跳动公差。国家标准 GB/T 1182—2008 规定了几何公差的标注。

几何公差特征符号如表 12-11 所示。

表 12-11 几何公差特征符号

公 差 分 类	几 何 特 征	符 号	有 无 基 准
形状公差	直线度	—	无
	平面度	▱	无
	圆度	○	无
	圆柱度	⌭	无
形状公差	线轮廓度	⌒	无
	面轮廓度	⌓	无
方向公差	平行度	//	有
	垂直度	⊥	有
	倾斜度	∠	有
	线轮廓度	⌒	有
	面轮廓度	⌓	有

续表

公 差 分 类	几 何 特 征	符 号	有 无 基 准
位置公差	位置度	⊕	有或无
	同心度（用于中心点）	◎	有
	同轴度（用于轴线）	◎	有
	对称度	≡	有
	线轮廓度	⌒	有
	面轮廓度	⌓	有
跳动公差	圆跳动	↗	有
	全跳动	↗↗	有

2．几何公差标注

（1）几何公差框格。几何公差要求注写在划分成两格或多格的矩形框内，各格自左至右依次标注以下内容。

① 几何特征符号。

② 公差值。如果公差带为圆形或圆柱形，那么公差值前应加注符号"ϕ"；如果公差带为圆球形，那么公差值前应加注"$S\phi$"。

③基准。用一个字母或用几个字母表示基准体系或公共基准。

图 12-37 所示为几何公差框格的几种情况。

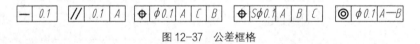

图 12-37　公差框格

（2）框格画法。形位公差框格用细实线绘制，可画两格或多格，要水平（或垂直）放置，框格的高度是图样中尺寸数字高度的两倍，框格的长度根据需要而定。框格中的数字、字母、符号与图样中的数字同高，如图 12-38 所示。

图 12-38　几何公差框格画法

（3）被测要素。当被测要素为线或表面时，指引线箭头应指在该要素的轮廓线或其延长线上，并应明显地与该要素的尺寸线错开，如图 12-39 所示。

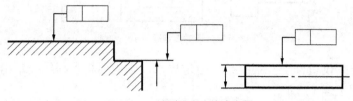

图 12-39 被测要素为线或表面

当被测要素为轴线、球心或中心平面时，指引线箭头应与该要素的尺寸线对齐，如图 12-40 所示。

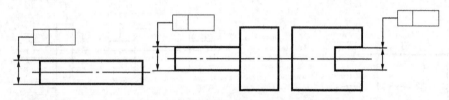

图 12-40 被测要素为轴线或中心平面时

当被测要素相同且有不同公差项目时，可以把框格叠加在一起，如图 12-41 所示。

（4）基准要素的标注。基准要素用基准符号表示，GB/T 1182—2008 规定的基准符号的画法如图 12-42 所示。

图 12-41 同一表面有不同的几何公差要求　　　　图 12-42 基准符号

当基准要素是轮廓线或轮廓面时，基准三角形放置在要素的轮廓线或其延长线上，与尺寸线明显错开，如图 12-43（a）所示。基准三角形也可放置在该轮廓面引出线的水平线上，如图 12-43（b）所示。

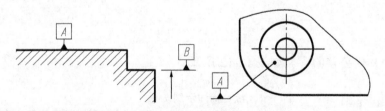

图 12-43 基准为轮廓线或轮廓面

当基准要素是确定的轴线、中心平面或中心点时，基准三角形应放置在该尺寸线的延长线上，如图 12-44 所示，如果没有足够的位置标注基准要素的两个尺寸箭头，则其中一个箭头可用基准三角形代替。

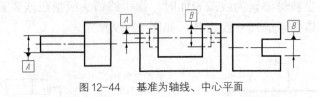

图 12-44 基准为轴线、中心平面

如果给定的公差仅适合于要素的某一指定局部，则应用粗点画线表示出该局部的范围，并加注尺寸，如图 12-45 所示。

由两个要素组成的公共基准在框格中用由横线隔开的大写字母表示。由 2 个或 3 个要素组成的基准体系（如多基准组合）表示基准的大写字母应按基准的优先次序从左至右分别置于各格中，如图 12-46 所示。

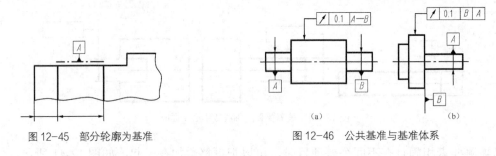

图 12-45 部分轮廓为基准   图 12-46 公共基准与基准体系

【例 12-6】 识读图 12-47 中所示各几何公差的含义。

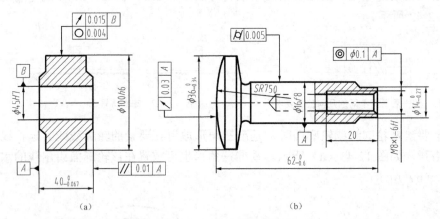

图 12-47 几何公差读图示例

图 12-47 中几何公差的含义如表 12-12 所示。

表 12-12   综合标注示例说明

图 号	标注代号	含 义 说 明
12-47（a）	⌁ 0.015 B	表示 φ100h6 外圆柱面对 φ45H7 孔的轴心线的圆跳动公差为 0.015
	○ 0.004	表示 φ100h6 外圆柱面的圆度公差为 0.004
	∥ 0.01 A	表示机件两端面之间平行度任选基准，其公差为 0.01

续表

图　号	标注代号	含义说明
12-47（b）	/⊥/0.005/	表示 $\phi16f8$ 圆柱面的圆柱度公差为 0.005
	◎ $\phi0.1$ A	表示 M8×1 螺孔的轴心线对 $\phi16f8$ 轴线的同轴度公差为 $\phi0.1$
	/↗/0.03/A/	表示 SR750 的球面对 $\phi16f8$ 轴线的圆跳动公差为 0.03

12.7　零件工艺结构

零件的结构形状主要是由它在部件中的作用决定的，不过制造工艺对零件结构也有某些要求。下面介绍几种常见的工艺结构。

12.7.1　铸造工艺结构

1．拔模斜度

为起模方便，铸件的内、外壁沿起模方向应带有斜度，一般为 1:5～1:20。斜度较小时，在图样上可以不必画出。若斜度较大，则仍应画出，如图 12-48 所示。

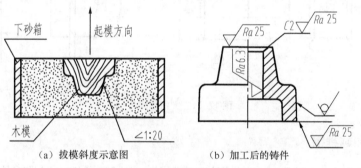

（a）拔模斜度示意图　　　　（b）加工后的铸件

图 12-48　拔模斜度

2．铸造圆角

在铸件的各转角处应当做成圆角，如图 12-49 所示，它可以防止砂型在转角处落砂，还可避免铸件在冷却时产生裂纹和缩孔。铸造圆角半径在视图上一般不注出，而是写在技术要求中。图 12-49 所示铸件毛坯的底面（作为安装底面）需要经过切削加工，铸造圆角被削平。

3．铸件壁厚

为避免浇注零件时各部分因冷却速度不同而产生缩孔或裂纹，铸件的壁厚应保持均匀或逐渐变化，如图 12-50 所示。

4．铸件各部分形状应尽量简化

为了便于制造模型、清理和去除浇冒口、机械加工，铸件的外形应尽可能平直，内壁也应减少凸起或分支部分。

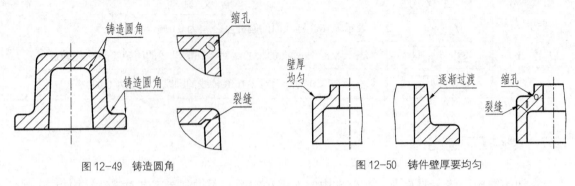

图 12-49 铸造圆角   图 12-50 铸件壁厚要均匀

12.7.2 机械加工工艺结构

1. 倒角和圆角

为了便于装配和去毛刺、锐边，在轴和孔的端部一般都加工成倒角。为了避免因应力集中而产生裂纹，在轴肩处加工成圆角。倒角和圆角的画法及尺寸标注如图 12-51 所示。

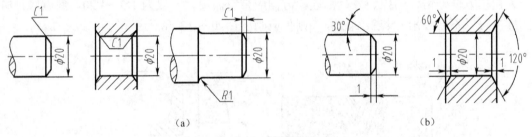

（a）   （b）

图 12-51 倒角和圆角

2. 退刀槽和越程槽

在切削加工过程中，特别是在车螺纹和磨削时，为了便于退出刀具或使砂轮可以稍稍越过加工面，通常在零件待加工面的末端先车出螺纹退刀槽或砂轮越程槽，如图 12-52 所示。

螺纹退刀槽和砂轮越程槽的结构尺寸系列：退刀槽查阅 GB/T 3—1997，砂轮越程槽查阅 GB 6403.5—2008。

3. 凸台和凹坑

零件的接触面一般都要进行切削加工，为减少加工面、节约工时和减少刀具磨损，通常在被加工面上做出凸台和凹坑或凹槽，如图 12-53 所示，这样也可减少接触面积和增加装配时的稳定性。

4. 钻孔结构

用钻头钻出的不通孔在底部有一个 120° 的锥顶角，钻孔深度指的是圆柱部分的深度，不包括锥坑。在阶梯形钻孔的过渡处也存在 120° 的钻头角，其画法如图 12-54（a）所示。

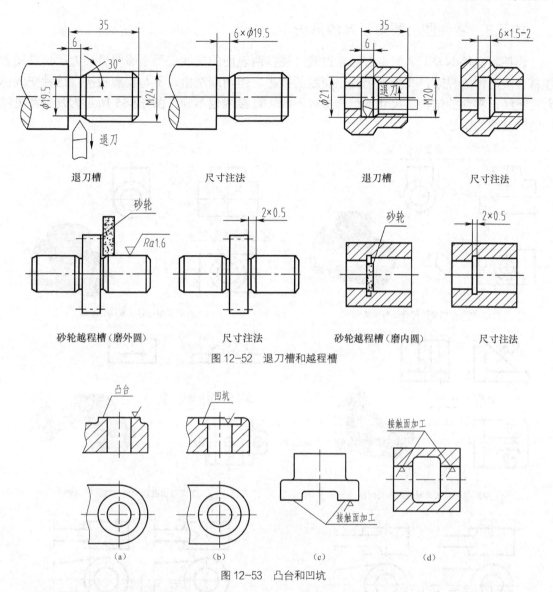

图 12-52　退刀槽和越程槽

图 12-53　凸台和凹坑

用钻头钻孔时，要求钻头尽量垂直于被钻孔的端面，以保证钻孔准确和避免钻头折断，如图 12-54（b）所示。

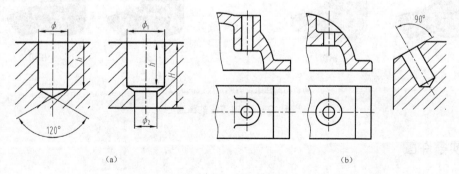

图 12-54　钻孔结构

12.7.3　零件图上圆角过渡的画法

铸件和锻件两表面之间常有圆角过渡，使得两表面的交线变得不够明显。为了使看图者容易分清形体的界限，在图上仍画出交线的投影，但两端空出，不与轮廓相接，这种交线称为过渡线。零件的结构、尺寸或组合形式不同，过渡线也不同。图 12-55 所示为几种常见结构的过渡线的画法。

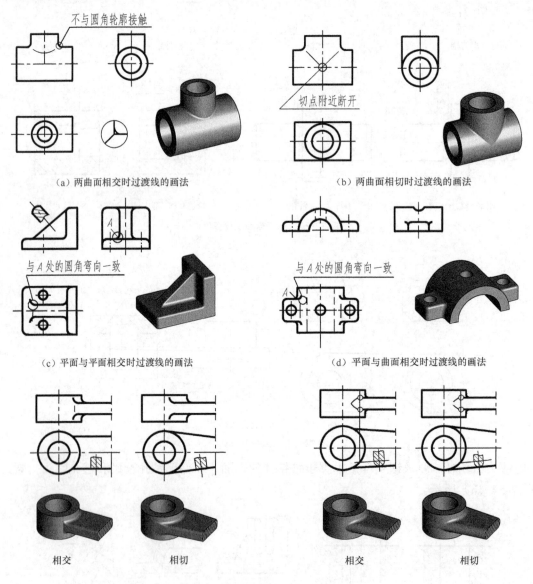

（a）两曲面相交时过渡线的画法　　　　　　（b）两曲面相切时过渡线的画法

（c）平面与平面相交时过渡线的画法　　　　（d）平面与曲面相交时过渡线的画法

相交　　　　相切　　　　　　　相交　　　　相切

（e）肋板与圆柱组合时的过渡线的画法

图 12-55　过渡线的画法

12.8　读零件图

在生产中读零件图就是要在了解零件在机器中的作用和装配关系的基础上弄清零件的材

料、结构形状、尺寸及技术要求，以便在制造时采用恰当的加工方法，或者在此基础上进一步研究零件结构的合理性，以得到不断的改进和创新。

12.8.1 读零件图的方法和步骤

1．读标题栏

从标题栏中可以知道零件的名称、材料、作图比例等。从名称可判断出该零件属于哪一类零件，从材料可大致了解其加工方法，如铸造、型材加工等，然后由装配图或其他资料了解该零件在机器或部件上的作用及与其他零件的关系。

2．分析表达方法

首先找出主视图，然后阅读其他基本视图和辅助视图，分析各视图之间的投影关系，从而了解绘图者画每个视图及采用某一表示方法的目的。

3．分析形体和结构

应用投影规律、结合形体分析法和线面分析法，以及对零件常见结构的了解，逐个弄清各部分的结构，然后想象出整个零件的形状。

4．分析尺寸和技术要求

首先找出长、宽、高 3 个方向的主要基准，分清设计基准和工艺基准，然后找出主要尺寸和主要的加工面，这有助于识别零件的形状。分析时也可联系与之有关的装配图、零件图，以便于更深入地了解尺寸之间的关系。

分析技术要求就是要了解零件的尺寸公差、表面结构及几何公差要求等。先了解配合面或主要加工面的加工精度，明确代号含义，再了解其他表面相应的要求，了解材料的热处理、表面处理及修饰、检验等要求。

5．综合归纳

把零件的形状结构、尺寸标注及技术要求等内容综合起来，全面考虑各部分表达是否合理、清楚，各部分结构设计是否符合要求，视图表达是否充分，尺寸基准的选择是否合理，主要尺寸是否明确指出，尺寸是否有遗漏或重复，公差、配合、表面结构要求和几何公差等是否恰当。经过综合分析才能对零件图达到较深入的理解。

12.8.2 看图举例

【例 12-7】 读图 12-56 所示的蜗轮减速箱箱体零件图。

1．读标题栏

从标题栏中可知，零件的名称为箱体，材料为灰铸铁，比例为 1:4。箱体是蜗轮蜗杆减速箱的主要零件，用来安装和支承蜗轮、蜗杆等零件。

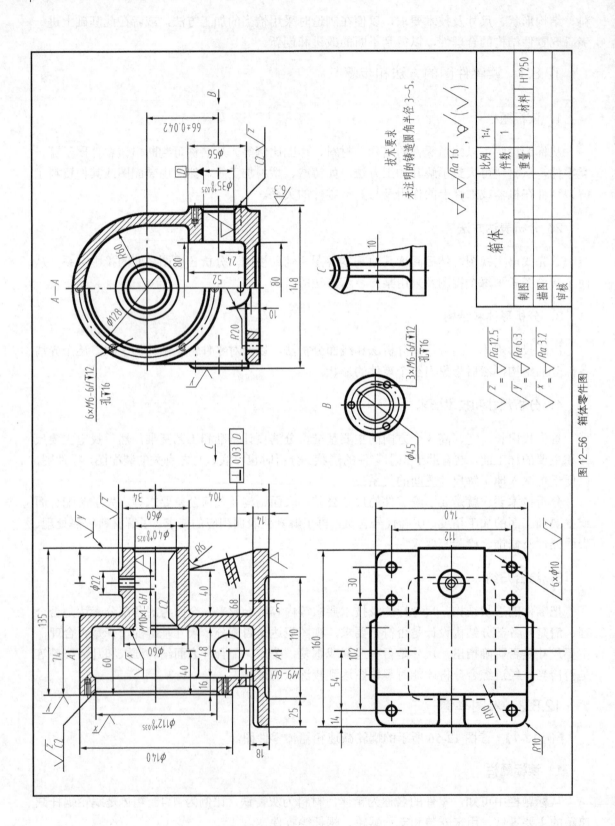

图 12-56　箱体零件图

2．分析表达方法

箱体用了 3 个基本视图（主、俯、左视图）和两个局部视图来表达。主视图采用了通过前后对称平面的全剖视图来表达内部结构，左视图采用了通过蜗杆轴孔的半剖视图，俯视图表达外形。

3．分析形体和结构形状

对这 3 个视图进行形体分析可知，该箱体由壳体、圆筒、底板和肋板 4 部分组成。从主视图和左视图可看出，壳体上部为半圆形，下部为长方形的拱门形体，其内腔与外形类似，蜗轮被包容在上部内腔中，蜗杆被包容在下部内腔中。从主视图和左视图可看出，壳体左端为有 6 个螺孔的圆柱凸缘，下部蜗杆轴孔内壁处是方形凸台。由 B 向局部视图可知，壳体下部蜗杆轴孔前后两端为有 3 个螺孔的圆柱形凸缘。

由主视图可知，壳体右侧为一圆筒，其上部有一圆柱形凸台，中间螺孔用于安装油杯，圆筒用来支承蜗轮轴。

从俯视图可知底板为一带圆角的长方形板，其上有 6 个螺栓孔，底部有一长方形凹槽（用虚线表示）。主、左视图均反映了底板的厚度及凹槽的深度。该底板用于将减速箱安装在基座上。

由主视图和 C 向局部视图可知，壳体、圆筒、底板之间的加强肋是一块梯形板，用以增强箱体的刚度。

通过以上分析可以想象出该箱体的整体形状，如图 12-57 所示。

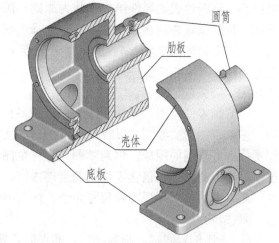

图 12-57　箱体轴测图

4．分析尺寸和技术要求

长、宽、高 3 个方向的尺寸主要基准分别为蜗杆轴孔的中心线、前后对称平面和底板的安装面。各主要尺寸皆从这 3 个主要基准直接注出，如长度方向尺寸 40、54，宽度方向尺寸 112、140、80、148，高度方向尺寸 104 等。长度方向的辅助基准有壳体的左端面、圆筒的右端面等，高度方向的辅助基准有蜗轮轴孔的轴线等。

该零件为铸件，大部分表面为非机械加工表面，表面结构 Ra 值最小的表面有蜗杆轴孔、蜗轮轴孔及底板的安装面均为 1.6。尺寸公差有主视图中的 $\phi40_0^{+0.025}$、$\phi112_0^{+0.035}$、左视图中的 $\phi35_0^{+0.025}$、66 ± 0.042。几何公差有 $\phi40_0^{+0.025}$ 与 $\phi35_0^{+0.025}$，孔轴线的垂直度允许误差为 0.03。

5．综合归纳

把上述内容综合起来，就可了解该箱体零件的完整形象。

12.9 零件测绘

对现有零件进行绘图、测量并确定技术要求的过程，称为零件测绘。零件测绘广泛应用于零件的仿制、修配过程中。

1. 零件测绘的方法和步骤

现以图 12-58 所示的铣刀头端盖为例说明零件测绘的方法和步骤。

（1）了解测绘对象。首先了解被测绘零件的名称、材料，在机器中的位置、作用及与相邻零件的关系，然后分析零件的结构形状。

铣刀头端盖是用螺钉安装在铣刀头座体上，其作用是密封及对轴承轴向定位。端盖上有密封槽用于安装密封毡圈。

（2）选定视图表达方案。首先要根据零件的结构形状特征、工作位置及加工位置等情况选择主视图；然后选择其他视图，要以完整、清晰地表达零件结构形状为原则。图 12-58 所示的端盖按加工位置原则并结合形状特征原则选择主视图，并作全剖视，

图 12-58 端盖轴测剖视图

它表达了端盖轴向厚度、端盖深度、6 个圆柱沉头孔等内外结构形状。选择左视图，表达端盖的外形及其上 6 个圆柱形沉头孔的分布，因结构对称，左视图只画出一半。端盖的视图表达如图 12-59（d）所示。

（3）画零件草图。零件测绘工作一般多在生产现场进行，因此不便用绘图工具和仪器画图，多以草图形式绘制。以目测估计图形与实物的比例，按一定画法要求徒手（或部分使用绘图仪器）绘制的图样，称为草图。零件草图是绘制零件图的依据，必要时还可以直接应用于生产，因此它必须包含零件图的全部内容。

画草图的要求：视图和尺寸完整、图线清晰、字体工整，并注写必要的技术要求。

具体步骤如下。

① 选比例定图幅，画基准线。布图时，留出标注尺寸的位置，如图 12-59（a）所示。

② 徒手以目测比例画出图形。先画主要轮廓，再画细部，如图 12-59（b）所示。

③ 检查、整理、描深，画剖面线，确定尺寸基准，绘出尺寸界线、尺寸线、箭头及表面结构要求，如图 12-59（c）所示。

（4）测量尺寸，填写尺寸数值，注写技术要求，填写标题栏，结果如图 12-59（d）所示。

绘制草图时要注意以下问题。

① 零件上的工艺结构（如倒角、倒圆、退刀槽等）应按规定画法表达出来。

② 制造缺陷不应画出。

③ 标准结构要素（如螺纹、键槽等）的尺寸测量后，要查阅手册，调整到尺寸符合标准值。

（5）画零件工作图。复核整理零件草图，再根据零件草图绘制端盖的零件工作图。

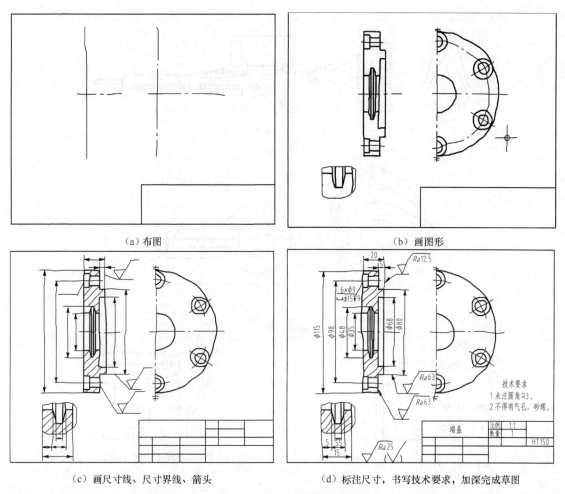

（a）布图 　　　　　　　　　　（b）画图形

（c）画尺寸线、尺寸界线、箭头 　　　（d）标注尺寸，书写技术要求，加深完成草图

图 12-59　画端盖草图的步骤

2. 零件尺寸的测量方法

测量零件是零件测绘过程中的重要步骤，并应集中进行，这样既可以提高工作效率，又可以避免错误和遗漏。常用的测量工具有钢尺，内、外卡钳，螺纹规，圆角规等。较精密的量具有游标卡尺和千分尺。测量时应根据尺寸的精度选用相应的量具。表 12-13 所示为几种常见尺寸的测量方法。

表 12-13　　　　　　　　　　常见尺寸测量方法

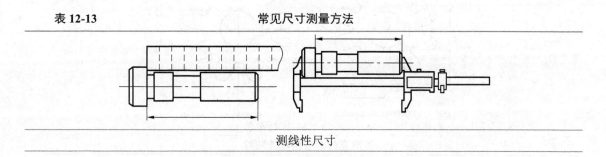

测线性尺寸

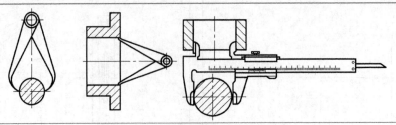

测量直径

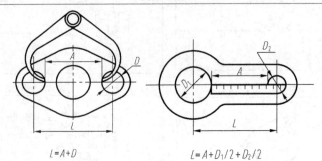

$L = A + D$ $L = A + D_1/2 + D_2/2$

测中心距

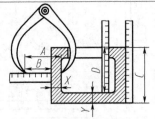

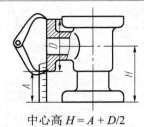

$X = A - B$，$Y = C - D$ 中心高 $H = A + D/2$

测壁厚   测中心高

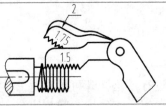

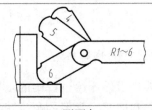

测螺距   测圆角

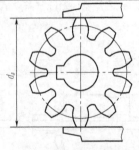

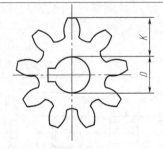

（a）偶数齿：d_a 直接量出   （b）奇数齿：$d_a = 2K + D$

$m = d_a / (z + 2)$ 取标准值

标准直齿圆柱齿轮的测绘

第 13 章 装配图

【学习目标】

- 了解装配图的作用和内容。
- 掌握装配图的表达方法。
- 掌握装配图的尺寸标注。
- 了解装配结构的合理性。
- 熟练掌握绘制装配图的方法和步骤。
- 掌握读装配图的方法和步骤。
- 了解部件测绘的方法和步骤。

机器或部件都是由一定数量的零件根据机器的性能和工作原理按一定的技术要求装配在一起的。这些零件之间具有一定的相对位置、连接方式、配合性质、装拆顺序等关系，这些关系统称为装配关系。按装配关系装配成的机器或部件统称为装配体。滑动轴承是一种常用的装配体，图 13-1 所示为滑动轴承的分解轴测图，图 13-2 所示是该部件的装配图，图 13-3 为铣刀头装配图。这种用来表示产品及其组成部分的连接、装配关系的图样，称为装配图。

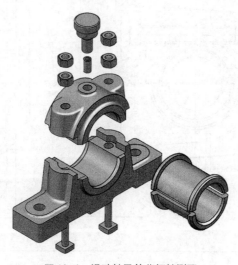

图 13-1　滑动轴承的分解轴测图

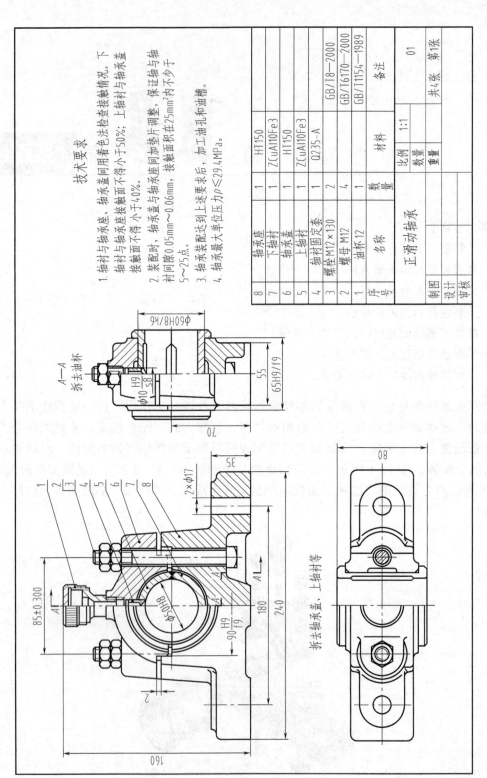

技术要求

1. 轴衬与轴承座、轴承盖间用着色法检查接触情况。下轴衬与轴承座接触面不得小于50%；上轴衬与轴承盖接触面不得小于40%。

2. 装配时，轴承与轴承座间加垫片调整，保证轴衬与轴衬间隙0.05mm～0.06mm，接触面积在25mm²内不少于5～25点。

3. 轴承装配达到上述要求后，加工油孔和油槽。

4. 轴承最大单位压力p≤29.4MPa。

8	轴承座	1	HT150	
7	下轴衬	1	ZCuAl10Fe3	
6	轴承盖	1	HT150	
5	上轴衬	1	ZCuAl10Fe3	
4	轴衬固定套	1	Q235-A	
3	螺栓M12×130	2		GB/T8—2000
2	螺母 M12	4		GB/T6170—2000
1	油杯 M12	1		GB/T1154—1989
序号	名称	数量	材料	备注

正滑动轴承		比例	1:1	01
		数量		共4张 第1张
制图				
设计		重量		
审核				

A—A 拆去油杯

$\phi 60H8/f7$

H9/s8 $\phi 10$

65H9/f9

55

70

1 2 3 4 5 6 7 8

$2×\phi 17$

35

$\phi 50H8$

H9/f9

90 180 240

85±0.300

160

拆去轴承盖、上轴衬等

80

图13-2 滑动轴承装配图

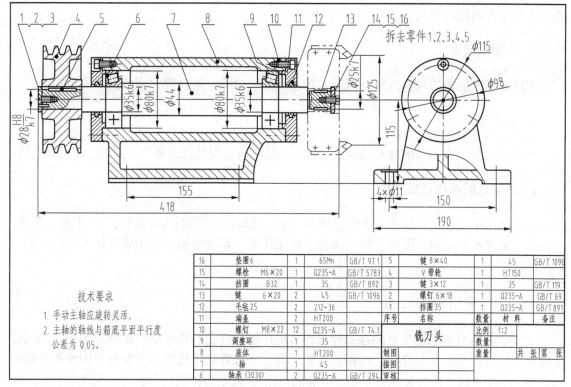

图 13-3 铣刀头装配图

16	垫圈6		1	65Mn	GB/T 97.1	5	键 8×40		1	45	GB/T 1096
15	螺栓	M6×20	1	Q235-A	GB/T 5783	4	V 带轮		1	HT150	
14	挡圈	B32	1	35	GB/T 892	3	键 3×12		1	35	GB/T 119.
13	键	6×20	2	45	GB/T 1096	2	螺钉 6×18		1	Q235-A	GB/T 69
12	毛毡25		2	212-36		1	挡圈35		1	Q235-A	GB/T 891
11	端盖		2	HT200		序号	名称		数量	材料	备注
10	螺钉	M8×22	12	Q235-A	GB/T 74.1			比例	1:2		
9	调整环		1	35			铣刀头	数量			
8	座体		1	HT200		制图			重量	共 张 第 张	
7	轴		1	45		描图					
6	轴承 (3030)		2	Q235-A	GB/T 294	审核					

技术要求

1. 手动主轴应旋转灵活。
2. 主轴的轴线与箱底平面平行度
公差为 0.05。

13.1 装配图的作用与内容

装配图是生产中的重要技术文件,绘制和阅读装配图是工程技术人员必备的能力之一。在绘制或阅读装配图之前,必须首先了解装配图的作用和内容。

13.1.1 装配图的作用

在设计产品时,一般首先根据设计要求画出装配图,以表达机器或部件的工作原理、传动路线和零件间的装配关系,并通过装配图表达各组成零件在机器或部件上的作用、结构以及零件之间的相对位置和连接方式,以便正确地绘制零件图。然后根据装配图设计零件图。零件制成后,要根据装配图进行组装、检验和调试。在使用阶段,零件可根据装配图进行维修。总之,在设计、制造、装配、调试、检验、安装、使用、维修时,都需要装配图。因此,装配图是工业生产中的重要技术文件之一。

13.1.2 装配图的内容

图 13-2 所示为滑动轴承装配图,从图中可以看出,一张完整的装配图应具有以下 4 方面的内容。

1. 一组图形

用一组图形正确、完整、清晰、简便地表达装配体的工作原理、零件间的装配、连接关系及主要零件的结构形状。

2．必要的尺寸

用以表明装配体的规格或性能以及装配、安装、检验、运输等方面所需要的尺寸。

3．技术要求

用文字或代号说明装配体在装配、检验、调试时需达到的技术条件、要求、使用规范等。

4．序号、明细栏和标题栏

在装配图中，必须对每个零件编写序号，并在明细栏中依次列出零件序号、名称、数量、材料等。标题栏中写明装配体名称、图号、绘图比例，以及制图、描图和审核人员的签名、日期等。

13.1.3　常用的装配图

生产中常用的装配图有装配总图和部件装配图两种，它们简称总装图和部装图，均画成工作图，用以指导生产和存档。在画工作图之前，一般要先用规定符号和简单图线画出装配示意图，在此基础上再画装配徒手图（即装配草图），最后根据装配草图画出装配工作图。无论是设计还是测绘，过程都是如此。

13.2　装配图的表达方法

前面介绍的各种零件的各种表达方法均适用于装配体的表达，除此之外，装配体由于表达的重点与零件图不同，因此装配图还有规定画法、特殊画法、简化画法等。

13.2.1　装配图的规定画法

装配图的规定画法如下。

（1）两相邻零件的接触面和配合面规定只画一条线，不接触表面无论间隙大小均应画两条线。如图 13-2 所示，主视图中轴承座 8 与轴承盖 6 的接触面，俯视图中下轴衬 7 与轴承座 8 的配合面等都画一条线。在图 13-3 中，轴的外圆 $\phi35k6$ 与轴承内孔为配合表面，画一条线；挡圈与带轮端面接触画一条线；端盖内孔与轴的外圆不接触，画成两条线。

（2）相邻两零件的剖面线应方向相反或方向相同而间隔不等，但同一零件各视图中的剖面线应一致，如图 13-2 所示，轴承盖与轴承座的剖面线方向相反。当断面厚度小于 2 mm 时，允许以涂黑代替剖面线。

（3）若紧固件和实心杆件（如螺钉、螺栓、键、销、球及轴等）的剖切平面通过它们的基本轴线，则这些零件均按不剖绘制。需要时可采用局部剖视，如图 13-2 中的螺母、螺栓的画法，图 13-3 中的键、螺钉、轴球、螺母等。

13.2.2 装配图的特殊画法

1．拆卸画法

当某一或几个零件在装配图的某一视图遮住了大部分装配关系或其他零件时，可假想将那一个或几个零件拆去，只画出所需要表达部分的视图，这种画法称为拆卸画法。在所画视图上方需标注拆去××零件。图 13-2 所示滑动轴承装配图中的俯视图就是拆去了轴承盖、上轴衬等画出的，左视图是拆去了油杯后画出的。

2．沿结合面剖切画法

假想沿某些零件的结合面剖切，画出剖视图以表达机件的内部结构，此时零件的结合面不画剖面线。图 13-2 所示正滑动轴承装配图中的俯视图的剖视部分是采用沿结合面剖切的画法画出的。结合面不画剖面线，而剖到的螺钉断面应画剖面线。

3．假想画法

假想画法用双点画线画出。假想画法有两个主要应用：一是用来表示运动零件的运动范围和极限位置，如图 13-4 所示；二是用来表示与本装配体有装配或安装关系而又不属于本装配体的相邻零部件，如图 13-3 中所示的铣刀盘。

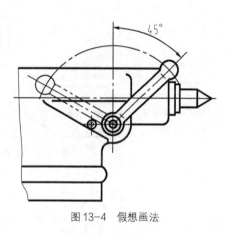

图 13-4　假想画法

4．夸大画法

在装配图中，薄片零件、细丝弹簧、微小间隙以及较小的锥度、斜度等若按它们的实际尺寸很难画出或难以明确表示时，均可不按比例而将其适当夸大画出，如图 13-5 中的垫片画法。

5．简化画法

（1）在装配图中，若干个相同的零、部件组（如螺栓、螺钉连接等）允许较详细地画出一处，其余只要用中心线表示其位置即可，如图 13-5 所示。

（2）在装配图中，零件的部分工艺结构（如倒角、倒圆、退刀槽、螺栓与螺母上的倒角曲线等）允许省略不画，如图 13-5 所示。

（3）在剖视图中表示滚动轴承时，允许画出对称图形的一半，另一半可用矩形线框及位于线框中央的十字符号表示，十字符号不应与矩形线框接触，如图 13-5 所示。

6．展开画法

为了表示传动机构的传动路线和零件间的装配关系，可假想按传动顺序沿轴线顺序剖切，然后依次展开，使剖切平面摊平与选定的投影面平行再画出其剖视图，这种画法称为展开画法。在画出的剖视图上方需标注"×—×展开"。图 13-6 所示为车床上三星齿轮传动机构挂轮架的展开画法。

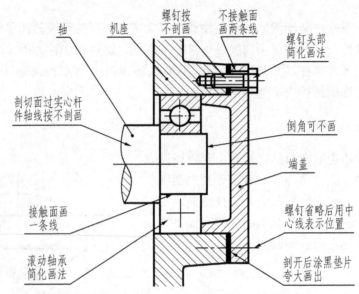

图 13-5　规定画法、夸大画法、假想画法和简化画法

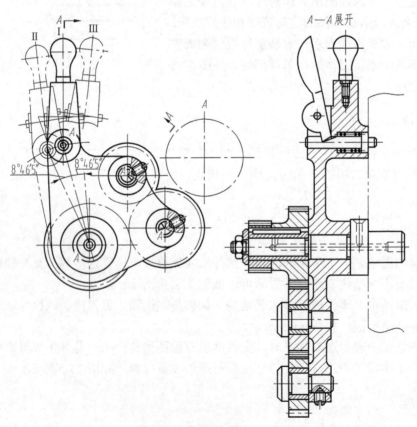

图 13-6　挂轮架展开画法

7. 单独表示某个零件的画法

在装配图中，当某个零件的形状未表达清楚而影响对部件的工作情况、装配关系等问题的理解时，可单独画出该零件的视图，但必须在该视图的上方注出视图名称，并在相应视图的附近用箭头指明投影方向，并注上相同的字母。如图 13-7 所示，标注"泵盖 *B*"或标注"件 ×*B*"，其中"×"表示件的序号。

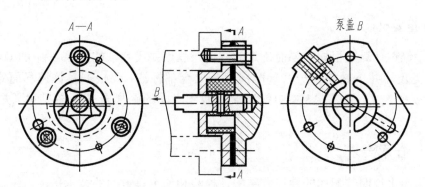

图 13-7　单独表示某个零件的画法

13.3　装配图的尺寸和技术要求

装配图不是制造零件的依据，因此装配图中不必注出零件的所有尺寸，而只是标注一些必要的尺寸。

13.3.1　尺寸标注

在装配图中，通常应标注以下几类尺寸。

1. 性能（规格）尺寸

性能（规格）尺寸是表示装配体的性能或规格的尺寸，是设计和使用部件（机器）的依据。如图 13-2 中滑动轴承的孔尺寸 $\phi 50H8$、中心高 70；图 13-3 中铣刀头的中心高 115 及铣刀盘直径 $\phi 125$。

2. 装配尺寸

装配尺寸由配合尺寸和相对位置尺寸组成。

（1）配合尺寸：表示零件间配合性质的尺寸，如图 13-2 中的 90H9/f9、65H9/f9、$\phi 60H8/k6$ 等；图 13-3 中轴承内、外圈上所注的尺寸 $\phi 35k6$、$\phi 80k7$ 及配合尺寸 $\phi 28H8/k7$。

（2）相对位置尺寸：表示零件间或部件间比较重要的相对位置，是装配时必须保证的尺寸，如图 13-2 中两螺栓中心距 85 ± 0.300。

3. 外形尺寸

外形尺寸是表示部件或机器总长、总宽、总高等尺寸，是包装、运输、安装及厂房设计的依据，如图 13-2 中的滑动轴承总长 240、总宽 80、总高 160；图 13-3 中的铣刀头总长 418、总宽 190。

4．安装尺寸

安装尺寸是表示部件安装在机器上或机器安装在基础上所需的尺寸，如图 13-2 中尺寸 180、2× ϕ17；图 13-3 中的尺寸 155、150。

5．其他重要尺寸

在设计中经过计算或根据需要而确定的其他一些重要尺寸，如图 13-3 中的 ϕ44。

以上 5 类尺寸并不是任何一张装配图上都要全部标注，要根据具体情况而定。有些尺寸可能具有多种含义，如图 13-3 中铣刀盘中心到底面的距离既是规格尺寸又是相对位置尺寸。

13.3.2　技术要求

装配图中用来说明装配体的性能、装配、检验和使用等方面的技术指标，统称为装配体的技术要求，一般包括以下 3 方面内容。

（1）装配要求：装配体在装配过程中需注意的事项，装配后应达到的指标，如准确度、装配间隙、润滑要求等。

（2）使用要求：对装配体的规格、参数及维护、保养的要求以及操作时的注意事项等。

（3）检验要求：对装配体基本性能的检验、试验及操作时的要求。

以上内容应根据装配体的具体情况而定，必要时也可参照类似产品确定。技术要求用文字注写在明细表上方或图下空白处，如图 13-2、图 13-3 所示。

13.4　装配图中零、部件序号和明细栏

为了便于读图和管理图样，装配图中的每种零件、部件都必须编写序号，并填写明细栏。

13.4.1　装配图的零、部件序号

装配图中的每种零件、部件都要编号。形状、尺寸完全相同的零件只编一个序号，数量填写在明细表内；形状相同尺寸不同的零件要分别编号。滚动轴承、油杯、电动机等标准件只编一个序号。

装配图中序号的表示方法如图 13-8 所示。

（1）在指引线的水平细实线上或细实线圆内注写序号，序号字高比该图中所注尺寸的数字大一号或两号，如图 13-8（a）所示。也可直接写在指引线附近，序号字高比该装配图中所注尺寸的数字大两号，如图 13-8（b）所示。

（2）指引线应自所指部分的可见轮廓内引出，并在末端画一小圆点。对于涂黑的剖面可画成箭头，如图 13-8（c）所示。

（3）指引线相互不能相交，不能与轮廓线或剖面线平行，必要时可画成折线，但只可转

折一次，如图 13-8（d）所示。

（4）一组紧固件或装配关系清楚的零件组可采用公共指引线，如图 13-8（e）所示。

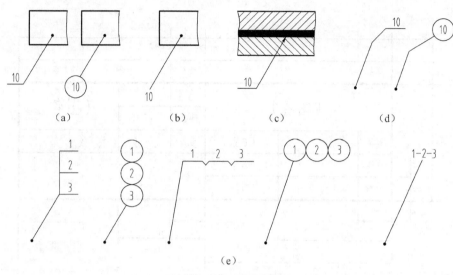

（a）　　　　（b）　　　　（c）　　　　（d）

（e）

图 13-8　序号的编排方式

（5）序号应按水平或竖直方向排列整齐，并按顺时针或逆时针方向排序，并尽量使序号间隔相等，如图 13-9 所示。

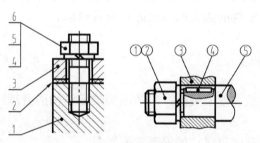

图 13-9　序号排列

 　同一装配图中的序号编排形式应一致。

13.4.2　装配图的明细栏

每张图样都需画出标题栏，标题栏的格式和尺寸在国标中都有规定。制图作业中推荐采用图 13-10 所示的标题栏和明细栏格式。

明细栏一般配置在标题栏上方，零件、部件序号自下而上填写，如果上方位置不够，可将明细栏画在标题栏左边。若不能在标题栏的上方配置明细栏，则可作为装配图的续页按 A4 幅面单独给出，但其顺序应是由上而下填写。

在"名称"栏内，标准件还应写出其标记中除编号以外的其余内容，例如"螺栓 M6×20"，齿轮、非标准弹簧等具有重要参数的零件还应将它们的参数（如模数、齿数、压力角，弹簧的材料直径、中径、节距、自由高度、旋向、有效圈数及总圈数等）写入，也可以将这些参数写在备注栏内。

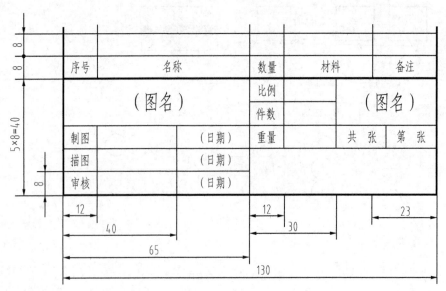

图 13-10　推荐学校用明细栏格式和内容

在"材料"栏内填写制造该零件所用材料的名称或牌号。

在"备注"栏内填写零件的热处理和表面处理等要求。

13.5　装配结构的合理性

为保证部件的装配质量、便于装拆，应考虑到装配结构的合理性。装配合理的基本要求如下。

（1）零件的接合处应精确可靠，能保证装配质量。

（2）便于装配与拆卸。

（3）零件的结构简单，加工工艺性好。

下面对常见装配结构做简要介绍。

13.5.1　接触面与配合面的结构

1. 接触面的数量

一般情况下，两零件在同一方向的接触面或配合面只应有一对，否则保证不了装配质量或者会给零件的制造增加困难，如图 13-11 所示。

2. 接触面转折处结构

当要求两个零件在两个方向同时接触时，两零件接触面的转折处应作出倒角、圆角、退刀槽和凹槽，以保证接触的可靠性，如图 13-12 所示。

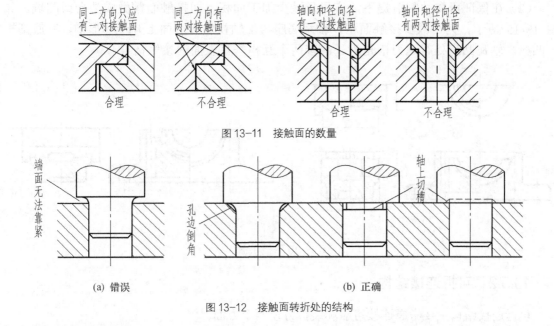

图 13-11　接触面的数量

图 13-12　接触面转折处的结构

3. 锥面配合

由于锥面配合同时确定了轴向和径向两个方向的位置，因此要根据接触面数量的要求考虑其结构，如图 13-13 所示。

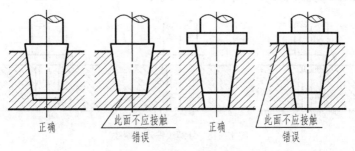

图 13-13　锥面接触的结构

4. 凸台和凹坑

为保证接触良好，接触面须经机械加工。若能合理减少加工面积，则不仅能降低加工成本，还可以改善接触情况。

（1）为保证联接件（螺栓、螺母、垫圈）和被联接件的良好接触，通常在工件上做出沉孔或凸台等结构，如图 13-14 所示。沉孔尺寸可根据联接件尺寸从有关手册中查取。

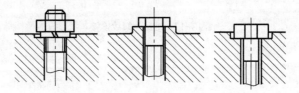

图 13-14　紧固件装配结构

（2）在保证可靠性的前提下，应尽量减少加工面积，即接触面常做成凸台或凹坑。如图 13-15 所示，为了减少接触面积，轴承底座与下轴衬的接触面上开一环形槽，其底部挖一凹槽。轴瓦凸肩处有退刀槽是为了改善两个互相垂直表面的接触情况。

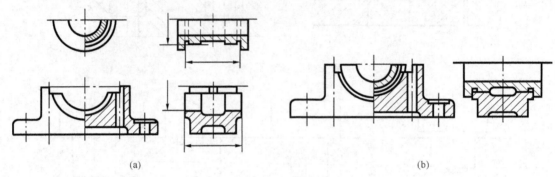

（a）   （b）

图 13-15　轴承底座

13.5.2　可拆连接结构

可拆连接结构主要考虑连接可靠和装拆方便两个方面。

1．连接可靠

（1）如果要求将外螺纹全部拧入内螺纹中，可在外螺纹的螺尾部加工出退刀槽，或者在内螺纹孔口处加工出凹坑或倒角，如图 13-16 所示。

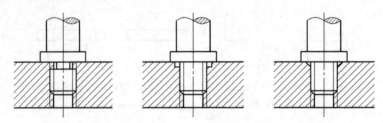

图 13-16　外螺纹拧入内螺纹

（2）轴端为螺纹时，应留出一段螺纹不拧入螺母中，如图 13-17 所示。

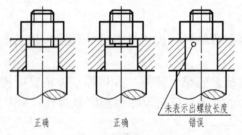

正确　　　　　　正确　　　　　　错误

图 13-17　轴端为螺纹连接

2．装拆方便

（1）为了装拆方便，需要留有相应的空间。例如，在设计螺栓和螺钉的位置时，应考虑扳手的空间活动范围和螺钉放入时所需要的空间，如图 13-18 所示。

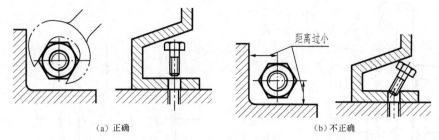

(a) 正确 (b) 不正确

图 13-18 方便装拆

（2）装有衬套的结构要考虑衬套的拆卸问题。用轴肩定位轴承时，轴肩高度必须小于轴承的内圈高度，孔肩的高度必须小于轴承外圈的高度，以便于轴承的拆卸，如图 13-19 所示。

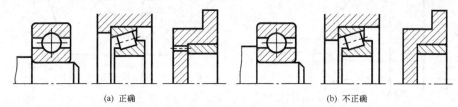

(a) 正确 (b) 不正确

图 13-19 轴承定位和衬套的合理结构

13.5.3 防松结构

对承受震动或冲击的部件，为防止螺纹的松脱，可采用如图 13-20 所示的防松装置。

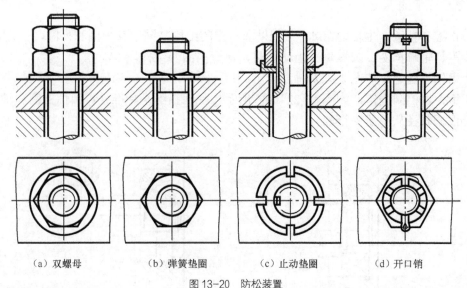

（a）双螺母　　　（b）弹簧垫圈　　　（c）止动垫圈　　　（d）开口销

图 13-20 防松装置

13.5.4 防漏结构

为防止机器内部液体或气体向外渗漏同时防止灰尘等物侵入机器内部，常采用防漏措施。图 13-21 所示为两种防漏的典型例子。用压盖或螺母将填料压紧，起到防漏作用，压盖要画在开始压填料的位置，表示填料刚刚加满。

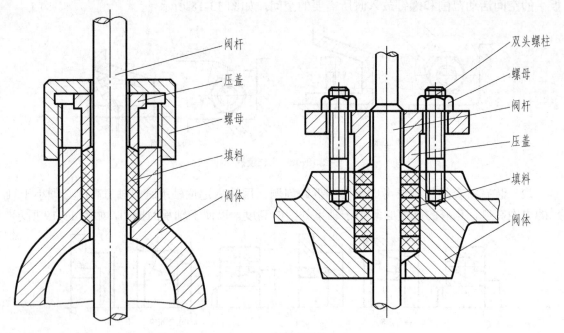

图 13-21　防漏结构

13.5.5　滚动轴承的固定、间隙调整及密封结构

1. 滚动轴承的固定

为防止滚动轴承产生轴向窜动，必须采取一定的结构来固定其内圈和外圈，常采用轴肩、孔肩、端盖、轴端挡圈、圆螺母、止动垫圈、弹簧挡圈等结构。

（1）用轴肩固定，如图 13-22（a）所示。

（2）用弹性挡圈固定，如图 13-22（b）所示。弹性挡圈是标准件，弹性挡圈和轴端环槽的尺寸可根据轴径从手册中查取。

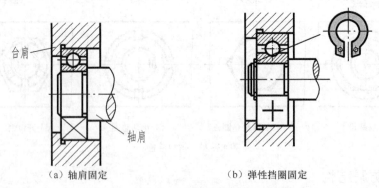

（a）轴肩固定　　　　　　　　　　（b）弹性挡圈固定

图 13-22　用轴肩或弹性挡圈固定内、外圈

（3）用轴端挡圈固定，如图 13-23 所示。轴端挡圈是标准件，为了使挡圈能够压紧轴承内圈，轴颈的长度要小于轴承的宽度，否则挡圈起不了固定轴承的作用。

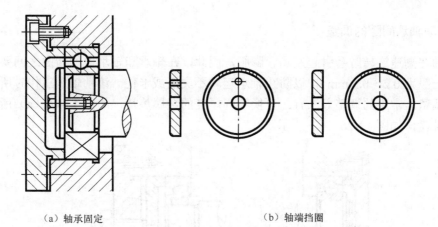

（a）轴承固定 （b）轴端挡圈

图 13-23 用轴端挡圈固定

（4）圆螺母及止退垫圈固定，如图 13-24 所示。圆螺母与止退垫圈均为标准件。

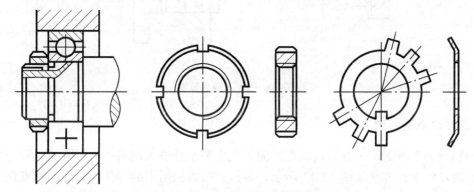

图 13-24 用圆螺母及止退垫圈固定

（5）用套筒固定，如图 13-25 所示。图中双点画线表示轴端安装一个带轮，中间安装套筒，以固定轴承内圈。

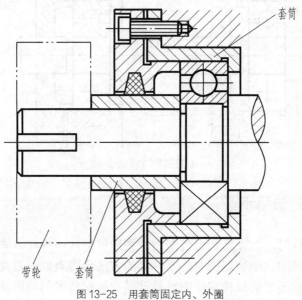

套筒

带轮 套筒

图 13-25 用套筒固定内、外圈

2．滚动轴承间隙的调整

由于轴在高速旋转时会引起发热、膨胀，因此，在轴承和轴承盖的断面之间要留有少量的间隙（一般为 0.2～0.3 mm），以防止轴承运转不灵活或卡住。滚动轴承工作时所需要的间隙可随时调整。常用的调整方法有：更换不同厚度的金属垫片，如图 13-26（a）所示；用螺钉调整止推盘，如图 13-26（b）所示。

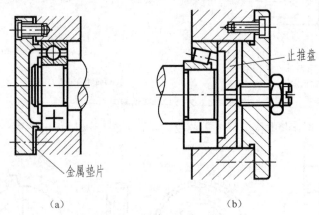

（a）   （b）

图 13-26　轴承间隙的调整

3．滚动轴承的密封

滚动轴承需要密封，一方面是防止外面的灰尘和水分进入轴承；另一方面也要防止润滑剂渗漏，常见的密封方法如图 13-27 所示。各种密封方法所用的零件，有的已标准化，有的某些局部结构标准化，如轴承盖的毡圈槽、油沟等，其尺寸可从有关手册中查取。

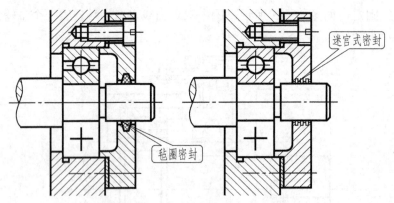

图 13-27　轴承密封

13.6　画装配图的方法与步骤

设计新零件或部件时，首先要画出装配图。测绘机器和部件时，先画出零件草图，再依据零件草图拼画出装配图。画装配图与画零件图的方法步骤类似。首先要了解装配体的工作原理和装配关系，其次要了解每种零件的数量及其在装配体中的功用及与其他零件之间的装配关系等，并且要熟悉每个零件的结构，想象出零件的投影视图。

下面以铣刀头为例说明画装配图的方法和步骤。

13.6.1 了解和分析装配体

画装配图之前，应对装配体的性能、用途、工作原理、结构特征及零件之间的装配关系做透彻的分析和充分的了解。

图 13-28 所示为铣刀头轴测剖视图。铣刀头是安装在铣床上的一个部件，其作用是安装铣刀，铣削零件。该部件由 16 种零件组成，铣刀盘通过双键与轴连接，动力由带轮输入，经键传递到轴从而带动铣刀盘运动。轴上装有一对圆锥滚子轴承，用端盖和调整环调节轴承间隙，端盖与座体采用螺钉连接，端盖内装有毡圈，起防尘与密封的作用，带轮轴向一侧靠轴肩定位，另一侧以挡圈、螺钉、销子定位；铣刀盘轴向一侧由轴肩定位，另一侧由挡圈、螺栓、垫圈定位。

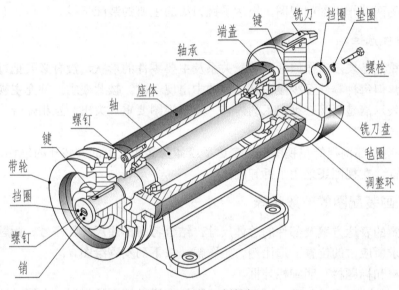

图 13-28　铣刀头轴测图

一般采用装配示意图来表示装配体的工作原理和装配关系，即用简单的线条画出主要零件的轮廓线，并用符号表示一些常用件和标准件，供拼画装配图时参考，如图 13-29 所示。

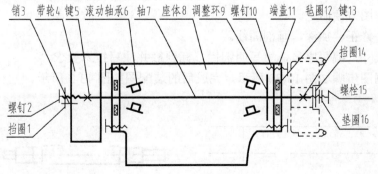

图 13-29　铣刀头装配图示意图

13.6.2　分析和想象零件图，确定表达方案

对部件装配图视图选择的基本要求是：必须清楚地表达部件的工作原理、各零件的相对位置和装配连接关系。因此，在选择表达方案之前，必须详细了解部件的工作原理和装配关系，在选择表达方案时，首先选好主视图，然后配合主视图选择其他视图。

1．主视图的选择

主视图一般应满足下列要求。

（1）按工作位置放置，当工作位置倾斜时，将部件放正，使其主要装配干线、安装面等处于特殊位置。

（2）应较好地表达部件的工作原理和形状特征。

（3）应较好地表达主要零件的相对位置和装配连接关系。

如图 13-3 所示，铣刀头座体水平放置，符合工作位置，主视图是采用了过轴的轴线的全剖视图，在轴的两端作局部剖视图，表达了铣刀头的主要的装配干线。

2．其他视图选择

装配图的重点是表示工作原理、装配关系及主要零件的形状，没有必要把每个零件的结构都表示清楚，但每种零件至少应在某个视图中出现一次。按此要求，补充主视图上没有表示出来或没有表示清楚而又必须表示的内容，所选视图要重点突出、互相配合，而且要避免不必要的重复。

图 13-3 中用局部剖视的左视图补充表达了座体及其底板上的安装孔的位置，为突出座体的主要形状特征，左视图还采用了拆卸画法。

13.6.3　画装配图的一般步骤

依据所确定的表达方案及部件的总体尺寸，结合考虑标注尺寸、序号、标题栏、明细栏和注写技术要求所应占的位置，选比例、定图幅，按下列步骤绘图。

（1）画图框和标题栏、明细栏外框。

（2）布图。从装配干线入手，以点画线或细线布置各视图的位置。布图时注意留足标注尺寸、编写序号及标题栏与明细栏的位置。

（3）画底稿，一般从主视图入手，几个视图结合起来画。一般先大后小，先主后次。

画剖视图时，围绕装配干线进行装配，由内向外画出零件的投影，也可由外向内，或者内外结合，视作图方便而定。

（4）校核、修正、加深，画剖面线。

（5）标注尺寸，编写序号，填写明细栏、标题栏并注写技术要求。

铣刀头的画图步骤如图 13-30 所示，完成后的装配图如图 13-3 所示。

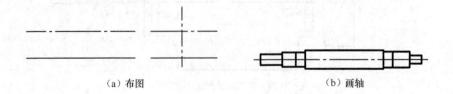

（a）布图　　　　　　　　　　　　　　　　（b）画轴

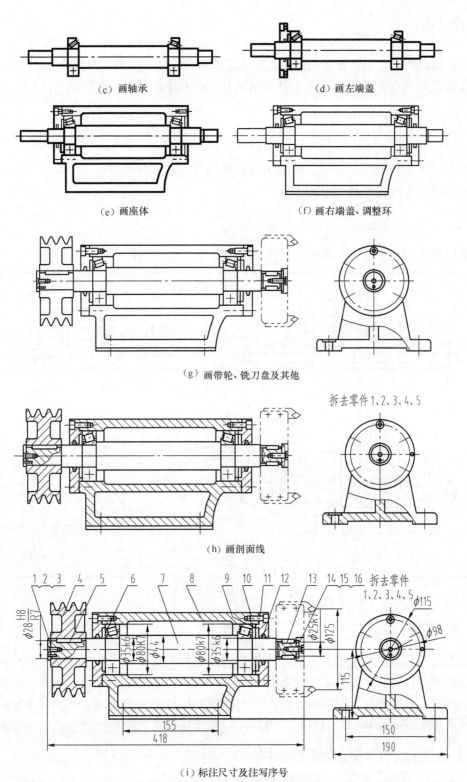

（c）画轴承　　　　　　　　　　（d）画左端盖

（e）画座体　　　　　　　　　　（f）画右端盖、调整环

（g）画带轮、铣刀盘及其他

（h）画剖面线

（i）标注尺寸及注写序号

（j）填写标题栏及明细栏结果见图 13-3

图 13-30　铣刀头装配图底稿的画图步骤

13.7 读装配图

在生产实际中，无论是设计机器、装配产品或从事设备的安装、检修及进行技术交流等，都需要读装配图，因此，工程技术人员必须具备读装配图的能力。

13.7.1 读装配图的基本要求

（1）了解装配体的名称、用途、工作原理及结构特点。
（2）弄清各零件的相互位置、装配关系、连接方式及装拆顺序。
（3）弄清各零件的结构形状和作用。

13.7.2 读装配图的方法和步骤

下面以图 13-31 所示的机用虎钳装配图为例介绍装配图的读图。

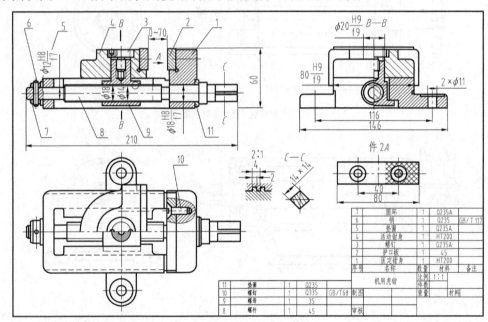

图 13-31 机用虎钳装配图

1. 概括了解

读图首先从标题栏和明细栏入手，了解机器或部件的名称、用途等。要仔细阅读技术要求和使用说明书，为深入了解机器或部件做好准备。从标题栏可以看出，部件名称为机用虎钳，它主要用于夹紧工件。由明细表可看出，该部件由 11 种零件组成，其中标准件两种，属于中等复杂程度的装配体。由总体尺寸可知，该部件体积不大。

2. 分析视图，明确各视图表达的重点

机用虎钳装配图采用了 3 个基本视图和零件 2 的 A 向视图，一个局部放大图，一个移出断面图。

主视图为过对称平面的全剖视图，剖切平面通过部件的主要装配干线——螺杆轴线，表达了部件的工作原理、装配关系以及各主要零件的用途和结构特征。俯视图中采用了沿活动钳身结合面剖切的画法，清楚地反映了固定钳身的结构形状和螺杆与螺母的连接关系，俯视图中的局部剖视表达了用螺钉连接钳口板与固定钳身的情况。

左视图采用半剖视图，其剖切位置通过螺母的轴线，反映了固定钳身、活动钳身、螺母及螺杆之间的接触配合情况。

"件2A"表示了钳口板上螺钉孔的位置及防滑网纹等，局部放大图表示了螺杆的牙型，移出断面图表示了螺杆头部的方形断面。

3. 分析零件，进一步了解工作原理和装配关系

分析零件的目的是要搞清楚每个零件的结构形状和相互关系。相邻零件可根据剖面线来区分。标准件和常用件因其结构和作用都已清楚，所以很容易区分。这里分析的重点是一般件，可由配合代号了解零件间的配合关系，由序号和明细表了解零件的名称、数量、材料及规格等。

固定钳身是各零件的装配基础，螺母9与活动钳身用螺钉3连接在一起，螺母与螺杆旋合。螺杆支承在固定钳身孔内，并采用了基孔制间隙配合。由于两端均被固定（左端环7通过销6与螺杆固定，右端用垫圈与轴肩实现轴向固定），所以当螺杆转动时，螺母与活动钳身一起做轴向移动，从而实现夹紧工件的目的。

4. 分析拆装顺序

机用虎钳的拆卸顺序为：拆下销6→取下环7、垫圈5旋出螺杆8、取下垫圈11→旋出螺钉3→取下螺母9→卸下活动钳身→分别拆下固定钳身、活动钳身上的钳口板。

装配顺序与拆卸顺序相反。

装配顺序：先把护口板2通过螺钉固定在活动钳身4和固定钳身的护口槽上，然后把活动钳身装入固定钳身1→把螺母9装入活动钳身孔中→并旋入螺钉3。把垫圈11套在螺杆轴肩处，把螺杆8装入固定钳身1的孔中，同时使螺杆8与螺母9旋合→垫圈5→圆环7→装入销6。图13-32所示为机用虎钳装配的轴测图与其示意图。

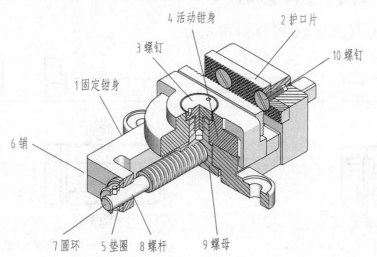

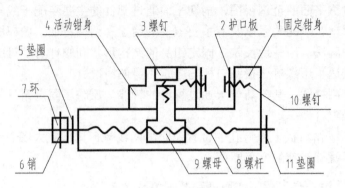

图 13-32 机用虎钳装配轴测图及示意图

13.8 由装配图拆画零件图

由装配图拆画零件图是设计过程中的重要环节，也是检验看装配图和画零件图能力的一种常用方法。拆画零件图前，应对所拆零件的作用进行分析，然后把该零件从与其组装的其他零件中分离出来。分离零件的基本方法是：首先在装配图上找到该零件的序号和指引线，顺着指引线找到该零件；再利用投影关系、剖面线的方向找到该零件在装配图中的轮廓范围；然后经过分析补全所拆画零件的轮廓线。有时，还需要根据零件的表达要求重新选择主视图和其他视图。选定或画出视图后，采用抄注、查取、计算的方法标注零件图上的尺寸，并根据零件的功用注写技术要求，最后填写标题栏。

下面以拆画固定钳身为例进行介绍。

1. 分离出零件轮廓

根据零件的序号、投影关系、剖面线等从装配图的各个视图中找出固定钳身的投影，如图 13-33 所示。

2. 补齐被其他零件遮住的轮廓线

补齐轮廓线以后的结果如图 13-34 所示。

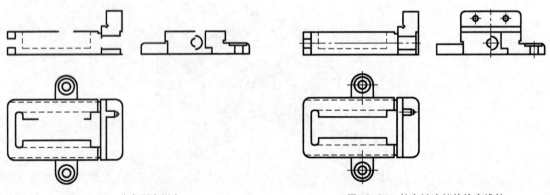

图 13-33 分离固定钳身   图 13-34 补齐被遮挡的轮廓线补

3. 补齐工艺结构

如果画装配图时省略了零件的工艺结构，应补齐，标准结构可查表。

4. 新选择表达方案

由于装配图和零件图的表达重点不一样，所以拆画零件时需根据零件的类型选择视图，有时需要重新安排视图。固定钳身属于箱体类零件，是虎钳的基础零件，其视图表达可以与装配图一致。

5. 尺寸来源

由于装配图上一般只标注 5 类尺寸，所以拆画时应予以补充。

（1）抄注尺寸。装配图上已注出的尺寸多为重要尺寸，与所拆画零件有关的尺寸直接抄注，如 ϕ12H8，并将其转换为极限偏差的形式，如图 13-35 所示。

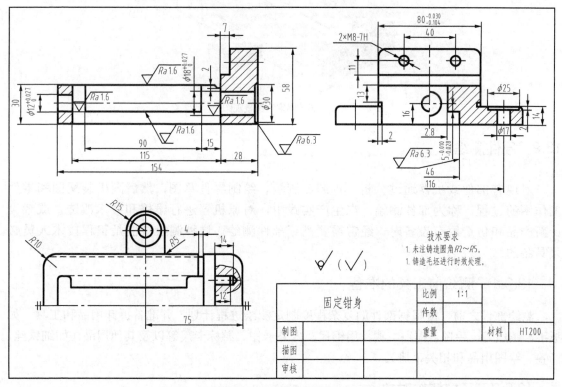

图 13-35　固定钳身零件图

（2）查找尺寸。常见标准结构的尺寸数值应从明细栏或有关手册中查得，如倒角、倒圆、键槽等。

（3）计算尺寸。某些尺寸数值应根据装配图所给的尺寸通过计算而定，如齿轮分度圆、齿顶圆等。

（4）量取尺寸。装配图上没有标注的尺寸可按装配图的画图比例在图中量取，如零件的外形尺寸等。

6. 技术要求

根据零件的加工、检验、装配及使用中的要求查阅相关资料来制定技术要求，或者参照同类产品采用类比法制定。

7. 填写标题栏

图 13-35 所示为从机用虎钳装配图中拆画出来的固定钳身零件图，图 13-36 所示为其直观图。

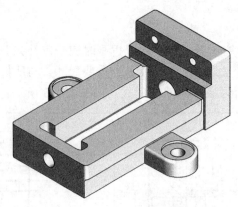

图 13-36　固定钳身直观图

13.9　部件测绘

对现有部件或机器通过分析、拆卸、测量，绘制零件草图，然后画出装配图和零件工作图的过程，称为部件测绘。在生产实践中，对原机器进行维修和技术改造，或者设计新产品和仿造原有设备时，经常需要进行部件测绘。这种测绘技能是工程技术人员必须具备的。

13.9.1　测绘前工具的准备

测绘部件之前，应根据部件的复杂程度制定测绘进程计划，并准备拆卸用品和工具，如扳手、螺丝刀、手锤、铜锤、测量用钢尺、内外卡钳、游标卡尺等以及其他用品（如细铁丝、标签、绘图用品和相关手册）。

13.9.2　了解测绘对象

测绘前要对测绘的部件进行认真的分析研究，了解其用途、性能、工作原理、结构特点、各零件的装配关系、相对位置关系、加工方法等，其过程如下。

（1）参考有关资料、说明书以及对同类产品加以分析。

（2）通过拆卸对零、部件进行全面分析。

（3）到工作现场参观学习，以了解情况。

齿轮油泵是用于机床润滑系统的供油泵，如图 13-37 所示，该部件由 14 种零件组成，主体为泵体、泵盖、主动轴、从动轴及齿轮。

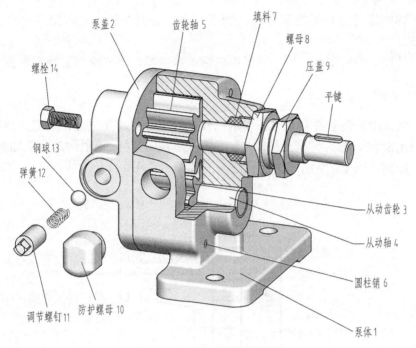

图 13-37 齿轮油泵装配轴测图

泵体内装有一对齿轮，相互啮合。动力从主动轴输入，带动主动齿轮旋转，从而带动从动齿轮旋转。两齿轮转动时，在入口处形成负压，在大气压的作用下，油从入口吸入，随着齿轮的转动，充满齿间的油被带到出油口挤压出去，输送到需要润滑的部位，如图 13-38 所示。

为保证油泵正常工作，在泵盖上装有保险装置。为避免润滑油沿齿轮轴渗出，泵体上有密封装置。

保险装置由钢球、弹簧、调节螺钉、防护螺母等零件组成，经过调节螺钉、弹簧压迫钢球调节到一定的压力（保证正常工作所需要的油压），一旦出油路的压力超过调压阀的调压数值时，钢球就会被推开，使出油路的高压油流回进油路，从而降低了油压，以免润滑油路的损坏。

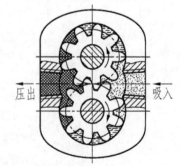

图 13-38 齿轮油泵工作示意图

13.9.3 拆卸零件和画装配示意图

1. 拆卸零件时的注意事项

（1）在零件拆卸前，应先测量一些重要的装配关系尺寸，如相对位置尺寸、极限尺寸、装配间隙等，以便校核图样和装配部件。

（2）拆卸时要用相应的拆卸工具，以保证顺利拆卸，不损坏零件。

（3）按一定的顺序拆卸。过盈配合的零件原则上不拆卸，若不影响零件的测量工作，过渡配合的零件一般不拆卸。

（4）将拆卸的零件进行编号和登记，加上标签，妥善保管。要防止零件碰伤、生锈和丢失。

（5）对零件较多的装配体，为了便于拆卸后重新装配，需要绘制装配示意图。

2. 装配示意图

装配示意图是用简明的符号和线条表示部件中各零件的相互位置、装配关系以及部件的工作情况、传动路线等。画装配示意图时，有些零件应按国家标准《机构运动简图符号》（GB/T 4460—1984）绘制。图 13-39 所示为齿轮油泵的装配示意图。

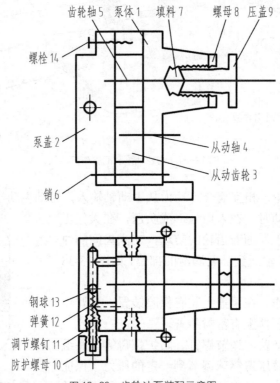

图 13-39　齿轮油泵装配示意图

13.9.4　绘制零件草图

在画零件草图时，应注意以下几点。

（1）标准件可不画草图，但要测出其结构上的主要数据（如螺纹大径，螺距，键的长、宽、高等），然后查找有关标准，确定其标记代号，登记在明细栏内。

（2）画草图时应先画视图，再引尺寸线，然后逐一测量并填写尺寸。

（3）零件间有配合、定位或连接关系的尺寸要协调一致，如尺寸基准要统一，两零件相配合的部分基本尺寸要相同。标注时可成对地在两零件的草图上同时进行尺寸标注。

齿轮油泵部分零件草图如图 13-40 至图 13-42 所示。

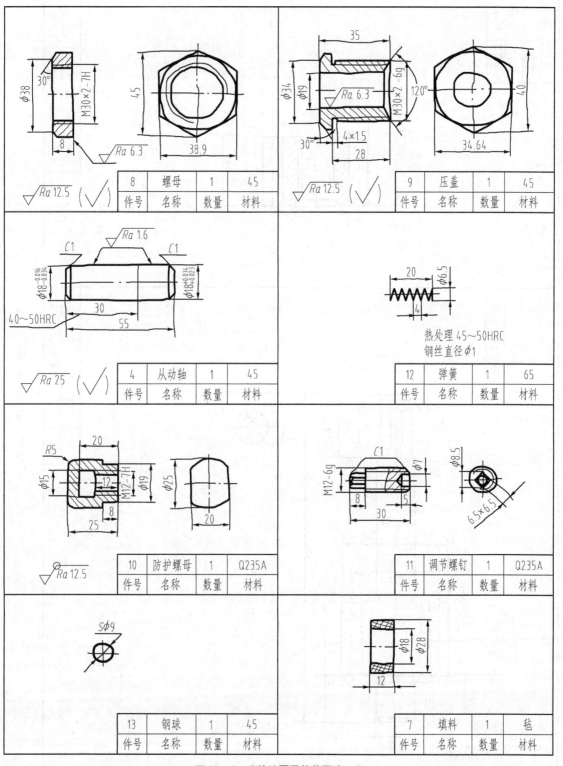

图 13-40 齿轮油泵零件草图（一）

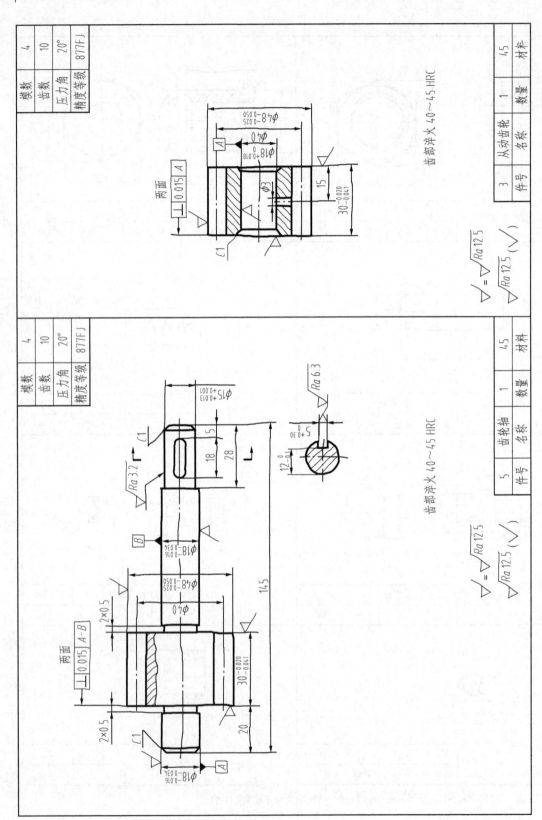

图 13-41 齿轮油泵零件草图 (二)

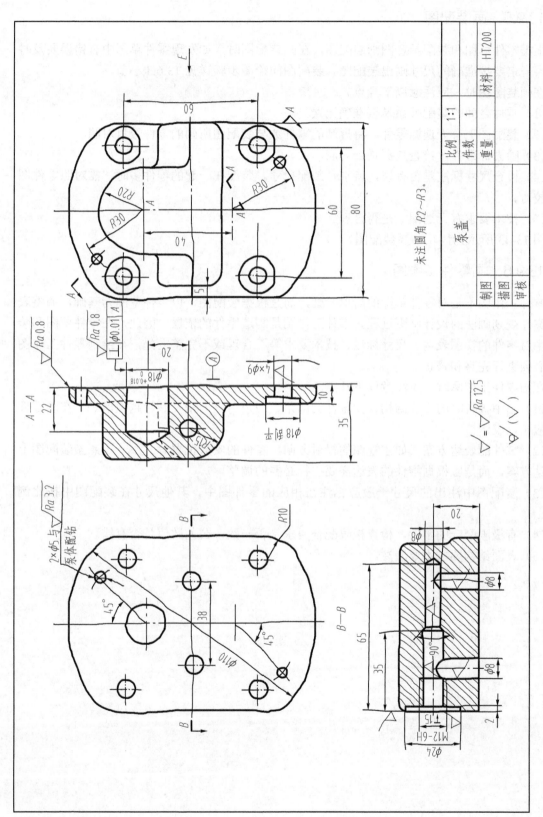

图 13-42 齿轮油泵零件草图（三）

13.9.5　画装配图

根据零件草图和装配示意图画装配图，在画装配图时，如发现零件草图中有错误要及时纠正，一定要按准确的尺寸画出装配图。装配图的绘图步骤详见 13.6.3 小节。

在画装配图时，应注意以下几点。

（1）零件之间的装配关系是否准确无误。

（2）装配图上有无遗漏零件，将拆卸的零件数与装配图所画的零件数目对照。

（3）除去标准件，检查数据是否对应。

（4）检查尺寸标注是否有误，特别是装配尺寸。装配在一起的零件多时，需对照零件图重新校对。

（5）技术要求有无遗漏，是否合理。

图 13-43 所示为齿轮油泵装配图。

13.9.6　画零件工作图

零件工作图不是对零件草图的简单抄画，而是根据装配图，以零件草图为基础，调整表示方案，规划画法的设计制图过程。零件工作图是制造零件的依据，因此，在零件草图和装配图中对零件的视图表达、尺寸标注、技术要求等不合理或不完整之处，在绘制零件工作图时都必须进行完整和修正。

在画零件工作图时，应注意以下几点。

（1）图中被省略的工艺结构（如零件的倒角、圆角、退刀槽及砂轮越程槽等）在画零件图时应予以表示。

（2）零件的表达方案（如主视图的投射方向、零件的安放位置等）不一定照搬装配图上的表达方案，而是应根据零件的表达需要进行必要的调整。

（3）装配图中注出的尺寸一般应标注在相应的零件图中，其他尺寸在装配图中按比例量取。

（4）有极限配合的零件，检查极限配合要求是否一致，公差数值是否有错。

（5）表面结构要求不要漏注。

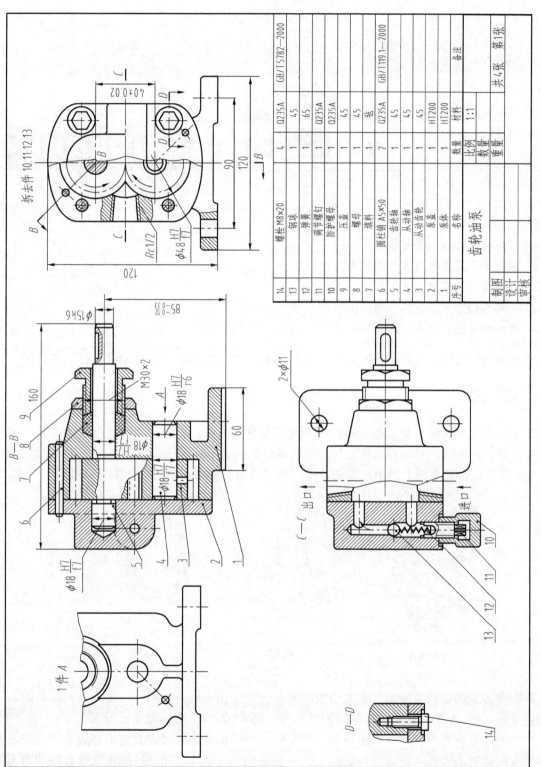

14	螺栓 M8×20	4	Q235A	GB/T 5782—2000
13	钢球	1	45	
12	弹簧	1	65	
11	调节螺钉	1	Q235A	
10	防护螺母	1	Q235A	
9	压盖	1	45	
8	螺母	1	45	
7	填料	1	毡	
6	圆柱销 A5×50	2	Q235A	GB/T 119.1—2000
5	齿轮轴	1	45	
4	从动齿轮	1	45	
3	泵盖	1	HT200	
2	泵体	1	HT200	
1				
序号	名称	数量	材料	备注

齿轮油泵		
制图		比例 1:1	共 4 张 第 1 张
设计		数量	
审核		重量	

图 13-43 齿轮油泵装配图

【学习目标】

- 了解常见立体的表面展开。
- 掌握典型立体表面展开图的画法。
- 了解焊缝的图示方法。
- 理解焊缝符号在图样上的标注。
- 掌握焊接图的读图方法。

展开图和焊接图是生产中比较常见的机械图样，本模块将对这两种图样进行简要介绍。

14.1 展开图

在工业生产中，经常需要用金属板材制作零部件或设备，如分离器、通气管道、化工容器、吸尘罩、热风炉、船体等。分离器、吸尘罩和热风炉薄板零件如图 14-1 所示。制造这类板件时，应先在金属薄板上画出放样图，然后经下料加工成型，最后经焊接或铆接制作而成。

（a）分离器　　　　　　　　（b）吸尘罩　　　　　　　　（c）热风炉

图 14-1　薄板零件

将制件各表面按其实际形状和大小依次画在一个平面上所得的图形，称为表面展开图，简称展开图。图 14-2（a）所示是圆管的投影图，图 14-2（b）所示是其展开图。

立体表面根据是否能准确地展开到一个平面上，可以分为可展表面与不可展表面。平面立体的表面是可展表面，曲面立体表面上的平面及相邻两素线互相平行或相交的直纹曲面都属于可展表面，其余的均为不可展表面，如球面、环面等只能用近似方法展开。

画展开图时，首先要解决求线段实长问题，前面已介绍过用直角三角形法、换面法求线段实长，此外，用旋转法求线段实长也经常用到，下面介绍旋转法。

旋转法是将投影面保持不动，而把空间几何元素绕着某一根选定的轴线（这里只介绍轴线垂直于投影面的情况）旋转到有利于解题的位置。

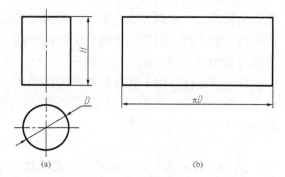

图 14-2　圆管投影图及展开图

如图 14-3 所示，线段 AB 为一般位置直线，以过 A 点且垂直于 H 面的铅垂线为轴线，将 AB 绕该轴线旋转到平行于正立投影面的位置，得 AB_1，其新的正面投影 $a'b_1'$ 反映实长。

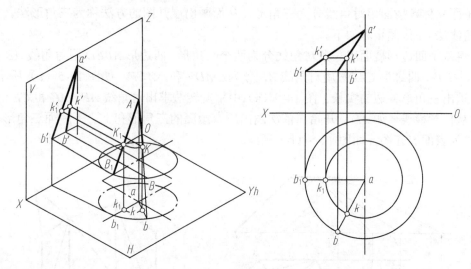

图 14-3　旋转法求实长

作图步骤如下。

① 过 a' 作轴线垂直于 H 面。

② 在 H 面上以 a 为圆心，以 ab 为半径画圆弧，使 $ab_1 /\!/ X$ 轴，得 b_1。

③ 过 b' 作水平线，求得 b_1'，连接 $a'b_1'$，即为线段 AB 的实长。

④ 若线段上有一点 K，则 K 点随 AB 一起旋转，k_1、k_1' 的求法与 b_1、b_1' 相同。

由此可知，点绕投影面垂直线作旋转运动时，其投影特性为：在垂直于轴线的投影面上的投影作圆周运动，圆心即旋转轴在该投影面上的投影；在另一投影面上，点的投影作与投影轴平行的直线运动。

14.1.1　平面立体的表面展开

平面立体的表面展开就是将各表面的实形依次求作在一个平面上。

1. 棱柱的表面展开

对于正棱柱，可以直接依次画出各棱面的实形即可。图 14-4 所示为斜口四棱柱管，前后表面为梯形，左右两表面为矩形，各边实长均可从两视图中直接量取，所以可直接依次画出 4 个表面的实形，即得到该棱柱管的展开图。

作图过程如图 14-4（b）、（c）所示。

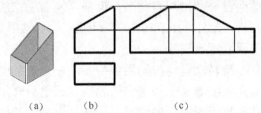

对于斜棱柱，由于其各棱面均为四边形，而平行四边形只知边长，形状还是不定的，因此需按下列方法之一作图。

（1）三角形法

图 14-5 所示为一斜三棱柱的正投影图，三

图 14-4　斜口棱柱管的表面展开

棱柱的上、下底面均为水平面，水平投影反映两底的实形；3 条棱线均为正平线，正面投影反映各棱线的实长。只知四边形的边长是不能确定其实形的，还要求出四边形的对角线长度或相邻两边夹角的大小，才能画出四边形的实形。

将平面立体各棱面用对角线分为三角形，从而画出展开图的方法称为三角形法（简称为辅助对角线法）。作图步骤如下。

① 将每个四边形棱面用一条对角线分为两个三角形。四边形 ABED 用对角线 AE 分为△ABE 和△ADE；四边形 CADF 用对角线 AF 分为△ADF 和△ACF，如图 14-5（a）所示。

② 求出三角形各边的实长。图 14-5（a）中用旋转法求出对角线 AE、AF 和 CE 的实长。

③ 从任意棱线（如 AD）开始，依次画出所有棱面的三角形和上、下底面三角形，即为斜三棱柱的表面展开图，如图 14-5（b）所示。

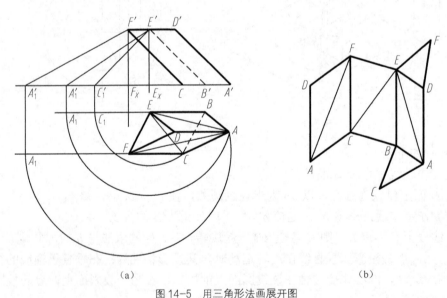

图 14-5　用三角形法画展开图

（2）正截面法

斜三棱柱的各棱与上、下底面不垂直，若沿上底或下底展开，则得不到各棱面依次毗连的展开图。用垂直于棱线的平面截切棱柱，得到正截面。棱柱互相平行的棱线垂直于正截面，以正截面为底面的各边与棱线也垂直。所以沿该底面展开时，底面的各边（截交线）展成一直线与棱线垂直，棱线间的距离就是底面各边的长。因此，求出正截面的实形，各棱线在展开图中的位置也被相应地确定了。以图 14-6（a）所示的斜三棱柱为例用正截面法展开图的

步骤如下。

① 用垂直于棱线的平面 P 截切斜三棱柱，得到正截面△LMN 的正面投影 $l'm'n'$，如图 14-6（a）所示。

② 用换面法求出截断面实形△$l_1m_1n_1$。

③ 把△$l_1m_1n_1$ 各边顺次展成直线 $LMNL$，过各分点作该直线的垂线，并在各垂线的上方和下方分别量取各棱线的实长，即 $LA = l'a'$、$LD = l'd'$、$ME = m'e'$、$MB = m'b'$、$NF = n'f'$、$NC = n'c'$，得到 A、D、E、B、F、C 点。用直线依次连接相邻两点，得到斜三棱柱的棱面展开图。

④ 作出上、下底面的实形△ABC 和△DEF，至此，即得到斜三棱柱的表面展开图，如图 14-6（b）所示。

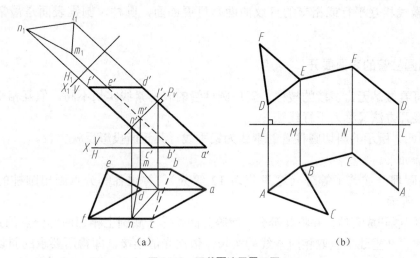

图 14-6 正截面法画展开图

2. 棱锥的表面展开

图 14-7（a）所示的斜口棱锥管展开时可设想它是由一完整四棱锥截切而成，即把斜口四棱锥的各四边形侧面看做为一个大三角形截去一个小三角形。

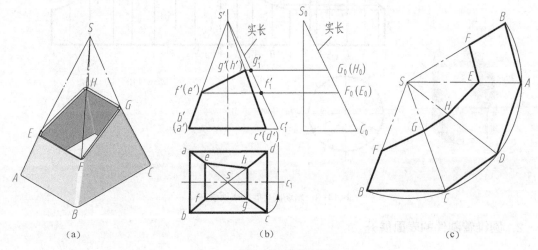

图 14-7 斜口棱锥管的表面展开

作图步骤如下。

① 延长各棱线交于锥顶 $S(s、s')$。

② 利用旋转法求得侧棱的实长 $s'c_1'$，或者用直角三角形法求侧棱实长 S_0C_0，过 $f'(e')$、$g'(h')$ 作水平线交 $s'c_1'$ 或 S_0C_0，得梯形侧棱实长。

③ 以 S 为顶点，依次作出各棱面三角形实形。

④ 在各棱线上截取 F、G、H、E、F，并依次连接各点，即得到斜口四棱锥的展开图，如图 14-7（c）所示。

14.1.2　可展曲面的展开

相邻两素线相互平行或相交的直纹曲面是可展曲面，圆柱、圆锥表面是最常见的可展曲面。

1．斜切圆柱管的表面展开

圆柱面可看做是无穷多棱的棱柱。斜口圆柱管的表面素线实长不同，但互相平行，因此圆管制件的展开方法又称为平行线法。

图 14-8（a）所示的斜切圆柱管的素线为铅垂线，其正面投影反映实长。

作图步骤如下。

① 将底圆周分成若干等分（这里分为 12 等分），并过各等分点画出圆柱的素线，如图 14-8（b）所示。

② 将底圆展开成直线，并将其等分，使等分间距等于底圆上相邻两等分点的弧长。过各等分点作垂线，在垂线上量取相应素线的实长，依次光滑连接，即得所要求的斜切圆柱管表面展开图，如图 14-8（c）所示。

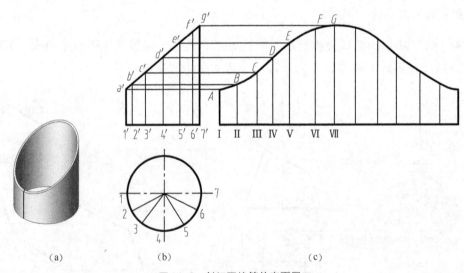

图 14-8　斜切圆柱管的表面展开

2．圆锥管制件的表面展开

锥管制件与棱锥制件相似，因此，锥管制件的展开方法与棱锥的展开方法相同，即在锥面上作一系列呈放射状的素线，将锥面分成若干三角形，然后分别求出其实形，由于素线通过锥顶，展开后素线仍呈放射状，因此这种方法称为放射线法。

（1）圆锥管展开。图 14-9（a）所示为用计算法展开圆锥面，将正圆锥面展开为一扇形，半径 R 为素线长，弧长等于底圆周长，扇形的中心角为

$$\alpha = 180° \frac{d}{R}$$

图 14-9（b）所示为用作图法展开圆锥面，它是以内接正棱锥的三角形棱面代替相邻两素线间所夹的锥面，依次展开得到。

（2）斜口锥管的展开。图 14-10 所示为斜切圆锥管的表面展开，可先按正圆锥进行展开，然后再截去斜口部分，作图步骤如下。

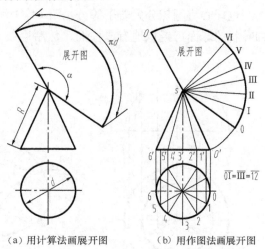

（a）用计算法画展开图　　（b）用作图法画展开图

图 14-9　圆锥管展开

① 等分底圆周（12 等分），由于前后对称，故只需作出前半个锥面的展开图即可。作出这些等分点的 H 投影 0、1、2、3、4、5、6，V 面投影 0′、1′、2′、3′、4′、5′、6′，并与锥顶连成放射状素线。

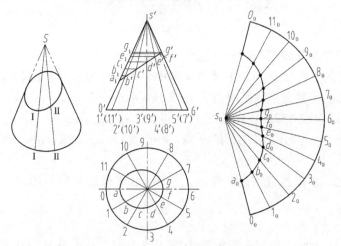

图 14-10　斜切圆锥管的表面展开

② 用旋转法求出各素线截去部分的实长 $s'a_1$、$s'b_1$、$s'c_1$、$s'd_1$、$s'e_1$、$s'g_1$。

③ 将圆锥面展成扇形，作出各等分素线。

④ 过 S_0 点量取 $S_0a_0 = s'a_1$、$S_0g_0 = s'g_1$ 等。

光滑连接各点即得到斜口圆锥展开图。

14.1.3　不可展曲面的近似展开

不可展曲面只能用近似的方法作出，将不可展曲面分为若干小块，使每小块接近于可展曲面（如平面、柱面或锥面），然后按可展曲面展开。下面介绍球面的近似展开画法。

球面的近似展开方法常用的有近似柱面法和近似锥面法两种。

1．近似柱面法

过球心将圆球分为若干等分（图 14-11 所示是将半球分成 6 等分），则相邻两平面间所夹柳叶状的球面可近似地看成柱面，然后用展开柱面的方法把这部分球面近似地展开。

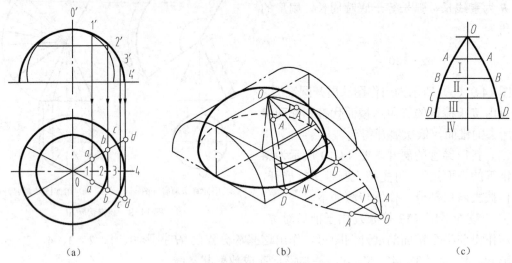

图 14-11　用展开柱面的方法近似展开半球

作图步骤如下。

① 将球的水平投影分成若干等分（图中分为 6 等分）。

② 将正面投影的轮廓线分为若干等分（图中分为 4 等分），得分点 $1'$、$2'$ 等。

③ 过正面投影的各等分点作正垂线，并求出其水平投影 aa、bb、cc、dd。

④ 将弧 $0'4'$ 展成直线 $0\mathrm{IV}$，并在此线上确定分点 I、II、III。

⑤ 过点 I、II、III、IV 分别作 $0\mathrm{IV}$ 的垂线，并取 $AA = aa$、$BB = bb$、$CC = cc$、$DD = dd$，得 A、B、C、D 点。

⑥ 将 A、B、C、D 点连成圆滑的曲线，即得 1/6 半球面的展开图。

2．近似锥面法

用若干水平面将球面分为相应数量的小块（图 14-12 所示是分为 7 块），把中间一块 I 近似地作为圆柱面展开，其余各块球带近似地作为圆台处理，两极的球冠作为正圆锥面展开。各锥面的锥顶分别位于球轴上的 S_2、S_3、S_4 等点的地方。分别展开各块即得球面的近似展开图。

3．正圆柱螺旋面的近似展开

图 14-13（a）所示为一正圆柱螺旋面，其连续两素线不在同一平面内，因此是不可展曲面，可用三角形法近似展开。其作图步骤如下。

① 将一个导程的螺旋面分成若干等分（图中为 12 等分），画出各条素线。用对角线将相邻两直线间的曲面近似分为两个三角形，如曲面 $A_0A_1B_1B_0$ 可认为是由 $\triangle A_0A_1B_0$ 和 $\triangle A_1B_0B_1$ 组成的。

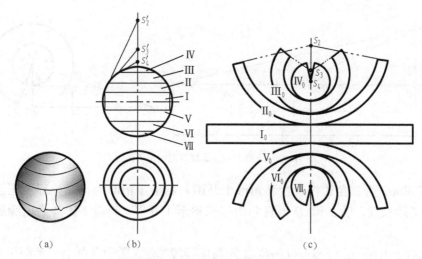

图 14-12　用展开锥面的方法近似展开球面

② 用直角三角形法求出各三角形边的实长，然后作出它们的实形，并拼画在一起。例如，将 $\triangle A_0A_1B_0$ 和 $\triangle A_1B_0B_1$ 拼合为一个导程正螺旋面展开图的 1/12。

③ 其余部分的作图，可延长 A_1B_1、A_0B_0 交于 O。以 O 为圆心、OB_1 和 OA_1 为半径分别作大小两个圆弧。在大弧上截取 11 份弧 A_1A_0 的长度，即得一个导程的正圆柱螺旋面的展开图，如图 14-13（c）所示。

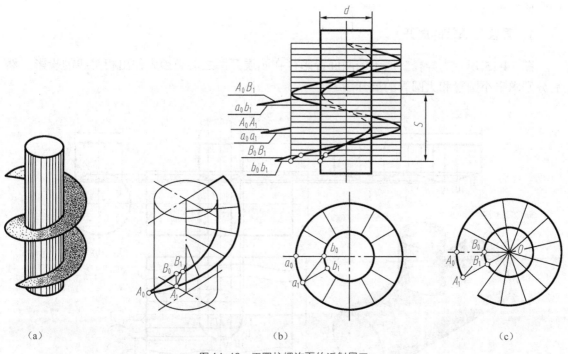

图 14-13　正圆柱螺旋面的近似展开

如已知导程 S、内径 d、外径 D，通常可用简便方法作出正螺旋面的展开图，如图 14-14 所示。

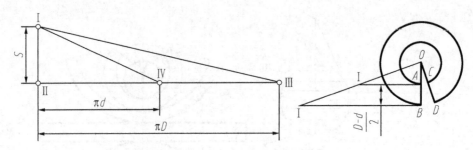

图 14-14　正圆柱螺旋面展开图的简便画法

① 以 S 和 πD 为直角边作直角三角形 ⅠⅡⅢ，斜边 ⅠⅢ即为一个导程的正圆柱螺旋面外缘展开的实际长度。以 S 和 πD 为直角边作三角形 ⅠⅡⅣ，斜边 ⅠⅣ即为内缘展开的实际长度。

② 以 ⅠⅣ、ⅠⅢ为上下底，$(D-d)/2$ 为高作等腰梯形（图中只画出一半即 ⅠA = Ⅰ$Ⅳ$/2，ⅠB = Ⅰ$Ⅲ$/2），延长 ⅠⅠ、AB 交于 O，以 OA、OB 为半径画圆，在外圆周上量取一段弧长等于 ⅠⅢ，得 D 点。D 与 O 连接与内圆周相交得 C 点，弧 AC 和 BD 所围成的图形即为正圆柱螺旋面一个导程的展开图。

14.1.4　展开应用举例

异径三通管、方圆接头、直角弯管是比较常见的钣金件，下面介绍这 3 种钣金件的展开图画法。

1. 异径三通管的展开

图 14-15 所示为异径三通管的两面投影。在画展开图之前必须先作出相贯线的投影，然后分别求出小圆管和大圆管的展开图。

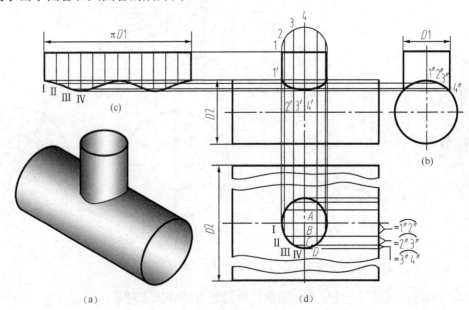

图 14-15　圆柱异径三通管展开

作图步骤如下。

① 小圆柱管展开，与前例斜口圆管展开方法相同。

② 大圆柱管展开，主要是求出相贯线展开后的图形。

先将大圆柱管展成矩形，量取 $AB = 1''2''$、$BC = 2''3''$、$CD = 3''4''$（以弦长代弧长），过 A、B、C、D 各点引水平线，与过 $1'$、$2'$、$3'$、$4'$ 各点向下引的铅垂线相交得相应素线的交点 I、II、III、IV 及其对称点。

③ 光滑连接点 I、II、III、IV 及其对称点，即得相贯线展开后的图形，如图 14-15（d）所示。

2. 直角等径弯管的表面展开

在通风管道中，如要垂直地改变风道方向，多用图 14-16（a）所示的直角弯管，它由几节等径圆柱管组成，中间两个全节，两端为两个半节，它们的展开方法与图 14-8 所示的斜口圆柱管类似。

在弯管各节圆柱斜口倾斜角相同的条件下，如果把各节圆柱每隔一节颠倒一下位置，则可接成一个完整的圆柱管，如图 14-16（c）所示。因此，各节展开图可按图 14-16（d）的方法排列。这种展开方法作图简便，排料合理，下料也方便。

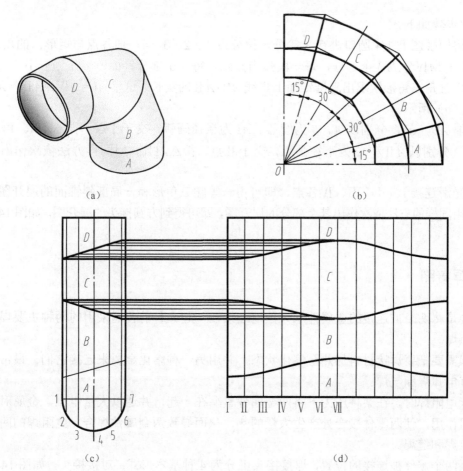

图 14-16 直角弯管的展开

3. 方圆接头的表面展开

方圆接头一般用于连接两形状不同的管道，通过形状逐渐变化，以减小过渡处的阻力。图 14-17（a）、（b）所示的方圆接头由 4 个等腰三角形和 4 个部分锥面组成，将这些组成部分的实形顺次画在同一平面上，即得方圆接头的展开图。

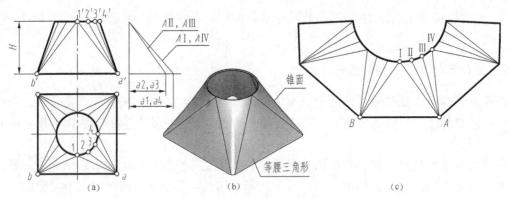

图 14-17　方圆接头的表面展开

作图步骤如下。

① 将俯视图上 1/4 圆口进行 3 等分，得分点 1、2、3、4，把各点与矩形口的顶点 A 相连，把锥面 IAIV 分成 3 个部分，每一段弧当作弦，每一小部分锥面近似作为一小三角形。

② 用直角三角形法求出斜圆锥面上素线 AI、AII 的实长。这里 AI = AIV，AII = AIII，如图 14-17（a）所示。

③ 取 $AB = ab$，分别以 A、B 为圆心、AI 为半径画弧，交于 I 点，得 △ABI。再以 A 和 I 为圆心，分别以 AII 和 $\overset{\frown}{12}$ 为半径画弧，交于 II 点，得 △AI II，用同样方法依次作出其他三角形。

④ 光滑连接 I、II、III、IV 各点，即可得一等腰三角形和一局部斜锥面的展开图。

⑤ 用同样的方法依次作出其余部分的展开图，即可得到方圆接头的展开图，如图 14-17（c）所示。

14.2　焊接图

焊接是将两个被连接的金属件永久性地连接在一起。目前普遍采用的两种主要焊接为熔焊和电阻焊。

熔焊需要把要焊接材料加热至熔化状态，并用另一种熔化金属来连接它们。最常用的熔焊形式有电弧焊和气焊。

进行电阻焊时，在某种压力下将两金属件紧贴在一起，并通以大量电流，金属对通过电流的电阻作用，使两零件接合处产生大量的热，从而导致两金属件焊合。电阻焊的两种基本形式是点焊和缝焊。

按照两个零件被连接的位置，焊接接头可分为 4 种基本形式：对接接头，如图 14-18（a）

所示；角接接头，如图 14-18（b）所示；T 形接头，如图 14-18（c）所示；搭接接头，如图 14-18（d）所示。

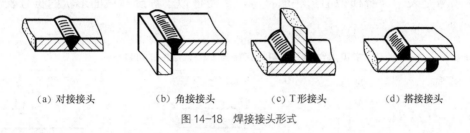

(a) 对接接头 (b) 角接接头 (c) T形接头 (d) 搭接接头

图 14-18 焊接接头形式

焊接图是供焊接用的图样，它除了将焊接件的结构表达清楚以外，还应将焊接的有关内容表示清楚。为此，国家标准规定了焊缝的画法、符号、尺寸标注方法及焊接方法的表示代号。

本节主要介绍常见的焊缝符号及其标注方法。

14.2.1 焊缝的图示法

焊接时的熔合处称为焊缝。在技术图样中，一般按 GB/T 12212—1990 规定的焊缝符号表示焊缝。

如需在图样中简易地绘制焊缝，可用视图、剖视图或断面图表示，也可以用轴测图示意地表示，如图 14-19 所示。

视图中，焊缝用一系列细实线短划（允许徒手绘制）表示，如图 14-19（a）所示，也可用粗实线表示焊缝，该粗实线的宽度为轮廓线宽度的 2～3 倍，如图 14-19（b）所示。但在同一图样中，只允许采用一种画法。在剖视图或断面图上，焊缝的金属熔焊区一般应涂黑表示，必要时可采用局部放大图表示焊缝，如图 14-19（c）所示。

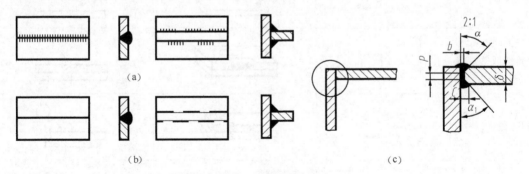

(a)

(b)   (c)

图 14-19 焊缝的规定画法

14.2.2 焊缝符号

当焊缝分布比较简单时，可不必画出焊缝，只需在焊缝处标注焊缝符号。一般采用标准规定的焊缝符号来表示对焊缝的要求。

焊缝符号一般由基本符号和指引线组成，必要时还可加上辅助符号、补充符号和焊缝尺寸符号。

1. 基本符号

基本符号是表示焊缝横截面形状的符号,采用近似于焊缝横截面形状的符号表示,如表 14-1 所示。

表 14-1　　　　　　　　　　常见焊缝的基本符号(摘自 GB/T 324—1988)

名　称	符　号	焊缝形式	标注示例
I 型焊缝	‖		
V 型焊缝	V		
带钝边 U 型焊缝	Y		
带钝边单边 V 型焊缝	Y		
缝底焊缝	⌒		
角焊缝	△		
塞焊缝或槽焊缝	⊓		
点焊缝	○		
缝焊缝	⊖		

2. 辅助符号

辅助符号是表示焊缝表面特征的符号,如表 14-2 所示。当不需要确切地说明焊缝表面形状时,可不加注此符号。

表 14-2 辅助符号及其标注方法

名 称	示 意 图	符 号	标 注 法	说 明
平面符号		—		焊缝表面齐平（一般通过加工）
凹面符号	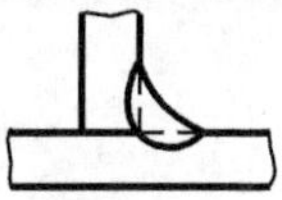	⌣		焊缝表面凹陷
凸面符号	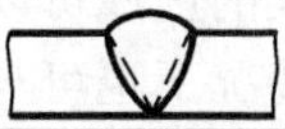	⌢		焊缝表面凸起

3. 补充符号

补充符号是补充说明焊缝的某些特征而采用的符号，如表 14-3 所示。

表 14-3 补充符号及标注方法

名 称	示 意 图	符 号	标 注 法	说 明
带垫板符号	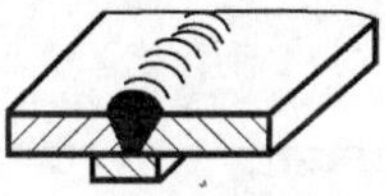	▭	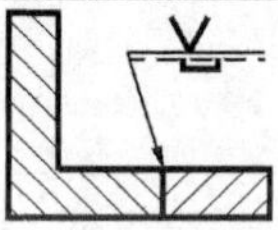	表示焊缝底部有垫板
三面焊缝符号	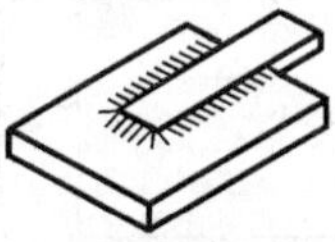	⊏	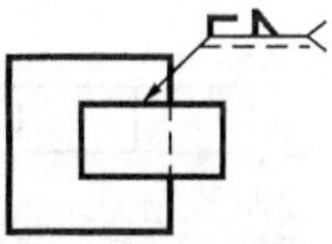	表示三面带有焊缝
周围焊缝符号	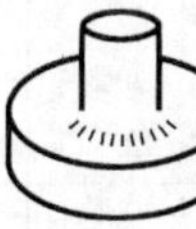	○	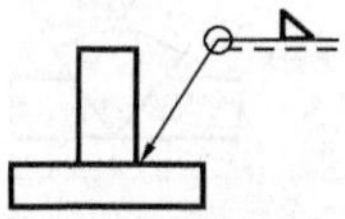	表示环绕工件周围焊缝
现场符号		 ▶	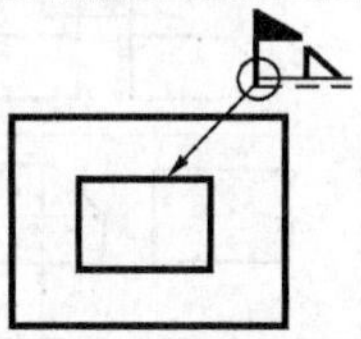	表示在现场或工地上进行焊接
尾部符号		<	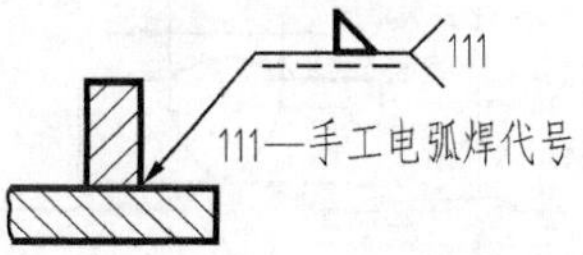 111—手工电弧焊代号	参照 GB/T 5185 标注工艺内容
交错断续符号		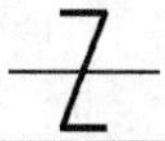 Z		交错断续角焊

4. 指引线

指引线由带箭头的细实线和两条基准线（一条细实线和一条虚线）组成，如图 14-20 所示。

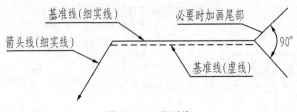

图 14-20　指引线

基准线的上方和下方用来标注各种符号和尺寸，基准线的虚线可以画在基准线实线的上侧或下侧。基准线一般与图样中标题栏的长边平行，特殊情况下也可与标题栏的长边垂直。

箭头指向有关的焊缝处，必要时允许箭头线折弯一次。当需要说明焊接方法时，可在基准线末端增加尾部符号（见图 14-20）。

5. 焊缝尺寸符号

焊缝尺寸符号是表明焊缝截面、长度、数量、坡口等有关尺寸的符号。焊缝尺寸一般不标注，需注明时可用焊缝尺寸符号（字母）表示对焊缝的尺寸要求。常见的焊缝尺寸符号如表 14-4 所示。

表 14-4　　　　　　　　　常见焊缝尺寸符号

符号	名称	示意图	符号	名称	示意图
δ	工件厚度		e	焊缝间距	
a	坡口角度		K	焊角尺寸	
b	根部间隙		d	熔核直径	
p	钝边高度		S	焊缝有效厚度	
c	焊缝宽度		N	相同焊缝数量符号	
R	根部半径		H	坡口深度	
l	焊缝长度		h	余高	
n	焊缝段数		β	坡口面角度	

在图样中，焊缝符号的线宽，焊缝符号中字体的字形、字高和字体笔画宽度应与图样中其他符号（如尺寸符号、表面结构符号、几何公差符号）的线宽、尺寸字体的字形、字高和笔画宽度相同。

6. 焊接方法及其数字代号

焊接的方法很多，可用文字在技术要求中注明，也可用数字代号直接注写在引线的尾部，常用焊接方法的数字代号如表 14-5 所示。

表 14-5　　　　　　　　　　　焊接方法

焊 接 方 法	数 字 代 号	焊 接 方 法	数 字 代 号
手工电弧焊	111	激光焊	751
埋弧焊	12	氧-乙炔焊	311
电渣焊	72	硬钎焊	91
电子束焊	76	点焊	21

14.2.3　焊缝的标注方法

标注焊缝符号时，指引线的箭头应指向接头，可以指向焊缝的正面或反面，如图 14-21（a）、（b）所示。

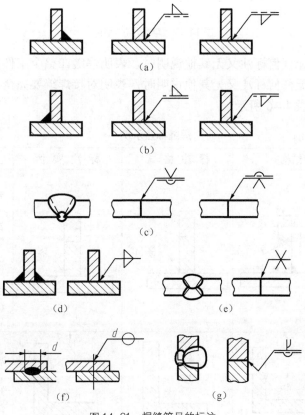

图 14-21　焊缝符号的标注

基本符号相对于基准线的位置规定如下。

（1）如果基本符号在基准线的实线一侧，就必须在连接的箭头侧施焊，如图 14-21（a）、（c）所示。

（2）如果基本符号在基准线的虚线一侧，就必须在连接的远离箭头侧（或称非箭头侧）施焊，如图 14-21（b）所示。

（3）标注对称焊缝或双面焊时，虚线可省略，如图 14-21（d）、（e）所示。

（4）点焊缝和缝焊缝位于中心位置时，基本符号的中心应定在基准线上，如图 14-21（f）所示。

（5）对单边 V 形焊缝或 J 形焊缝，应将箭头指向要削斜或开坡口的构件，如图 14-21（g）所示。必要时，允许箭头线曲折一次。

焊缝尺寸的标注方法规定如下。

焊缝横断面上的尺寸标在基本符号的左侧，焊缝长度方向的尺寸标在基本符号的右侧，坡口角度、坡口面角度、根部间隙等尺寸标在基本符号的上侧或下侧，相同焊缝数量（N）及焊接方法代号标在尾部。当需要标注的尺寸数量较多又不容易分辨时，可在数据前增加相应的尺寸符号。

各焊缝尺寸在焊缝符号中的位置如图 14-22 所示。

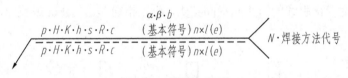

图 14-22 焊缝尺寸标注

在基本符号右侧无任何标注又无其他说明时，表明焊缝在整个工件的长度方向上是连续的。在基本符号左侧无任何标注又无其他说明时，表明对接焊缝要完全焊透。

焊缝标注示例如表 14-6 所示。

表 14-6   焊缝标注示例

焊缝画法及焊缝结构	标注格式	标注实例	说 明
			① 用埋弧焊形成的带钝边 V 形连续焊缝（表面平齐）在箭头侧。钝边 $p = 2$ mm，根部间隙 $b = 2$ mm，坡口角度 $\alpha = 60°$ ② 用手工电弧焊形成的连续、对称角焊缝（表面凸起）。焊角尺寸 $k = 3$ mm
			表示用埋弧焊形成的带钝边单边 V 形焊缝在箭头侧。钝边 $p = 2$ mm，坡口面角度 $\beta = 45°$，焊缝是连续的

续表

焊缝画法及焊缝结构	标 注 格 式	标 注 实 例	说 明
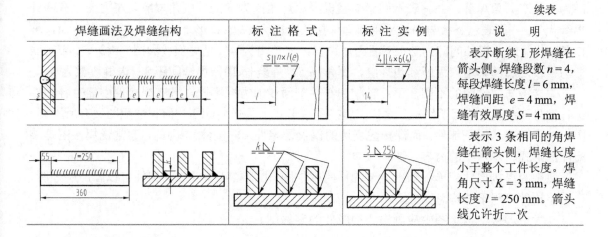			表示断续 I 形焊缝在箭头侧。焊缝段数 $n=4$，每段焊缝长度 $l=6\,mm$，焊缝间距 $e=4\,mm$，焊缝有效厚度 $S=4\,mm$
			表示 3 条相同的角焊缝在箭头侧，焊缝长度小于整个工件长度。焊角尺寸 $K=3\,mm$，焊缝长度 $l=250\,mm$。箭头线允许折一次

14.2.4 焊接图示例

图 14-23 所示为轴承挂架的焊接图。由图可知，该焊接件由 4 个构件焊接而成，构件 1 为竖板，构件 2 为横板，构件 3 为肋板，构件 4 为圆筒。

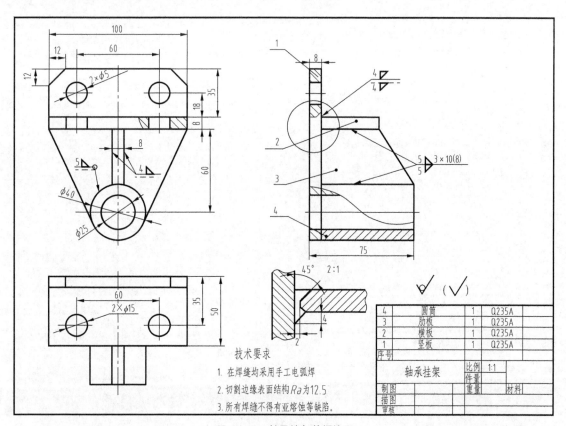

图 14-23 轴承挂架的焊接图

从图上所标的焊接符号可知，主视图上有两处焊缝代号：⊿表示肋板与竖板采用焊角高为 4 的双面角焊缝，⟪图标⟫表示圆筒与竖板采用焊角高为 5 的周围角焊缝。左视图上有两处焊缝代号：⟪图标⟫表示竖板与横板采用双面焊接，上面为单边 V 形平口焊缝，钝边高为 4，坡口角度为 45°，根部间隙为 2；下面为角焊缝，焊角高为 4（见局部放大图）。⟪图标⟫表示肋板与横板及圆筒采用双面断续角焊缝，焊角高 5，焊缝长 10，焊缝间距 8，焊缝段数为 3。

　　焊接图与零件图的不同在于：各相邻零件剖面线的方向不同，且在焊接件中需对各构件进行编号，并需要填写明细栏。这样，焊接图从形式上很像装配图，但与装配图又有所不同，因为装配图表达的是部件，而焊接图表达的仅仅是零件（焊接件），因此，通常说焊接图是装配图的形式、零件图的内容。

　　复杂的焊接构件应单独画出主要构件的零件图，由板料弯曲卷成的构件可以画出展开图，个别小构件可附于结构总图上。

　　在大型焊接结构总图中应画出各构成件的零件图。

第 **15** 章 计算机绘图简介

【学习目标】

- AutoCAD 绘图环境及基本操作。
- 常用绘图及编辑命令。
- 书写文字及标注尺寸。
- 打印图形。

本章简要介绍 CAD 的基本知识及其主要绘图功能。通过本章的学习，使学生了解 CAD 技术的重要内涵，初步掌握 AutoCAD 的常用绘图及编辑命令。

15.1　CAD 技术简介

计算机辅助设计（Computer Aided Design，CAD）是电子计算机技术应用于工程领域产品设计的新兴交叉技术。其定义为：CAD 是计算机系统在工程和产品设计的整个过程中，为设计人员提供各种有效工具和手段，加速设计过程，优化设计结果，从而达到最佳设计效果的一种技术。

计算机辅助设计包含的内容很多，有概念设计、工程绘图、三维设计、优化设计、有限元分析、数控加工、计算机仿真及产品数据管理等。在工程设计中，许多繁重的工作，如复杂的数学和力学计算、多种方案的综合分析与比较、绘制工程图、整理生产信息等，均可借助计算机来完成。设计人员则可对处理的中间结果作出判断和修改，以便更有效地完成设计工作。一个好的计算机辅助设计系统要既能很好地利用计算机高速分析计算的能力，又能充分发挥人的创造性作用，即要找到人和计算机的最佳结合点。

1. CAD 技术发展历程

CAD 技术起始于 20 世纪 50 年代后期，进入 20 世纪 60 年代，在计算机屏幕上绘图变为可行，并开始迅猛发展。早期的 CAD 技术主要体现为二维计算机辅助绘图，人们借助此项技术摆脱了繁琐、费时的手工绘图。这种情况一直持续到 20 世纪 70 年代末，此后计算机辅助绘图作为 CAD 技术的一个分支而相对独立、平稳地发展。进入 20 世纪 80 年代以来，随着 32 位微机工作站和微型计算机的发展和普及，再加上功能强大的外围设备，如大型图形显示器、绘图仪、激光打印机的问世，CAD 技术的发展得到了极大地推动。与此同时，CAD 技术理论也经历了几次重大的创新，形成了曲面造型、实体造型、参数化设计及变量化设计等系统。CAD 软件已做到设计与制造过程的集成，不仅可进行产品的设计计算和绘图，而且能实现自由曲面设计、工程造型、有限元分析、机构仿真及模具设计制造等各种工程应用。现在，CAD 技术已全面进入实用化阶段，广泛服务于机械、建筑、电子、宇航、纺织等领域的产品总体设计、造型设计、结构设计、工艺过程设计等各环节。

2．CAD 系统组成

CAD 系统由硬件和软件组成，要充分发挥 CAD 的作用，就要有高性能的硬件和功能强大的软件。

硬件是 CAD 系统的基础，由计算机及其外围设备组成。计算机分为大型机、工程工作站及高档计算机。目前应用较多的是 CAD 工作站及计算机系统。外围设备包括鼠标、键盘、数字化仪、扫描仪等输入设备和显示器、打印机、绘图仪等输出设备。

软件是 CAD 系统的核心，分为系统软件和应用软件。系统软件包括操作系统、网络通信软件、数据库管理软件等。应用软件包括 CAD 支撑软件和用户开发的 CAD 专用软件，它们运行于操作系统之上，用于解决设计中的各种实际问题，如常规设计计算方法库、优化设计方法库、产品设计软件包、机械零件设计计算库等。

3．典型 CAD 软件

目前，CAD 软件主要运行在工作站及计算机平台上。工作站虽然性能优越，图形处理速度快，但价格却十分昂贵，这在一定程度上限制了 CAD 技术的推广。随着 Pentium 芯片和 Windows 系统的流行，以前只能运行在工作站上的著名 CAD 软件（如 UG、CATIA、Pro/E 等）现在也可以运行在计算机上了。

20 世纪 80 年代以来，国际上推出了一大批通用 CAD 集成软件，表 15-1 中列出了几个比较优秀、比较流行的商品化软件的情况。

表 15-1 著名 CAD 软件情况介绍

软 件 名 称	厂　　家	主　要　功　能
Unigraphics（UG）	UG 软件起源于美国麦道飞机公司，于 1991 年加入世界上最大的软件公司——EDS 公司，随后以 Unigraphics Solutions 公司（简称 UGS）运作。UGS 是全球著名的 CAD/CAE/CAM 供应商，主要为汽车、航空航天、通用机械等领域 CAD/CAE/CAM 提供完整的解决方案。其主要的 CAD 产品是 UG。美国通用汽车公司是 UG 软件的最大用户	基于 UNIX 和 Windows 操作系统 参数化和变量化建模技术相结合 全套工程分析、装配设计等强大功能 三维模型自动生成二维图像 曲面造型、数控加工等方面有一定的特色 在航空及汽车工业应用广泛
Pro/Engineer	美国 PTC 公司，1985 年成立于波士顿，是全球 CAD/CAE/CAM 领域最具代表性的著名软件公司，同时也是世界第一大 CAD/CAE/CAM 软件公司	基于 UNIX 和 Windows 操作系统 基于特征的参数化建模 强大的装配设计 三维模型自动生成二维图像 曲面造型、数控加工编程 真正的全相关性，任何地方的修改都会自动反映到所有相关地方 有限元分析

续表

软 件 名 称	厂　　　家	主 要 功 能
SolidWorks	美国 SolidWorks 公司，成立于 1993 年，是全世界最早将三维参数化造型功能发展到微型计算机上的公司。该公司主要从事三维机械设计、工程分析及产品数据管理等软件的开发和营销	基于 Windows 平台 参数化造型 包含装配设计、零件设计、工程图和钣金等模块 图形界面友好，操作简便
AutoCAD	Autodesk 公司是世界第四大 PC 软件公司，成立于 1982 年。在 CAD 领域内，该公司拥有全球最多的用户量，它也是全球规模最大的基于 PC 平台的 CAD、动画及可视化软件企业	基于 Windows 平台，是当今最流行的二维绘图软件 强大的二维绘图和编辑功能 三维实体造型 具有很强的定制和二次开发功能

15.2　AutoCAD 用户界面

启动 AutoCAD 2008 后，其用户界面如图 15-1 所示，主要由标题栏、绘图窗口、菜单栏、工具栏、面板、命令提示窗口和状态栏等部分组成，下面分别介绍各部分的功能。

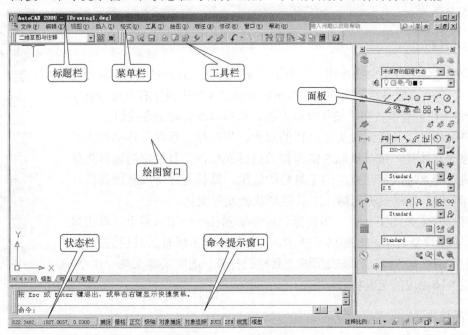

图 15-1　AutoCAD 2008 用户界面

1．标题栏

标题栏在程序窗口的最上方，它显示了 AutoCAD 的程序图标及当前所操作的图形文件名称及路径。

2．绘图窗口

绘图窗口是用户绘图的工作区域，该区域无限大，其左下方有一个表示坐标系的图标，此图标指示了绘图区的方位。图标中的箭头分别指示 x 轴和 y 轴的正方向。

当移动鼠标光标时，绘图区域中的十字形光标会随之移动，与此同时在绘图区底部的状态栏中将显示光标点的坐标读数。单击该区域可改变坐标的显示方式。

绘图窗口包含了两种绘图环境，一种称为模型空间，另一种称为图纸空间。在此窗口底部有 3 个选项卡 **模型** 布局1 布局2 ，默认情况下，【模型】选项卡是按下的，表明当前绘图环境是模型空间，用户在这里一般按实际尺寸绘制二维或三维图形。当单击【布局 1】或【布局 2】时，就切换至图纸空间。可以将图纸空间想象成一张图纸（系统提供的模拟图纸），用户可在这张图纸上将模型空间的图样按不同缩放比例布置在图纸上。

3. 下拉菜单和快捷菜单

单击菜单栏中的主菜单，弹出对应的下拉菜单。下拉菜单包含了 AutoCAD 的核心命令和功能，通过鼠标光标选择菜单中的某个选项，系统就执行相应的命令。

另一种形式的菜单是快捷菜单，当单击鼠标右键时，在鼠标光标的位置上将出现快捷菜单。快捷菜单提供的命令选项与鼠标光标的位置及系统的当前状态有关。

4. 工具栏

工具栏包含了许多命令按钮，只需单击某个按钮，AutoCAD 就执行相应的命令。有些按钮是单一型的，有些是嵌套型的（按钮图标右下角带有小黑三角形）。在嵌套型按钮上按住鼠标左键，将弹出嵌套的命令按钮。

用户可移动工具栏或改变工具栏的形状。将鼠标光标箭头移动到工具栏的边缘或双线处，按下鼠标左键并拖动鼠标光标，工具栏就随鼠标光标移动；将鼠标光标放置在拖出的工具栏的边缘，鼠标光标变成双面箭头，按住鼠标左键，拖动鼠标光标，工具栏形状就发生变化。

也可打开或关闭工具栏。将鼠标光标移动到任一个工具栏上，单击鼠标右键，弹出快捷菜单，如图 15-2 所示，该菜单列出了所有工具栏的名称。若名称前带有"√"标记，则表示该工具栏已打开。选取菜单上某一命令，就打开或关闭相应的工具栏。

图 15-2　快捷菜单

5. 面板

面板是一种特殊形式的选项板，它由工具按钮及一些功能控件组成，选择菜单命令【工具】/【选项板】/【面板】，就打开或关闭它。

6. 命令提示窗口

命令提示窗口位于 AutoCAD 程序窗口的底部，用户输入的命令、系统的提示及相关信息都反映在此窗口中。默认情况下，该窗口仅显示两行，将鼠标光标放在窗口的上边缘，鼠标光标变成双面箭头，按住鼠标左键向上拖动鼠标光标，就可以增加命令窗口显示的行数。

按 F2 键打开命令提示窗口，再次按 F2 键又可关闭此窗口。

7. 状态栏

状态栏上将显示绘图过程中的许多信息，如十字形光标的坐标值、一些提示文字等。

15.3　图层、线型、线宽及颜色

AutoCAD 的图形对象总是位于某个图层上，创建图层的命令是 LA（LAYER）。默认情况下，当前层是 0 层，此时所画图形对象都在 0 层上。每个图层都有与其相关联的颜色、线型及线宽等属性信息，用户可以对这些信息进行设定或修改。

【**例 15-1**】创建图层并设置线型、线宽及颜色。

名称	颜色	线型	线宽
轮廓线层	白色	Continuous	0.5
中心线层	红色	Center	默认
虚线层	黄色	dashed	默认
名称	颜色	线型	线宽
剖面线层	绿色	Continuous	默认
尺寸标注层	绿色	Continuous	默认
文字说明层	绿色	Continuous	默认

（1）启动 LA 命令，打开【图层特性管理器】对话框，再利用 按钮创建新图层，如图 15-3 所示。图层"0"前有绿色标记"√"，表示该图层是当前层。

图 15-3　【图层特性管理器】对话框

（2）指定图层颜色。选中图层，单击与所选图层关联的图标█百，打开【选择颜色】对话框，利用此对话框设置图层的颜色。

（3）给图层分配线型。选中图层，单击与所选图层关联的"Continuous"，打开【选择线

型】对话框，利用此对话框设置图层的线型。

（4）设定线宽。选中图层，单击与所选图层关联的图标━━ 默认，打开【线宽】对话框，利用此对话框设置图层的线宽。

15.4 基本绘图命令

AutoCAD 的常用绘图命令包含在【绘图】工具栏中，下面介绍这些命令的用法。

15.4.1 输入坐标画线

L（LINE╱）命令可在二维或三维空间中创建线段，发出命令后，用户通过鼠标光标指定线段的端点或利用键盘输入端点坐标，AutoCAD 就将这些点连接成线段。

常用的点坐标形式如下。

（1）绝对直角坐标为"X,Y"。

（2）相对直角坐标为"$@X,Y$"。

（3）绝对极坐标为"$R<\alpha$"。

（4）相对极坐标为"$@R<\alpha$"。

X 表示点的 x 坐标值，Y 表示点的 y 坐标值，两坐标值之间用"，"号分隔开。R 表示点到原点的距离，α 表示极轴方向与 x 轴正向间的夹角。若从 x 轴正向逆时针旋转到极轴方向，则 α 角为正；否则，α 角为负。

绘制线段时若只输入"$<\alpha$"，而不输入"R"，则表示沿 α 角度方向绘制任意长度的线段，这种绘制线方式称为角度覆盖方式。

【例 15-2】 已知图形左下角点的绝对坐标及图形尺寸，如图 15-4 所示。用 LINE 命令绘制此图形。

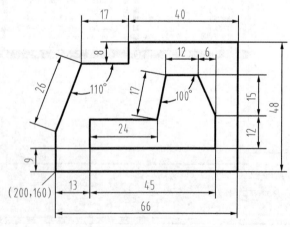

图 15-4 输入点的坐标画线

15.4.2 捕捉几何点画线

用 L 命令绘制线的过程中，可启动对象捕捉功能以拾取一些特殊的几何点，如端点、圆心及切点等。【对象捕捉】工具栏中包含了各种对象捕捉工具，其中常用捕捉工具的功能及命令代号如表 15-2 所示。

表 15-2 对象捕捉工具及代号

捕 捉 按 钮	代 号	功 能
	FRO	正交偏移捕捉。先指定基点，再输入相对坐标，确定新点
	END	捕捉端点
	MID	捕捉中点
	INT	捕捉交点
	EXT	捕捉延伸点。从线段端点开始沿线段方向捕捉一点
	CEN	捕捉圆、圆弧、椭圆的中心
	QUA	捕捉圆、椭圆的 0°、90°、180° 或 270° 处的点——象限点
	TAN	捕捉切点
	PER	捕捉垂足
	PAR	平行捕捉。先指定线段起点，再利用平行捕捉绘制平行线
无	M2P	捕捉两点间连线的中点

【例 15-3】 打开对象捕捉，用 L 命令将左图修改为右图，如图 15-5 所示。

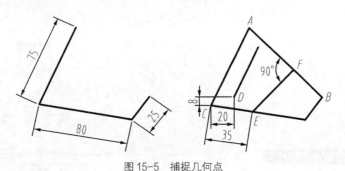

图 15-5 捕捉几何点

调用对象捕捉功能的方法有以下 3 种。

（1）绘图过程中，当 AutoCAD 提示输入一个点时，用户可单击捕捉按钮或输入捕捉命令代号来启动对象捕捉。然后将鼠标光标移动到要捕捉的特征点附近，AutoCAD 就自动捕捉该点。

（2）启动对象捕捉的另一种方法是利用快捷菜单。发出 AutoCAD 命令后，按下 Shift 键并单击鼠标右键，弹出快捷菜单，用户可在弹出的菜单中选择捕捉何种类型的点。

（3）前面所述的捕捉方式仅对当前操作有效，命令结束后，捕捉模式自动关闭，这种捕捉方式称为覆盖捕捉方式。除此之外，用户还可以采用自动捕捉方式来定位点，按下状态栏上的对象捕捉按钮，就打开这种方式。

15.4.3 输入线段长度画线

利用画线辅助工具可以快速绘制线段。

1. 正交模式

按 F8 键（或按下状态栏上的 正交 按钮）打开正交模式。在正交模式下鼠标光标只能沿水平或竖直方向移动。画线时若同时打开该模式，则只需输入线段的长度值，AutoCAD 就自动画出水平或竖直线段。

2. 极轴追踪

按 F10 键（或按下状态栏上的 极轴 按钮）打开极轴追踪功能。打开此功能并启动 LINE 命令后，鼠标光标就沿用户设定的极轴方向移动，AutoCAD 在该方向上显示一条追踪辅助线及光标点的极坐标值，如图 15-6 所示。输入线段的长度，按 Enter 键，就绘制出指定长度的线段。极轴方向不是固定不变的，它根据增量角度而变化。

输入 DS，按 Enter 键（用鼠标右键单击 极轴 按钮，选择【设置】命令），打开【草图设置】对话框，如图 15-7 所示。

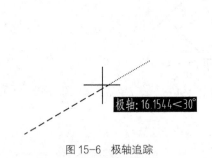

极轴: 16.1544<30°

图 15-6 极轴追踪

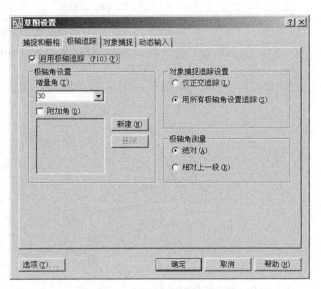

图 15-7 【草图设置】对话框

在【极轴追踪】选项卡的【增量角】下拉列表中设定极轴角增量为"30"。此后，若用户打开极轴追踪画线，则鼠标光标将自动沿 0°、30°、60°、90°、120°等方向进行追踪。

3. 自动追踪

按 F11 键（或按下状态栏上的 对象追踪 按钮）打开自动追踪功能。自动追踪是指 AutoCAD 从一点开始自动沿某一方向进行追踪，追踪方向上将显示一条追踪辅助线及光标点的极坐标值。输入追踪距离，按 Enter 键，就确定新的点。在使用自动追踪功能时，必须打开对象捕捉。AutoCAD 首先捕捉一个几何点作为追踪参考点，然后沿水平方向、竖直方向或设定的极轴方向进行追踪，如图 15-8 所示。

【例 15-4】 打开对象捕捉、极轴追踪及自动追踪功能，使用 LINE 命令绘制平面图形，如图 15-9 所示。

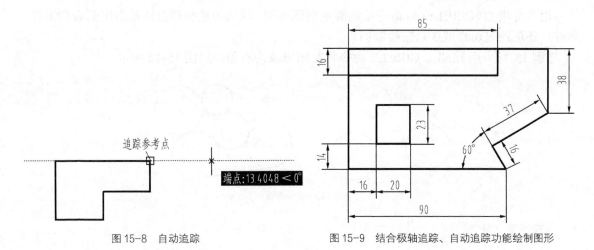

图 15-8 自动追踪 　　　图 15-9 结合极轴追踪、自动追踪功能绘制图形

15.4.4 绘制平行线

O（OFFSET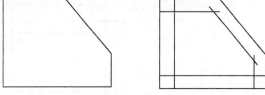）命令可将对象偏移指定的距离，创建一个与原对象类似的新对象。使用该命令时，用户可以通过两种方式创建平行对象，一种是输入平行线间的距离，另一种是指定新平行线通过的点。

当平移一个圆时，可创建同心圆。当平移一条闭合的多段线时，可建立一个与原对象形状相同的闭合图形。

【例 15-5】 用 OFFSET 命令将左图修改为右图，如图 15-10 所示。

图 15-10 作平行线

15.4.5 无限长构造线

XL（XLINE ）命令可以画无限长的构造线，利用它能直接画出水平方向、竖直方向、倾斜方向及平行关系的直线，作图过程中采用此命令画定位线或绘图辅助线是很方便的。

【例 15-6】 用 XLINE 命令将左图修改为右图，如图 15-11 所示。

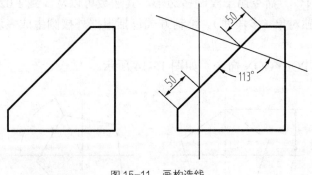

图 15-11 画构造线

15.4.6 绘制切线、圆及圆弧连接

用户可利用 L 命令并结合切点捕捉"TAN"来绘制切线。

用户可用 C（CIRCLE ⊘）命令绘制圆及圆弧连接。默认的绘制圆方法是指定圆心和半径。此外，还可通过两点或 3 点来绘制圆。

【例 15-7】 用 LINE、CIRCLE 命令将左图修改为右图，如图 15-12 所示。

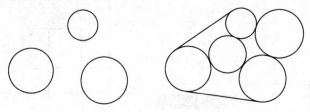

图 15-12　画圆

15.4.7　矩形

REC（RECTANG ▭）命令用于绘制矩形，用户只需指定矩形对角线的两个端点就能画出矩形。绘制时，可设置矩形边线的宽度，还能指定顶点处的倒角距离及圆角半径。

【例 15-8】 练习 RECTANG 命令，如图 15-13 所示。

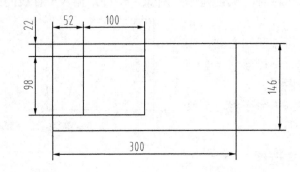

图 15-13　绘制矩形

15.4.8　正多边形

POL（POLYGON ⬠）命令用于绘制多边形，其边数可以从 3 到 1 024。各边并非单一对象，它们构成一个单独对象（多段线）。绘制方式包括根据外接圆生成多边形，或是根据内切圆生成多边形。

【例 15-9】 练习 POLYGON 命令，如图 15-14 所示。

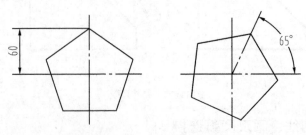

图 15-14　绘制正多边形

15.4.9　椭圆

EL（ELLIPSE◇）命令用于创建椭圆，椭圆形状由中心、长轴及短轴来确定。画椭圆的默认方法是指定椭圆第一根轴线的两个端点及另一轴长度的一半。另外，也可通过指定椭圆中心、第一轴的端点及另一轴线的半轴长度来创建椭圆。

图 15-15　绘制椭圆

【例 15-10】练习 ELLIPSE 命令，如图 15-15 所示。

15.4.10　样条曲线

用户可用 SPL（SPLINE～）命令绘制光滑曲线，该线是样条线，AutoCAD 通过拟合给

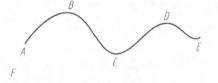
图 15-16　绘制样条曲线

定的一系列数据点形成这条曲线。在绘制工程图时，用户可以利用 SPLINE 命令画断裂线。

【例 15-11】　单击 A、B、C、D、E 点绘制样条曲线，该曲线起点和终点的切线方向可通过输入 F、G 点的相对极坐标来指定，如图 15-16 所示。

15.4.11　填充及编辑剖面图案

H（BHATCH▨）命令用于在闭合的区域内生成填充图案。启动该命令后，用户选择图案类型，再指定填充比例、图案旋转角度及填充区域，就可生成图案填充。

HE（HATCHEDIT▨）命令用于编辑填充图案，如改变图案的角度、比例或用其他样式的图案填充图形等，其用法与填充图案命令类似。

【例 15-12】　用 BHATCH 等命令将左图修改为右图，如图 15-17 所示。

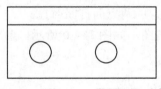 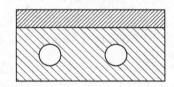
图 15-17　在封闭区域内画剖面线

15.5　基本编辑命令

AutoCAD 的常用编辑命令包含在【修改】工具栏中，下面介绍这些命令的用法。

15.5.1　延伸线条

利用 EX（EXTEND⁻⁄）命令可以将线段、曲线等对象延伸到一个边界对象，使其与边界对象相交。有时边界对象可能是隐含边界，这时对象延伸后并不与实体直接相交，而是与边界的隐含部分相交。在延伸操作中，一个对象可同时被用作边界边及延伸对象。

【例 15-13】 用 EXTEND 命令将左图修改为右图，如图 15-18 所示。

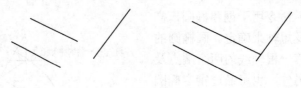

图 15-18　延伸线段

15.5.2　剪断线条

可使用 TR（TRIM✂）命令修剪多余线条。启动该命令后，AutoCAD 提示用户指定一个或几个对象作为剪切边（可以想象为剪刀），然后用户就可以选择被剪掉的部分。剪切边本身也可作为被修剪的对象。

当修剪图形中某一区域的线条时，可直接把这个部分的所有图元都选中，这样图元之间就能进行相互修剪。用户接下来的任务仅仅是仔细地选择被剪切的对象。

【例 15-14】 用 TRIM 命令将左图修改为右图，如图 15-19 所示。

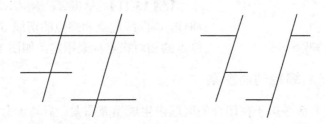

图 15-19　修剪线段

15.5.3　打断线条

BR（BREAK🔲）命令用于删除对象的一部分，常用于打断线段、圆、圆弧及椭圆等。此命令既可以在一个点处打断对象，也可以在指定的两点间打断对象。

【例 15-15】 用 BREAK 命令将左图修改为右图，如图 15-20 所示。

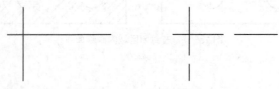

图 15-20　打断线段

BREAK 命令还有以下操作方式。

（1）如果要删除线段、圆弧或多段线的一端，可在选择被打断的对象后，将第二打断点指定在要删除部分那端的外面。

（2）当 AutoCAD 提示输入第二打断点时，键入"@"，则 AutoCAD 将第一断点和第二断点视为同一点，这样就将一个对象拆分为二而没有删除其中的任何一部分。

15.5.4　调整线条长度

LEN（LENGTHEN）命令可以一次改变多条线段的长度，使用此命令时，经常采用的选项是"动态"，即直观地拖动对象来改变其长度。

【**例 15-16**】　用 LENGTHEN 命令将左图修改为右图，如图 15-21 所示。

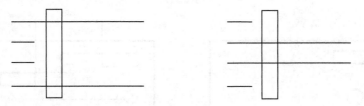

图 15-21　改变对象长度

15.5.5　选择并拉伸线段

选择线段，线段上出现关键点（实心矩形点），选中端点处的关键点，移动鼠标光标，就可以改变线段的长度。当调整水平或竖直方向线段的长度时，可打开正交模式或极轴追踪模式限制鼠标光标的移动方向，这样就能轻易地沿水平或竖直方向改变线段的长度。

15.5.6　倒圆角

用 F（FILLET　）命令倒圆角，操作的对象包括线段、多段线、样条线、圆及圆弧等。对于多段线可一次将多段线的所有顶点都光滑地过渡。

【**例 15-17**】　用 FILLET 命令将左图修改为右图，如图 15-22 所示。

图 15-22　倒圆角

15.5.7　倒角

用 CHA（CHAMFER　）命令倒角。倒角时既可以输入每条边的倒角距离，也可以指定某条边上倒角的长度及与此边的夹角。

【**例 15-18**】用 CHAMFER 命令将左图修改为右图，如图 15-23 所示。

图 15-23　倒角

15.5.8 移动对象

移动命令是 M（MOVE✥），发出 MOVE 命令后，用户选择要移动的图形元素，然后通过两点或直接输入位移值来指定对象移动的距离和方向。

【例 15-19】用 MOVE 命令将左图修改为右图，如图 15-24 所示。

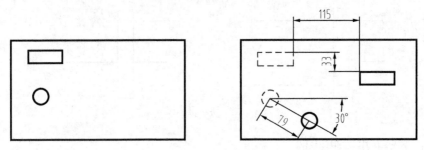

图 15-24　移动对象

使用 MOVE 命令时，可通过以下方式指明对象移动或复制的距离和方向。

（1）在屏幕上指定两个点，这两点的距离和方向代表了实体移动的距离和方向。当 AutoCAD 提示"指定基点"时，指定移动的基准点。在 AutoCAD 提示"指定第二个点"时，捕捉第二点或输入第二点相对于基准点的相对直角坐标或极坐标。

（2）以"X, Y"方式输入对象沿 x、y 轴移动的距离，或者用"距离<角度"方式输入对象位移的距离和方向。当 AutoCAD 提示"指定基点"时，输入位移值。在 AutoCAD 提示"指定第二个点"时，按 Enter 键确认，这样 AutoCAD 就以输入位移值来移动图形对象。

（3）打开正交或极轴追踪功能，就能方便地将实体只沿 x 或 y 轴方向移动。当 AutoCAD 提示"指定基点"时，单击一点并把实体向水平或竖直方向移动，然后输入位移的数值。

（4）使用"位移(D)"选项。选择该选项后，AutoCAD 提示"指定位移"。此时，以"X, Y"方式输入对象沿 x、y 轴移动的距离，或者以"距离<角度"方式输入对象位移的距离和方向。

15.5.9 复制对象

复制命令是 CO（COPY📇），发出命令后，用户选择要复制的图形元素，然后通过两点或直接输入位移值来指定对象复制的距离和方向。

【例 15-20】用 COPY 命令将左图修改为右图，如图 15-25 所示。

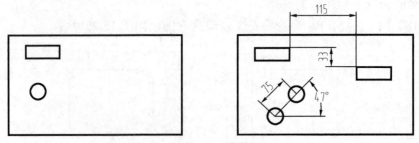

图 15-25　复制对象

使用 COPY 命令时，用户需指定原对象位移的距离和方向，具体方法请参考 MOVE 命令。

15.5.10　旋转对象

旋转命令是 RO（ROTATE）。使用此命令时，用户指定旋转基点并输入旋转角度就可以转动图形实体。此外，也可以某个方位作为参照位置，然后选择一个新对象或输入一个新角度值来指明要旋转到的位置。

【例 15-21】　用 ROTATE 命令将左图修改为右图，如图 15-26 所示。

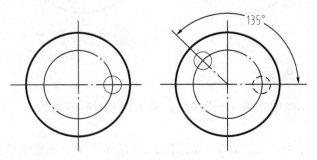

图 15-26　旋转对象

15.5.11　矩形阵列

AR（ARRAY）命令可用于创建矩形阵列。矩形阵列是指将对象按行、列方式进行排列。操作时，用户一般应指定阵列的行数、列数、行间距及列间距等，如果要沿倾斜方向生成矩形阵列，还应输入阵列的倾斜角度。

【例 15-22】　用 ARRAY 命令将左图修改为右图，如图 15-27 所示。

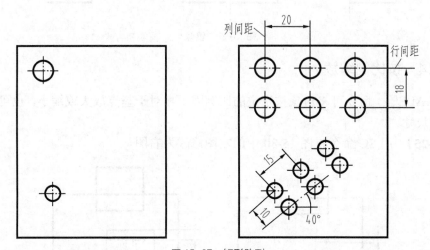

图 15-27　矩形阵列

15.5.12　环形阵列

AR 命令除可创建矩形阵列外，还能创建环形阵列。环形阵列是指把对象绕阵列中心等角度均匀分布。决定环形阵列的主要参数有阵列中心、阵列总角度及阵列数目。此外，用户也可通过输入阵列总数及每个对象间的夹角来生成环形阵列。

【例 15-23】 用 ARRAY 命令将左图修改为右图，如图 15-28 所示。

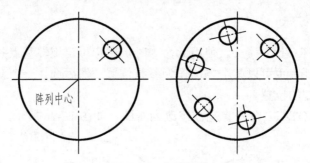

图 15-28　环形阵列

15.5.13　镜像对象

镜像命令是 MI（MIRROR⚖）。操作时，先指定要对哪些对象进行镜像，然后再指定镜像线位置即可。

【例 15-24】 用 MI 命令镜像对象，如图 15-29 所示，图中还显示了镜像时删除原对象的结果。

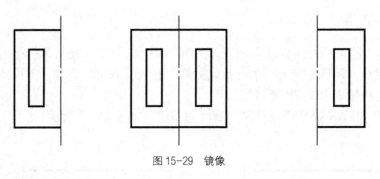

图 15-29　镜像

15.5.14　按比例缩放

SC（SCALE🖪）命令可将对象按指定的比例因子相对于基点放大或缩小，也可把对象缩放到指定的尺寸。

【例 15-25】 用 SC 命令将图 15-30 中的左图修改为右图。

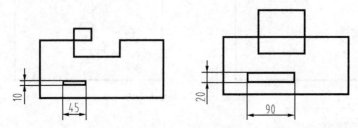

图 15-30　按比例缩放图形

15.5.15　拉伸对象

S（STRETCH▧）命令可以一次将多个图形对象沿指定的方向进行拉伸，编辑过程中必须用交叉窗口选择对象，除被选中的对象外，其他图元的大小及相互间的几何关系将保持不变。

【例 15-26】 用 S 命令将图 15-31 中的左图修改为右图。

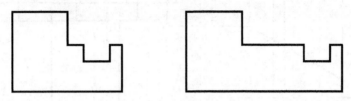

图 15-31 拉伸图形

设定拉伸距离和方向的方式如下。

（1）在屏幕上指定两个点，这两点的距离和方向代表了拉伸的距离和方向。

（2）以 "X,Y" 方式输入对象沿 x、y 轴拉伸的距离，或者用 "距离<角度" 方式输入拉伸的距离和方向。当 AutoCAD 提示 "指定基点" 时，输入拉伸值。在 AutoCAD 提示 "指定第二个点" 时，按 Enter 键确认，这样 AutoCAD 就以输入的拉伸值来拉伸对象。

（3）打开正交或极轴追踪功能，就能方便地将实体只沿 x 或 y 轴方向拉伸。

（4）使用 "位移(D)" 选项，以 "X,Y" 方式输入沿 x、y 轴拉伸的距离，或者以 "距离<角度" 方式输入拉伸的距离和方向。

15.5.16　关键点编辑方式

默认情况下，AutoCAD 的关键点编辑方式是开启的。当选择对象后，对象上出现若干方框，这些方框被称为关键点。选中关键点，激活关键点编辑模式，该模式包含了 5 种编辑方法。

（1）拉伸。

（2）移动。

（3）旋转。

（4）比例缩放。

（5）镜像。

AutoCAD 首先进入拉伸编辑方式，连续按下 Enter 键，就可以在所有编辑方式间切换。此外，也可在激活关键点后，单击鼠标右键，弹出快捷菜单，如图 15-32 所示，通过此菜单选择某种编辑方法。

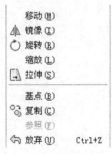

图 15-32　快捷菜单

15.6　绘制平面图形及三视图范例

下面给出一些绘制平面图形及三视图的范例。

【例 15-27】 用 LINE、OFFSET 及 TRIM 等命令绘制平面图形，如图 15-33 所示。

主要作图步骤如图 15-34 所示。

【例 15-28】 绘制圆及圆弧连接，如图 15-35 所示。

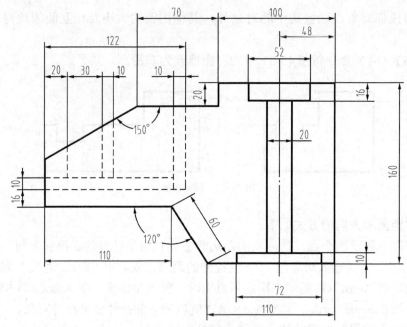

图 15-33 绘制平面图形（1）

用 LINE 命并结合极轴追踪及
自动追踪功能绘制外轮廓线

用 OFFSET 及 TRIM 等命令
绘制直线 A、B 等

用 OFFSET 及 TRIM 等命令
绘制直线 C、D 等

图 15-34 主要作图步骤

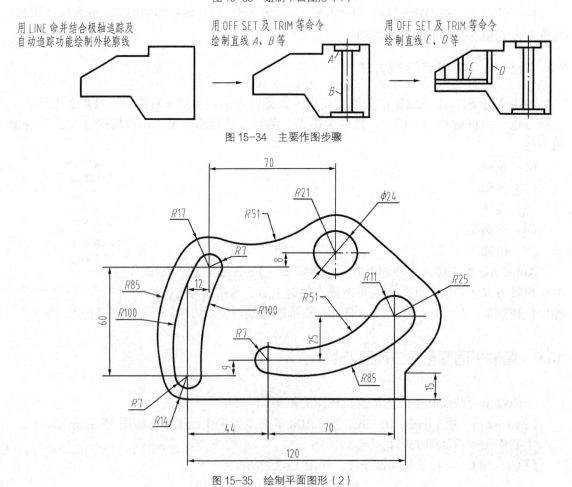

图 15-35 绘制平面图形（2）

主要绘图过程如图 15-36 所示。

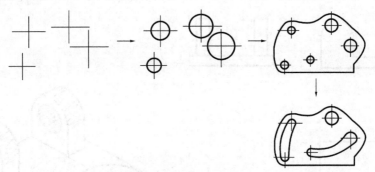

图 15-36　主要绘图过程

【例 15-29】　利用 L、O、AR 及 MI 等命令绘制平面图形，如图 5-37 所示。

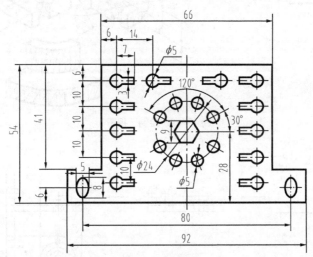

图 15-37　阵列及镜像对象

主要作图步骤如图 15-38 所示。

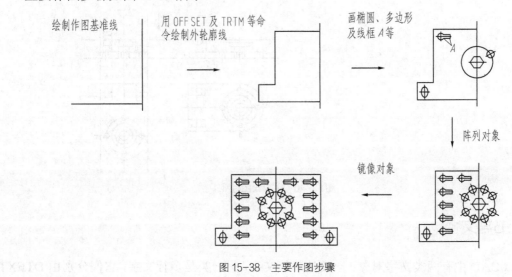

图 15-38　主要作图步骤

【例 15-30】 根据轴测图及视图轮廓绘制三视图，如图 15-39 所示。

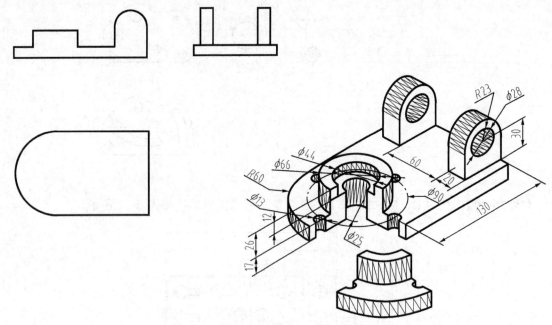

图 15-39　绘制三视图

主要绘图过程如图 15-40 所示。

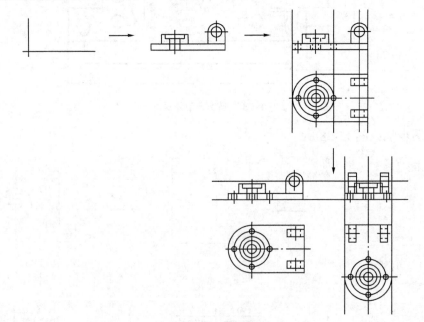

图 15-40　主要绘图过程

15.7　书写文字

AutoCAD 中有两类文字对象：一类是单行文字，另一类是多行文字，它们分别由 DTEXT

和 MTEXT 命令来创建。一般来讲，比较简短的文字项目（如标题栏信息、尺寸标注说明等）常采用单行文字，而对带有段落格式的信息（如工艺流程、技术条件等）则常采用多行文字，如图 15-41 所示。

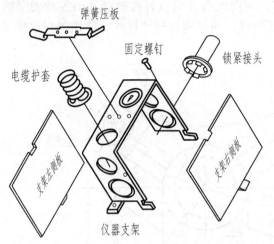

安装要求

1. 左右侧板安装完成后，在接缝处涂密封胶，接缝间隙 $\delta < 0.5$。
2. 锁紧接头型号为 SJ$\frac{7M}{6H}$。

图 15-41　书写文字

AutoCAD 生成的文字对象其外观由与它关联的文字样式决定。默认情况下，Standard 文字样式是当前样式，用户也可根据需要创建新的文字样式。

选择菜单命令【格式】/【文字样式】，打开【文字样式】对话框，如图 15-42 所示，利用该对话框创建新文字样式。

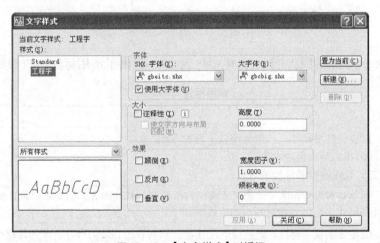

图 15-42　【文字样式】对话框

【字体名】下拉列表中罗列了所有字体的清单。带有双"T"标志的字体是 Windows 系统提供的"TrueType"字体，其他字体是 AutoCAD 自带的字体（*.shx），其中"gbenor.shx"和"gbeitc.shx"（斜体西文）字体是符合国标的工程字体。

【大字体】下拉列表中包含了专为亚洲国家设计的文字字体。其中，"gbcbig.shx"字体是符合国标的工程汉字字体，该字体文件还包含一些常用的特殊符号。由于"gbcbig.shx"中不包含西文字体定义，因而使用时可将其与"gbenor.shx"和"gbeitc.shx"字体配合使用。

15.8 标注尺寸

AutoCAD 的尺寸标注命令很丰富,利用此命令可以轻松地创建出各种类型的尺寸,如图 15-43 所示。所有尺寸都与尺寸样式关联,通过调整尺寸样式就能控制与该样式关联的尺寸标注的外观。

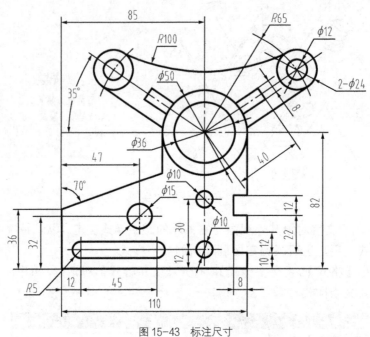

图 15-43 标注尺寸

尺寸标注命令包含在【标注】工具栏中,表 15-3 列出了常用标注命令的功能。

表 15-3 常用标注命令

按 钮	功 能
⊢⊣	创建长度型尺寸,一般使用以下两种方法: ① 指定两点标注对象 ② 直接选取要标注的对象
↘	创建对齐尺寸,该尺寸的尺寸线平行于倾斜的标注对象。如果用户是选择两个点来创建对齐尺寸,则尺寸线与两点的连线平行
⊢⊢⊣	创建连续尺寸标注,该类型的尺寸是一系列首尾相连的标注。在创建连续尺寸时,应首先建立一个尺寸标注,然后发出标注命令
⊢⊤	创建基线尺寸标注,该类型的尺寸是指所有的尺寸都从同一点开始标注,即公用一条尺寸界线。在创建基线尺寸时,应首先建立一个尺寸标注,然后发出标注命令
⊿	创建角度尺寸,选择角的两边或 3 个顶点创建角度标注
⊘	创建直径尺寸,选择圆创建直径标注
◎	创建半径尺寸,选择圆弧创建半径标注

在标注尺寸前,用户一般都要创建尺寸样式,否则,AutoCAD 将使用默认样式 ISO-25

生成尺寸标注。AutoCAD 中可以定义多种不同的标注样式并为之命名，标注时，用户只需指定某个样式为当前样式，就能创建相应的标注形式。

【例 15-31】 建立符合国标规定的尺寸样式。

（1）建立新文字样式，样式名为"工程文字"。与该样式相连的字体文件是"gbeitc.shx"（或"gbenor.shx"）和"gbcbig.shx"。

（2）单击【标注】工具栏上的 按钮或选择菜单命令【格式】/【标注样式】，打开【标注样式管理器】对话框，通过该对话框可以命名新的尺寸样式或修改样式中的尺寸变量。

图 15-44 【创建新标注样式】对话框

（3）单击 新建(N)... 按钮，打开【创建新标注样式】对话框，如图 15-44 所示。在该对话框的【新样式名】文本框中输入新的样式名称"工程标注"。

（4）单击 继续 按钮，打开【新建标注样式】对话框，如图 15-45 所示。

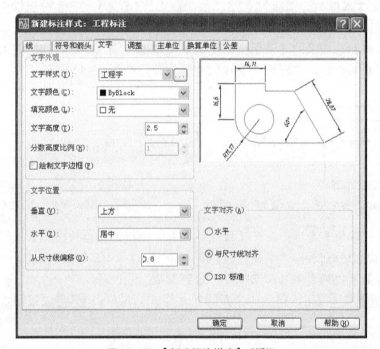

图 15-45 【新建标注样式】对话框

（5）在【线】选项卡的【基线间距】、【超出尺寸线】和【起点偏移量】文本框中分别输入"7"、"2"和"0"。

① 【基线间距】：此选项决定了平行尺寸线间的距离。例如，当创建基线型尺寸标注时，相邻尺寸线间的距离由该选项控制，如图 15-46 所示。

② 【超出尺寸线】：控制尺寸界线超出尺寸线的距离，如图 15-47 所示。国标中规定，尺寸界线一般超出尺寸线 2～3 mm。

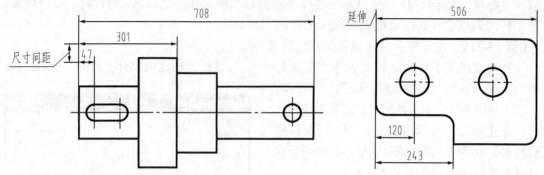

图 15-46 控制尺寸线间的距离　　　　　图 15-47 设定尺寸界线超出尺寸线的长度

③【起点偏移量】：控制尺寸界线的起点与标注对象端点间的距离，如图 15-48 所示。

（6）在【符号和箭头】选项卡的【第一个】下拉列表中选择"实心闭合"，在【箭头大小】文本框中输入"2"，该值设定箭头的长度。

（7）在【文字】选项卡的【文字样式】下拉列表中选择"工程文字"，在【文字高度】、【从尺寸线偏移】文本框中分别输入"2.5"和"0.8"，在【文字对齐】分组框中选择【与尺寸线对齐】单选项。

（8）在【调整】选项卡的【使用全局比例】文本框中输入"2"，该比例值将影响尺寸标注的所有组成元素的大小，如标注文字和尺寸箭头等，如图 15-49 所示。

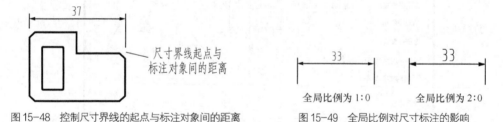

图 15-48 控制尺寸界线的起点与标注对象间的距离　　　　图 15-49 全局比例对尺寸标注的影响

（9）进入【主单位】选项卡，在【线性标注】分组框的【单位格式】、【精度】和【小数分隔符】下拉列表中分别选择"小数"、"0.00"和"句点"，在【角度标注】分组框的【单位格式】和【精度】下拉列表中分别选择"十进制度数"、"0.0"。

（10）单击 确定 按钮，得到一个新的尺寸样式，再单击 置为当前(U) 按钮，使新样式成为当前样式。

15.9 绘制零件图的方法

手工绘图时，用户根据对象及图纸大小直接按放大或缩小的比例作图，该比例值即绘图比例。用 AutoCAD 绘图时，一般按 1:1 比例作图，即按对象的实际尺寸绘制。

绘制完成后，根据图样复杂程度考虑采用何种幅面的图纸。把选定的图纸插入当前图形中，比如插入 A3 图纸，先用 SCALE 命令放大或缩小图框，再用 MOVE 命令将所有视图移动到图框内并布置完成。该图纸的绘图比例是图框缩放比例的倒数，即若把图框放大了两倍，则绘图比例为 1:2。打印时，再用此缩小比例输出图形，就得到 A3 幅面图纸。

【例 15-32】 绘制传动轴零件图，如图 15-50 所示。

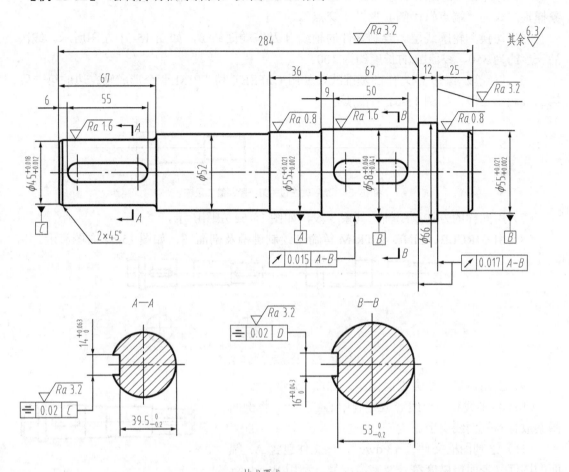

图 15-50 传动轴零件图

（1）创建以下图层。

名称	颜色	线型	线宽
轮廓线层	白色	Continuous	0.50
中心线层	红色	CENTER	默认
剖面线层	绿色	Continuous	默认
文字层	绿色	Continuous	默认
尺寸标注层	绿色	Continuous	默认

（2）设定绘图区域大小为 200×200。单击【实用程序】工具栏上的按钮，使绘图区域充满整个图形窗口显示出来。

（3）通过【线型控制】下拉列表打开【线型管理器】对话框，在此对话框中设定线型全局比例因子为 "0.3"。

（4）打开极轴追踪、对象捕捉及捕捉追踪功能。设置极轴追踪角度增量为"90"，设定对象捕捉方式为"端点"、"圆心"及"交点"。

（5）切换到轮廓线层。绘制零件的轴线 A 及左端面线 B，如图 15-51 左图所示。线段 A 的长度约为 350，线段 B 的长度约为 100。

（6）以线段 A、B 作为作图基准线，使用 OFFSET 和 TRIM 命令形成轴左边的第一段、第二段和第三段，如图 15-51 右图所示。

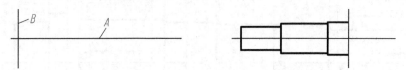

图 15-51 绘制轴左边的第一段、第二段等

（7）用同样的方法绘制轴的其余 3 段，如图 15-52 左图所示。

（8）用 CIRCLE、LINE 及 TRIM 等命令绘制键槽及剖面图，如图 15-52 右图所示。

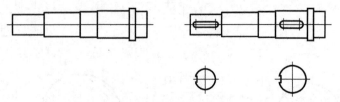

图 15-52 绘制轴的其余各段

（9）倒角，然后填充剖面图案，如图 15-53 所示。

（10）将轴线和定位线等放置到中心线层上，将剖面图案放置到剖面线层上。

（11）绘制图框文件"A3.dwg"，该文件包含 A3 幅面的图框、表面粗糙度符号及基准代号。利用 Windows 的复制和粘贴功能将图框及标注符号拷贝到零件图中。用 SCALE 命令缩放它们，缩放比例为 1.5，然后把零件图布置在图框中，结果如图 15-54 所示。

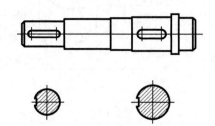

图 15-53 倒角及填充剖面图案

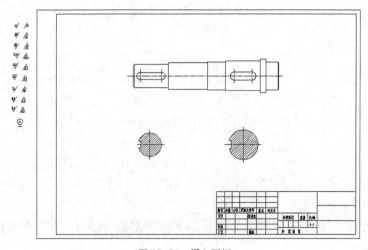

图 15-54 插入图框

（12）切换到尺寸标注层，标注尺寸及表面粗糙度，结果如图 15-55 所示（本图仅为了示意工程图标注后的真实结果）。尺寸文字字高为 3.5，标注全局比例因子为 1.5。

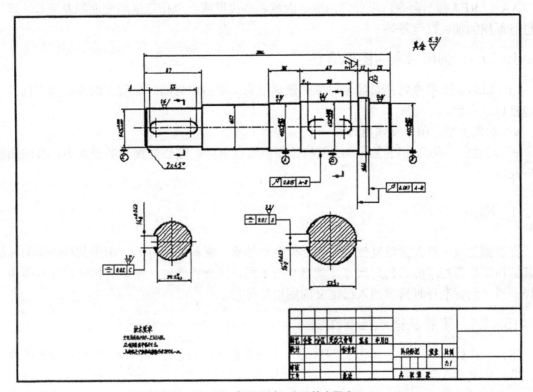

图 15-55　标注尺寸及书写技术要求

（13）切换到文字层，书写技术要求。"技术要求"字高为 5 × 1.5 = 7.5，其余文字字高为 3.5 × 1.5 = 5.25。中文字体采用 "gbcbig.shx"，西文字体采用 "gbeitc.shx"。

（14）此零件图的绘图比例为 1:1.5，打印时按此比例值出图。打印的真实效果为图纸幅面 A3，图纸上线条的长度与零件真实长度的比值为 1:1.5，标注文本高度为 3.5，技术要求中的文字字高为 5 和 3.5。

15.10　获取图形几何信息

本节将介绍获取图形几何信息的方法。

15.10.1　获取点的坐标

ID（🖼）命令用于查询图形对象上某点的绝对坐标，坐标值以 "x, y, z" 形式显示出来。对于二维图形，z 坐标值为零。

15.10.2　测量距离

DI（DIST🔲）命令可测量图形对象上两点之间的距离，同时，还能计算出与两点连线相关的某些角度。

15.10.3　计算图形面积及周长

AA（AREA▣）命令可以计算出圆、面域、多边形或一个指定区域的面积及周长，还可以进行面积的加、减运算等。

15.10.4　列出对象的图形信息

LI（LIST▣）命令将列表显示对象的图形信息，这些信息随对象类型的不同而不同，一般包括以下内容。

- 对象类型、图层及颜色等。
- 对象的一些几何特性，如线段的长度、端点坐标、圆心位置、半径大小、圆的面积及周长等。

15.11　图块

在机械工程中有大量反复使用的标准件，如轴承、螺栓、螺钉等。由于某种类型的标准件其结构形状是相同的，只是尺寸、规格有所不同，因而作图时，常事先将它们生成图块。这样，当用到标准件时只需插入已定义的图块即可。

15.11.1　定制及插入标准件块

用 B（BLOCK▣）命令可以将图形的一部分或整个图形创建成图块，用户可以给图块起名，并可定义插入基点。

用户可以使用 I（INSERT▣）命令在当前图形中插入块或其他图形文件。无论块或被插入的图形多么复杂，AutoCAD 都将它们作为一个单独的对象，如果用户需编辑其中的单个图形元素，就用 X 命令分解图块或文件块。

15.11.2　创建及使用块属性

AutoCAD 可以使块附带属性。属性是图块中的文字信息，如材料、型号及制造者等。

创建属性的命令是 ATT（ATTDEF），生成属性后，用 BLOCK 命令将其与图形一起生成块，这样块中就包含属性了。

属性有助于用户快速产生关于设计项目的信息报表，或者作为一些符号块的可变文字对象。其次，属性也常用来预定义文本位置、内容或提供文本默认值等，例如把标题栏中的一些文字项目定制成属性对象，就能方便地填写或修改。

15.12　外部参照

本节将介绍引用外部图形的方法。

15.12.1　引用外部图形

如果用户想把其他图形作为当前图形的一个样例，或者想观察一下正在绘制的图形与其他图形是否匹配，就可通过外部引用方式将另一图形文件放置到当前图形中。

引用外部图形的命令是 XA（XATTACH🔲），被引用的图并不成为当前图样的一部分，当前图形中仅记录了外部引用文件的位置和名称。

15.12.2　更新外部引用

当被引用的图形作了修改后，AutoCAD 并不自动更新当前图样中的引用图形，用户可用 XREF（🔳）命令重新加载以更新它。

15.13　打印图形

本节将介绍打印图形的方法。

15.13.1　打印单张图纸

输出图形的主要过程包括指定打印设备、设定绘图窗口中的输出区域、选择图纸幅面及比例等。

【例 15-33】　从模型空间打印图形。

（1）选择菜单命令【打印】/【绘图仪管理器】，打开【Plotters】窗口，利用该窗口的"添加绘图仪向导"配置一台绘图仪"DesignJet 450C C4716A"。

（2）选择菜单命令【文件】/【打印】，打开【打印】对话框，如图 15-56 所示。

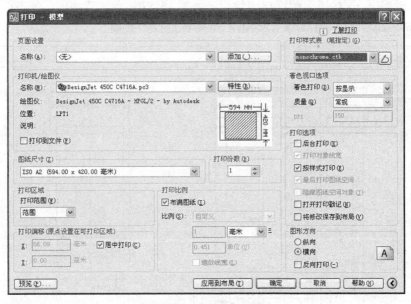

图 15-56　【打印】对话框

（3）在【打印机/绘图仪】分组框的【名称】下拉列表中选择打印设备"DesignJet 450C C4716A.pc3"。

（4）在【图纸尺寸】下拉列表中选择 A2 幅面图纸。

（5）在【打印份数】分组框的文本框中输入打印份数。

（6）在【打印范围】下拉列表中设定绘图窗口中要输出的区域，选择"范围"选项。该下拉列表中包含 4 个选项。

①"范围"：将包围所有对象的最大矩形区域作为输出区。

②"图形界限"：将设定的图形界限范围（用 LIMITS 命令设置图形界限）作为输出区域。

③"显示"：输出区域为整个显示窗口。

④"窗口"：用户绘制矩形窗口设定打印区域。

（7）在【打印比例】分组框中设置打印比例 1:5 或选择【布满图纸】选项。

（8）在【打印偏移】分组框中选择【居中打印】选项。该分组框中包含 4 个选项。

①【居中打印】：在图纸正中间打印图形（自动计算 x 和 y 的偏移值）。

②【X】：指定打印原点在 x 方向的偏移值。

③【Y】：指定打印原点在 y 方向的偏移值。

（9）在【图形方向】分组框中设定图形打印方向为"横向"。该分组框中包含 3 个选项。

①【纵向】：图形在图纸上的放置方向是水平的。

②【横向】：图形在图纸上的放置方向是竖直的。

③【反向打印】：使图形颠倒打印，此选项可与【纵向】和【横向】结合使用。

（10）在【打印样式表】分组框的下拉列表中选择打印样式"monochrome.ctb"（将所有颜色打印为黑色）。打印样式是对象的一种特性，如同颜色和线型一样。它用于修改打印图形的外观，若为某个对象选择了一种打印样式，则输出图形后，对象的外观由样式决定。

（11）单击 预览(P)... 按钮，预览打印效果，如图 15-57 所示。若满意，单击 ⊖ 按钮开始打印。否则，按 Esc 键返回【打印】对话框，重新设定打印参数。

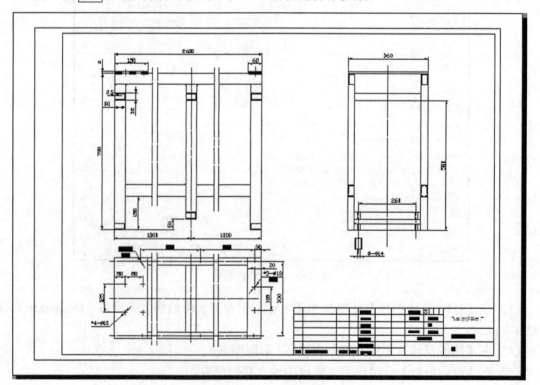

图 15-57　打印预览

15.13.2　将多张图纸布置在一起打印

为了节省图纸，用户常常需要将几个图样布置在一起打印，具体方法如下。

【例 15-34】　文件"A.dwg"和"B.dwg"都采用 A2 幅面图纸，绘图比例分别为（1:3）、（1:4），现将它们布置在一起输出到 A1 幅面的图纸上。

（1）创建一个新文件。

（2）选择菜单命令【插入】/【DWG 参照】，打开【选择参照文件】对话框，找到图形文件"A.dwg"。单击 打开⑪ 按钮，打开【外部参照】对话框，利用该对话框插入图形文件。插入时的缩放比例为 1:1。

（3）用 SCALE 命令缩放图形，缩放比例为 1:3（图样的绘图比例）。

（4）用与第 2、3 步相同的方法插入文件"B.dwg"，插入时的缩放比例为 1:1。插入图样后，用 SCALE 命令缩放图形，缩放比例为 1:4。

（5）用 MOVE 命令调整图样位置，让其组成 A1 幅面图纸，如图 15-58 所示。

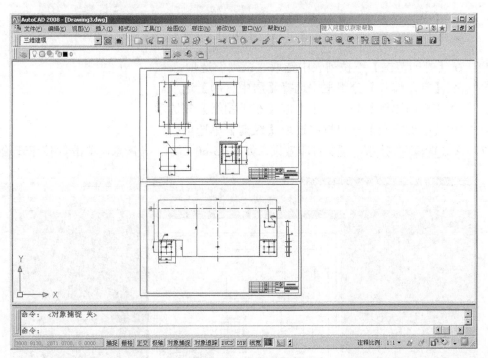

图 15-58　组成 A1 幅面图纸

（6）选择菜单命令【文件】/【打印】，打开【打印】对话框，如图 15-59 所示。在该对话框中做以下设置。

①　在【打印机/绘图仪】分组框的【名称】下拉列表中选择打印设备"DesignJet 450C C4716A.pc3"。

②　在【图纸尺寸】下拉列表中选择 A1 幅面图纸。

③　在【打印样式表】分组框的下拉列表中选择打印样式"monochrome.ctb"（将所有颜色打印为黑色）。

图 15-59 【打印】对话框

④ 在【打印范围】下拉列表中选取"范围"选项。

⑤ 在【打印偏移】分组框中选择【居中打印】选项。

⑥ 在【打印比例】分组框中选取【布满图纸】复选项。

⑦ 在【图形方向】分组框中选取【纵向】单选项。

（7）单击 预览(P) 按钮，预览打印效果，如图 15-60 所示。若满意，单击 按钮开始打印。

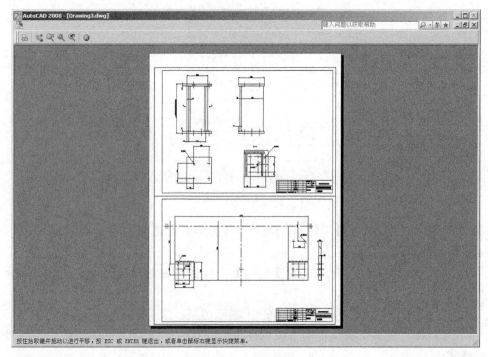

图 15-60 打印预览

15.14 创建三维实体

下面介绍创建三维实体模型的方法。

15.14.1 三维建模空间

创建三维模型时要切换至 AutoCAD 三维工作空间，在【工作空间】工具栏的下拉列表中选择"三维建模"选项或选择菜单命令【工具】/【工作空间】/【三维建模】，就切换至该空间。默认情况下，三维建模空间包含【标准】工具栏、【图层】工具栏、【工作空间】工具栏及三维建模【面板】。面板是一种特殊形式的选项板，选择菜单命令【工具】/【选项板】/【面板】就打开或关闭它。它由二维绘制控制台（三维工作空间中隐藏）、三维制作控制台、三维导航控制台、视觉样式控制台、材质控制台、光源控制台、渲染控制台及图层控制台等组成，如图 15-61 所示。这些控制台提供了三维建模常用的工具按钮及相关控件，用户可以利用它方便地进行建模、观察及渲染等工作。

图 15-61　三维建模【面板】

15.14.2 用标准视点观察模型

任何三维模型都可以从任意一个方向观察，【视图】工具栏及三维导航控制台的视图控制下拉列表提供了 10 种标准视点，如图 15-62 所示。通过这些视点就能获得 3D 对象的 10 种视图，如前视图、后视图、左视图及东南轴测图等。

图 15-62　标准视点

15.14.3 三维动态旋转

3DFORBIT（ ）命令将激活交互式的动态视图，用户按住鼠标左键并拖动鼠标光标就能改变观察方向。使用此命令时，可以选择观察全部对象或模型中的一部分对象，AutoCAD 围绕待观察的对象形成一个辅助圆，该圆被 4 个小圆分成 4 等份，如图 15-63 所示。

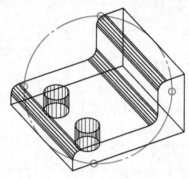

图 15-63　三维动态旋转

15.14.4　创建三维基本立体

AutoCAD 能生成长方体、球体、圆柱体、圆锥体、楔形体及圆环体等基本立体。【建模】工具栏中包含了创建这些立体的命令按钮。

15.14.5　将二维对象拉伸成实体

EXT（EXTRUDE⊡）命令可以拉伸二维对象生成 3D 实体或曲面，若拉伸闭合对象，则生成实体，否则生成曲面。操作时，可指定拉伸高度值及拉伸对象的锥角，还可沿某一直线或曲线路径进行拉伸。

15.14.6　旋转二维对象形成实体

REV（REVOLVE◉）命令可以旋转二维对象生成 3D 实体，若二维对象是闭合的，则生成实体，否则生成曲面。用户通过选择直线、指定两点或 x、y 轴来确定旋转轴。

15.14.7　布尔运算

布尔运算包括并集、差集和交集。

（1）并集操作：UNION（◉）命令将两个或多个实体合并在一起形成新的单一实体。操作对象既可以是相交的，也可是分离开的。

（2）差集操作：SUBTRACT（◉）命令将一个实体从另一实体中减去。

（3）交集操作：INTERSECT（◉）命令创建由两个或多个实体重叠部分构成的新实体。

15.14.8　3D 移动

可以使用 MOVE 命令在三维空间中移动对象，操作方式与在二维空间时一样，只不过当通过输入距离来移动对象时，必须输入沿 x、y、z 轴的距离值。

AutoCAD 提供了专门用来在三维空间中移动对象的命令 3M（3DMOVE◉），3DMOVE 命令的操作方式与 MOVE 命令类似，但前者使用起来更形象、直观。

15.14.9　3D 旋转

使用 ROTATE 命令仅能使对象在 xy 平面内旋转，即旋转轴只能是 z 轴。3R（3DROTATE⊕）命令是 ROTATE 的 3D 版本，该命令能使对象绕 3D 空间中任意轴旋转。

15.14.10　3D 阵列

3DARRAY 命令是二维 ARRAY 命令的 3D 版本。通过这个命令，用户可以在三维空间中创建对象的矩形或环形阵列。

15.14.11　3D 镜像

如果镜像线是当前坐标系 xy 平面内的直线，则使用常见的 MIRROR 命令就可对 3D 对象进行镜像复制。但若想以某个平面作为镜像平面来创建 3D 对象的镜像复制，就必须使用 MIRROR3D 命令。

15.14.12　3D 对齐

3DALIGN（⚏）命令在 3D 建模中非常有用，通过这个命令，用户可以指定源对象与目标对象的对齐点，从而使源对象的位置与目标对象的位置对齐。

15.14.13　3D 倒圆角及倒角

FILLET 和 CHAMFER 命令可以对二维对象倒圆角及倒角。对于三维实体，同样可用这两个命令创建圆角和斜角，但操作方式与二维绘图时略有不同。

15.14.14　拉伸面

AutoCAD 可以根据指定的距离拉伸面或将面沿某条路径进行拉伸。拉伸时，如果是输入拉伸距离值，那么还可输入锥角，这样将使拉伸所形成的实体锥化。

单击【实体编辑】工具栏上的 ▱ 按钮，启动拉伸面命令。

15.14.15　旋转面

通过旋转实体的表面就可改变面的倾斜角度，或者将一些结构特征（如孔、槽等）旋转到新的方位。

单击【实体编辑】工具栏上的 ⊕ 按钮，，启动旋转面命令。

15.14.16　压印

压印（Imprint）可以把圆、直线、多段线、样条曲线及面域等对象压印到三维实体上，使其成为实体的一部分。用户必须使被压印的几何对象在实体表面内或与实体表面相交，压印操作才能成功。压印后，AutoCAD 将创建新的表面，该表面以被压印的几何图形及实体的棱边作为边界，用户可以对生成的新面进行拉伸和旋转等操作。如图 15-64 所示，将圆压印在实体上，并将新生成的面向上拉伸。

单击【实体编辑】工具栏上的 ▣ 按钮，启动压印命令。

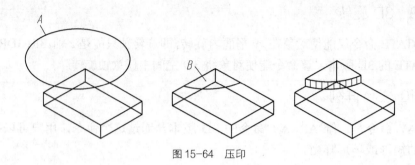

图 15-64 压印

15.14.17 抽壳

可以利用抽壳的方法将一个实体模型生成一个空心的薄壳体。在使用抽壳功能时，用户要先指定壳体的厚度，然后 AutoCAD 把现有的实体表面偏移指定的厚度值以形成新的表面，这样，原来的实体就变为一个薄壳体。如果指定正的厚度值，AutoCAD 就在实体内部创建新面，否则，在实体的外部创建新面。另外，在抽壳操作过程中还能将实体的某些面去除，以形成开口的薄壳体。图 15-65 右图所示是把实体进行抽壳并去除其顶面的结果。

单击【实体编辑】工具栏上的 按钮，启动抽壳命令。

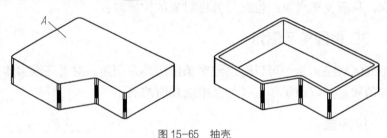

图 15-65 抽壳

附录 A 极限与配合

| 表 A1 | | | | | | | | | | | | | | | | | | | 标准公差数值（GB/T 1800.3—1998） |

基本尺寸 mm		标准公差等级																	
		IT01	IT0	IT1	IT2	IT3	IT4	IT5	IT6	IT7	IT8	IT9	IT10	IT11	IT12	IT13	IT14	IT15	IT16	IT17	IT18
大于	至	μm													mm						
—	3	0.3	0.5	0.8	1.2	2	3	4	6	10	14	25	40	60	0.1	0.14	0.25	0.4	0.6	1	1.4
3	6	0.4	0.6	1	1.5	2.5	4	5	8	12	18	30	48	75	0.12	0.18	0.3	0.48	0.75	1.2	1.8
6	10	0.4	0.6	1	1.5	2.5	4	6	9	15	22	36	58	90	0.15	0.22	0.36	0.58	0.9	1.5	2.2
10	18	0.5	0.8	1.2	2	3	5	8	11	18	27	43	70	110	0.18	0.27	0.43	0.7	1.1	1.8	2.7
18	30	0.6	1	1.5	2.5	4	6	9	13	21	33	52	84	130	0.21	0.33	0.52	0.84	1.3	2.1	3.3
30	50	0.7	1	1.5	2.5	4	7	11	16	25	39	62	100	160	0.25	0.39	0.62	1	1.6	2.5	3.9
50	80	0.8	1.2	2	3	5	8	13	19	30	46	74	120	190	0.3	0.46	0.74	1.2	1.9	3	4.6
80	120	1	1.5	2.5	4	6	10	15	22	35	54	87	140	220	0.35	0.54	0.87	1.4	2.2	3.5	5.4
120	180	1.2	2	3.5	5	8	12	18	25	40	63	100	160	250	0.4	0.63	1	1.6	2.5	4	6.3
180	250	2	3	4.5	7	10	14	20	29	46	72	115	185	290	0.46	0.72	1.15	1.85	2.9	4.6	7.2
250	315	2.5	4	6	8	12	16	23	32	52	81	130	210	320	0.52	0.81	1.3	2.1	3.2	5.2	8.1
315	400	3	5	7	9	13	18	25	36	57	89	140	230	360	0.57	0.89	1.4	2.3	3.6	5.7	8.9
400	500	4	6	8	10	15	20	27	40	63	97	155	250	400	0.63	0.97	1.55	2.5	4	6.3	9.7
500	630	4.5	6	9	11	16	22	32	44	70	110	175	280	440	0.7	1.1	1.75	2.8	4.4	7	11
630	800	5	7	10	13	18	25	36	50	80	125	200	320	500	0.8	1.25	2	3.2	5	8	12.5
800	1000	5.5	8	11	15	21	28	40	56	90	140	230	360	560	0.9	1.4	2.3	3.6	5.6	9	14
1000	1250	6.5	9	13	18	24	33	47	66	105	165	260	420	660	1.05	1.65	2.6	4.2	6.6	10.5	16.5
1250	1600	8	11	15	21	29	39	55	78	125	195	310	500	780	1.25	1.95	3.1	5	7.8	12.5	19.5
1600	2000	9	13	18	25	35	46	65	92	150	230	370	600	920	1.5	2.3	3.7	6	9.2	15	23

表 A2 基本尺寸至 500 mm 优先及常用配合的轴的极限

代号 基本尺寸	c ⑪	d 8	d ⑨	e 7	e 8	f ⑦	f 8	g ⑥	g 7	h 5	h ⑥	h ⑦	h 8	h ⑨	h 10	h ⑪	js 6
≤3	-60 / -120	-20 / -34	-20 / -45	-14 / -24	-14 / -28	-6 / -16	-6 / -20	-2 / -8	-2 / -12	0 / -4	0 / -6	0 / -10	0 / -14	0 / -25	0 / -40	0 / -60	±3
>3~6	-70 / -145	-30 / -48	-30 / -60	-20 / -32	-20 / -38	-10 / -22	-10 / -28	-4 / -12	-4 / -16	0 / -5	0 / -8	0 / -12	0 / -18	0 / -30	0 / -48	0 / -75	±4
>6~10	-80 / -170	-40 / -62	-40 / -76	-25 / -40	-25 / -47	-13 / -28	-13 / -35	-5 / -14	-5 / -20	0 / -6	0 / -9	0 / -15	0 / -22	0 / -36	0 / -58	0 / -90	±4.5
>10~14 >14~18	-95 / -205	-50 / -77	-50 / -93	-32 / -50	-32 / -59	-16 / -34	-16 / -43	-6 / -17	-6 / -24	0 / -8	0 / -11	0 / -18	0 / -27	0 / -43	0 / -70	0 / -110	±5.5
>18~24 >24~30	-110 / -240	-65 / -98	-65 / -117	-40 / -61	-40 / -73	-20 / -41	-20 / -53	-7 / -20	-7 / -28	0 / -9	0 / -13	0 / -21	0 / -33	0 / -52	0 / -84	0 / -130	±6.5
>30~40	-120 / -280	-80 / -119	-80 / -142	-50 / -75	-50 / -89	-25 / -50	-25 / -64	-9 / -25	-9 / -34	0 / -11	0 / -16	0 / -25	0 / -39	0 / -62	0 / -100	0 / -160	±8
>40~50	-130 / -290																
>50~65	-140 / -330	-100 / -146	-100 / -174	-60 / -90	-60 / -106	-30 / -60	-30 / -76	-10 / -29	-10 / -40	0 / -13	0 / -19	0 / -30	0 / -46	0 / -74	0 / -120	0 / -190	±9.5
>65~80	-150 / -340																
>80~100	-170 / -390	-120 / -174	-120 / -207	-72 / -107	-72 / -126	-36 / -71	-36 / -90	-12 / -34	-12 / -47	0 / -15	0 / -22	0 / -35	0 / -54	0 / -87	0 / -140	0 / -220	±11
>100~120	-180 / -400																
>120~140	-200 / -450	-145 / -208	-145 / -245	-85 / -125	-85 / -148	-43 / -83	-43 / -106	-14 / -39	-14 / -54	0 / -18	0 / -25	0 / -40	0 / -63	0 / -100	0 / -160	0 / -250	±12.5
>140~160	-210 / -460																
>160~180	-230 / -480																
>180~200	-240 / -530	-170 / -242	-170 / -285	-100 / -146	-100 / -172	-50 / -96	-50 / -122	-15 / -44	-15 / -61	0 / -20	0 / -29	0 / -46	0 / -72	0 / -115	0 / -185	0 / -290	±14.5
>200~225	-260 / -550																
>225~250	-280 / -570																
>250~280	-300 / -620	-190 / -271	-190 / -320	-110 / -162	-110 / -191	-56 / -108	-56 / -137	-17 / -49	-17 / -69	0 / -23	0 / -32	0 / -52	0 / -81	0 / -130	0 / -210	0 / -320	±16
>280~315	-330 / -650																
>315~355	-360 / -720	-210 / -290	-210 / -350	-125 / -182	-125 / -214	-62 / -119	-62 / -151	-18 / -54	-18 / -75	0 / -25	0 / -36	0 / -57	0 / -89	0 / -140	0 / -230	0 / -360	±18
>355~400	-60 / -120																
>400~450	-60 / -120	-230 / -327	-230 / -385	-135 / -198	-135 / -232	-68 / -131	-68 / -165	-20 / -60	-20 / -83	0 / -27	0 / -40	0 / -63	0 / -97	0 / -155	0 / -250	0 / -400	±20
>450~500	-60 / -120																

偏差（GB/T 1801—1999）（带圈者为优先公差带）　　　　　　　　　　　　单位：μm

k		m		n		p		r		s		t		u	v	x	y	z
⑥	7	6	7	5	⑥	⑥	7	6	7	5	⑥	6	7	⑥	6	6	6	6
+6/0	+10/0	+8/+2	+12/+2	+8/+4	+10/+4	+12/+6	+16/+6	+16/+10	+20/+10	+18/+14	+20/+14	—	—	+24/+18	—	+26/+20	—	+32/+26
+9/+1	+13/+1	+12/+4	+16/+4	+13/+8	+16/+8	+20/+12	+24/+12	+23/+15	+27/+15	+24/+19	+27/+19	—	—	+31/+23	—	+36/+28	—	+43/+35
+10/+1	+16/+1	+15/+6	+21/+6	+16/+10	+19/+10	+24/+15	+30/+15	+28/+19	+34/+19	+29/+23	+32/+23	—	—	+37/+28	—	+43/+34	—	+51/+42
+12/+1	+19/+1	+18/+7	+25/+7	+20/+12	+23/+12	+29/+18	+36/+18	+34/+23	+41/+23	+36/+28	+39/+28	—	—	+44/+33	—	+51/+40	—	+61/+50
															+55/+39	+56/+45	—	+71/+60
+15/+2	+23/+2	+21/+8	+29/+8	+24/+15	+28/+15	+35/+22	+43/+22	+41/+28	+49/+28	+44/+35	+48/+35	—	—	+54/+41	+60/+47	+67/+54	+76/+63	+86/+73
												+54/+41	+62/+41	+61/+48	+68/+55	+77/+64	+88/+75	+101/+88
+18/+2	+27/+2	+25/+9	+34/+9	+28/+17	+33/+17	+42/+26	+51/+26	+50/+34	+59/+34	+54/+43	+59/+43	+64/+48	+73/+48	+76/+60	+84/+68	+96/+80	+110/+94	+128/+112
												+70/+54	+79/+54	+86/+70	+97/+81	+113/+97	+130/+114	+152/+136
+21/+2	+32/+2	+30/+11	+41/+11	+33/+20	+39/+20	+51/+32	+63/+32	+60/+41	+71/+41	+66/+53	+72/+53	+85/+66	+96/+66	+106/+87	+121/+102	+141/+122	+163/+144	+191/+172
								+62/+43	+73/+43	+72/+59	+78/+59	+94/+75	+105/+75	+121/+102	+139/+120	+165/+146	+193/+174	+229/+210
+25/+3	+38/+3	+35/+13	+48/+13	+38/+23	+45/+23	+59/+37	+72/+37	+73/+51	+86/+51	+86/+71	+93/+71	+113/+91	+126/+91	+146/+124	+168/+146	+200/+178	+236/+214	+280/+258
								+76/+54	+89/+54	+94/+79	+101/+79	+126/+104	+139/+104	+166/+144	+194/+172	+232/+210	+276/+254	+332/+310
+28/+3	+43/+3	+40/+15	+55/+15	+45/+27	+52/+27	+68/+43	+83/+43	+88/+63	+103/+63	+110/+92	+117/+92	+147/+122	+162/+122	+195/+170	+227/+202	+273/+248	+325/+300	+390/+365
								+90/+65	+105/+65	+118/+100	+125/+100	+159/+134	+174/+134	+215/+190	+253/+228	+305/+280	+365/+340	+440/+415
								+93/+68	+108/+68	+126/+108	+133/+108	+171/+146	+186/+146	+235/+210	+277/+252	+335/+310	+405/+380	+490/+465
+33/+4	+50/+4	+46/+17	+63/+17	+51/+31	+60/+31	+79/+50	+96/+50	+106/+77	+123/+77	+142/+122	+151/+122	+195/+166	+212/+166	+265/+236	+313/+284	+379/+350	+454/+425	+549/+520
								+109/+80	+126/+80	+150/+130	+159/+130	+209/+180	+226/+180	+287/+258	+339/+310	+414/+385	+499/+470	+604/+575
								+113/+84	+130/+84	+160/+140	+169/+140	+221/+196	+242/+196	+313/+284	+369/+340	+455/+425	+549/+520	+669/+640
+36/+4	+56/+4	+52/+20	+72/+20	+57/+34	+66/+34	+88/+56	+108/+56	+126/+94	+146/+94	+181/+158	+190/+158	+250/+218	+270/+218	+347/+315	+417/+385	+507/+475	+612/+580	+742/+710
								+130/+98	+150/+98	+193/+170	+202/+170	+272/+240	+292/+240	+382/+350	+457/+425	+557/+525	+682/+650	+822/+790
+40/+4	+61/+4	+57/+21	+78/+21	+62/+37	+73/+37	+98/+62	+119/+62	+144/+108	+165/+108	+215/+190	+226/+190	+304/+268	+325/+268	+426/+390	+511/+475	+626/+590	+766/+730	+936/+900
								+150/+114	+171/+114	+233/+208	+244/+208	+330/+294	+351/+294	+471/+435	+566/+530	+696/+660	+856/+820	+1036/+1000
+45/+5	+68/+5	+63/+23	+86/+23	+67/+40	+80/+40	+108/+68	+131/+68	+166/+126	+189/+126	+259/+232	+272/+232	+370/+330	+393/+330	+530/+490	+635/+595	+780/+740	+960/+920	+1140/+1100
								+172/+132	+195/+132	+279/+252	+292/+252	+400/+360	+423/+360	+580/+540	+700/+660	+860/+820	+1040/+1000	+1290/+1250

表 A3 — 基本尺寸至 500 mm 优先及常用配合的孔的极限

基本尺寸/mm	C ⑪	D ⑨	D 10	E 8	E 9	F ⑧	F 9	G 6	G ⑦	H 6	H ⑦	H ⑧	H ⑨	H ⑩	H ⑪	H 12
≤3	+120/+60	+45/+20	+60/+20	+28/+14	+39/+14	+20/+6	+31/+6	+8/+2	+12/+2	+6/0	+10/0	+14/0	+25/0	+40/0	+60/0	+100/0
>3~6	+145/+70	+60/+30	+78/+30	+38/+20	+50/+20	+28/+10	+40/+10	+12/+4	+16/+4	+8/0	+12/0	+18/0	+30/0	+48/0	+75/0	+120/0
>6~10	+170/+80	+76/+40	+98/+40	+47/+25	+61/+25	+35/+13	+49/+13	+14/+5	+20/+5	+9/0	+15/0	+22/0	+36/0	+58/0	+90/0	+150/0
>10~14	+250/+95	+93/+50	+120/+50	+59/+32	+75/+32	+43/+16	+59/+16	+17/+6	+24/+6	+11/0	+18/0	+27/0	+43/0	+70/0	+110/0	+180/0
>14~18	+250/+95	+93/+50	+120/+50	+59/+32	+75/+32	+43/+16	+59/+16	+17/+6	+24/+6	+11/0	+18/0	+27/0	+43/0	+70/0	+110/0	+180/0
>18~24	+240/+110	+117/+65	+149/+65	+73/+40	+92/+40	+53/+20	+72/+20	+20/+7	+28/+7	+13/0	+21/0	+33/0	+52/0	+84/0	+130/0	+210/0
>24~30	+240/+110	+117/+65	+149/+65	+73/+40	+92/+40	+53/+20	+72/+20	+20/+7	+28/+7	+13/0	+21/0	+33/0	+52/0	+84/0	+130/0	+210/0
>30~40	+280/+120	+142/+80	+180/+80	+89/+50	+112/+50	+64/+25	+87/+25	+25/+9	+34/+9	+16/0	+25/0	+39/0	+62/0	+100/0	+160/0	+250/0
>40~50	+290/+130	+142/+80	+180/+80	+89/+50	+112/+50	+64/+25	+87/+25	+25/+9	+34/+9	+16/0	+25/0	+39/0	+62/0	+100/0	+160/0	+250/0
>50~65	+330/+140	+174/+100	+220/+100	+106/+60	+134/+60	+76/+30	+104/+30	+29/+10	+40/+10	+19/0	+30/0	+46/0	+74/0	+120/0	+190/0	+300/0
>65~80	+340/+150	+174/+100	+220/+100	+106/+60	+134/+60	+76/+30	+104/+30	+29/+10	+40/+10	+19/0	+30/0	+46/0	+74/0	+120/0	+190/0	+300/0
>80~100	+390/+170	+207/+120	+260/+120	+126/+72	+159/+72	+90/+36	+123/+36	+34/+12	+47/+12	+22/0	+35/0	+54/0	+87/0	+140/0	+220/0	+350/0
>100~120	+400/+180	+207/+120	+260/+120	+126/+72	+159/+72	+90/+36	+123/+36	+34/+12	+47/+12	+22/0	+35/0	+54/0	+87/0	+140/0	+220/0	+350/0
>120~140	+450/+200	+245/+145	+305/+145	+148/+85	+185/+85	+106/+43	+143/+43	+39/+14	+54/+14	+25/0	+40/0	+63/0	+100/0	+160/0	+250/0	+400/0
>140~160	+460/+210	+245/+145	+305/+145	+148/+85	+185/+85	+106/+43	+143/+43	+39/+14	+54/+14	+25/0	+40/0	+63/0	+100/0	+160/0	+250/0	+400/0
>160~180	+480/+230	+245/+145	+305/+145	+148/+85	+185/+85	+106/+43	+143/+43	+39/+14	+54/+14	+25/0	+40/0	+63/0	+100/0	+160/0	+250/0	+400/0
>180~200	+530/+240	+285/+170	+335/+170	+172/+100	+215/+100	+122/+50	+165/+50	+44/+15	+61/+15	+29/0	+46/0	+72/0	+115/0	+185/0	+290/0	+460/0
>200~225	+550/+260	+285/+170	+335/+170	+172/+100	+215/+100	+122/+50	+165/+50	+44/+15	+61/+15	+29/0	+46/0	+72/0	+115/0	+185/0	+290/0	+460/0
>225~250	+570/+280	+285/+170	+335/+170	+172/+100	+215/+100	+122/+50	+165/+50	+44/+15	+61/+15	+29/0	+46/0	+72/0	+115/0	+185/0	+290/0	+460/0
>250~280	+620/+300	+320/+190	+400/+190	+191/+110	+240/+110	+137/+56	+186/+56	+49/+17	+69/+17	+32/0	+52/0	+81/0	+130/0	+210/0	+320/0	+520/0
>280~315	+650/+330	+320/+190	+400/+190	+191/+110	+240/+110	+137/+56	+186/+56	+49/+17	+69/+17	+32/0	+52/0	+81/0	+130/0	+210/0	+320/0	+520/0
>315~355	+720/+360	+350/+210	+440/+210	+214/+125	+265/+125	+151/+62	+202/+62	+54/+18	+75/+18	+36/0	+57/0	+89/0	+140/0	+230/0	+360/0	+570/0
>355~400	+760/+400	+350/+210	+440/+210	+214/+125	+265/+125	+151/+62	+202/+62	+54/+18	+75/+18	+36/0	+57/0	+89/0	+140/0	+230/0	+360/0	+570/0
>400~450	+840/+440	+385/+230	+480/+230	+232/+135	+290/+135	+165/+68	+223/+68	+60/+20	+83/+20	+40/0	+63/0	+97/0	+155/0	+250/0	+400/0	+630/0
>450~500	+880/+480	+385/+230	+480/+230	+232/+135	+290/+135	+165/+68	+223/+68	+60/+20	+83/+20	+40/0	+63/0	+97/0	+155/0	+250/0	+400/0	+630/0

偏差（GB/T 1801.4—1999）（带圈者为优先公差带）　　单位：μm

Js		K		M		N		P		R		S		T		U
7	8	6	⑦	7	8	6	⑦	6	⑦	6	7	6	⑦	6	7	⑦
±5	±7	0/−6	0/−10	−2/−12	−2/−16	−4/−10	−4/−14	−6/−12	−6/−16	−10/−16	−10/−20	−14/−20	−14/−24	—	—	−18/−28
±6	±9	+2/−6	+3/−9	0/−12	+2/−16	−5/−13	−4/−16	−9/−17	−8/−20	−12/−20	−11/−23	−16/−24	−15/−27	—	—	−19/−31
±7	±11	+2/−7	+5/−10	0/−15	+1/−21	−7/−16	−4/−19	−12/−21	−9/−24	−16/−25	−13/−28	−20/−29	−17/−32	—	—	−22/−37
±9	±13	+2/−9	+6/−12	0/−18	+2/−25	−9/−20	−5/−23	−15/−26	−11/−29	−20/−31	−16/−34	−25/−36	−21/−39	—	—	−26/−44
±10	±16	+2/−11	+6/−15	0/−21	+4/−29	−11/−24	−7/−28	−18/−31	−14/−35	−24/−37	−20/−41	−31/−44	−27/−48	—	—	−33/−54
														−37/−50	−33/−54	−40/−61
±12	±19	+3/−13	+7/−18	0/−25	+5/−34	−12/−28	−8/−33	−21/−37	−17/−42	−29/−45	−25/−50	−38/−54	−34/−59	−43/−59	−39/−64	−51/−76
														−49/−65	−45/−70	−61/−86
±15	±23	+4/−15	+9/−21	0/−30	+5/−41	−14/−33	−9/−39	−26/−45	−21/−51	−35/−54	−30/−60	−47/−66	−42/−72	−60/−79	−55/−85	−76/−106
										−37/−56	−32/−62	−53/−72	−48/−72	−69/−88	−64/−94	−91/−121
±17	±27	+4/−18	+10/−25	0/−35	+6/−48	−16/−38	−10/−45	−30/−52	−24/−59	−44/−66	−38/−73	−64/−86	−58/−93	−84/−106	−78/−113	−111/−146
										−47/−69	−41/−76	−72/−94	−66/−101	−97/−119	−91/−126	−131/−166
±20	±31	+4/−21	+12/−28	0/−40	+8/−55	−20/−45	−12/−52	−36/−61	−28/−68	−56/−81	−48/−88	−85/−110	−77/−117	−115/−140	−107/−147	−155/−195
										−58/−83	−50/−90	−93/−118	−85/−125	−127/−152	−119/−159	−175/−215
										−61/−86	−53/−93	−101/−126	−93/−133	−139/−164	−131/−171	−195/−235
±23	±36	+5/−24	+13/−33	0/−46	+9/−63	−22/−51	−14/−60	−41/−70	−33/−79	−68/−97	−60/−106	−113/−142	−105/−151	−157/−186	−149/−195	−219/−265
										−71/−100	−63/−109	−121/−150	−113/−159	−171/−200	−163/−209	−241/−287
										−75/−104	−67/−113	−131/−160	−123/−169	−187/−216	−179/−225	−267/−313
±26	±40	+5/−27	+16/−36	0/−52	+9/−72	−25/−57	−14/−66	−47/−79	−36/−88	−85/−117	−74/−126	−149/−181	−138/−190	−209/−241	−198/−250	−295/−347
										−87/−121	−78/−130	−161/−193	−150/−202	−231/−263	−220/−272	−330/−382
±28	±44	+7/−29	+17/−40	0/−57	+11/−78	−26/−62	−16/−73	−51/−87	−41/−98	−97/−133	−87/−144	−179/−215	−169/−226	−257/−293	−247/−304	−369/−426
										−103/−139	−93/−150	−197/−233	−187/−244	−283/−319	−273/−330	−414/−471
±31	±48	+8/−32	+18/−45	0/−63	+11/−86	−27/−67	−17/−80	−55/−95	−45/−108	−113/−153	−103/−166	−219/−259	−209/−272	−317/−357	−307/−370	−467/−530
										−119/−159	−109/−172	−239/−279	−229/−292	−247/−287	−337/−400	−517/−580

表 A4　　　　　　　　　　　　　基孔制优先、常用配合

基准孔	轴																				
	a	b	c	d	e	f	g	h	js	k	m	n	p	r	s	t	u	v	x	y	z
	间隙配合								过渡配合				过盈配合								
H6						$\frac{H6}{f5}$	$\frac{H6}{g5}$	$\frac{H6}{h5}$	$\frac{H6}{js5}$	$\frac{H6}{k5}$	$\frac{H6}{m5}$	$\frac{H6}{n5}$	$\frac{H6}{p5}$	$\frac{H6}{r5}$	$\frac{H6}{s5}$	$\frac{H6}{t5}$					
H7						$\frac{H7}{f6}$	$\frac{H7}{g6}$	$\frac{H7}{h6}$	$\frac{H7}{js6}$	$\frac{H7}{k6}$	$\frac{H7}{m6}$	$\frac{H7}{n6}$	$\frac{H7}{p6}$	$\frac{H7}{r6}$	$\frac{H7}{s6}$	$\frac{H7}{t6}$	$\frac{H7}{u6}$	$\frac{H7}{v6}$	$\frac{H7}{x6}$	$\frac{H7}{y6}$	$\frac{H7}{z6}$
H8					$\frac{H8}{e7}$	$\frac{H8}{f7}$	$\frac{H8}{g7}$	$\frac{H8}{h7}$	$\frac{H8}{js7}$	$\frac{H8}{k7}$	$\frac{H8}{m7}$	$\frac{H8}{n7}$	$\frac{H8}{p7}$	$\frac{H8}{r7}$	$\frac{H8}{s7}$	$\frac{H8}{t7}$	$\frac{H8}{u7}$				
H8				$\frac{H8}{d8}$	$\frac{H8}{e8}$	$\frac{H8}{f8}$		$\frac{H8}{h8}$													
H9			$\frac{H9}{c9}$	$\frac{H9}{d9}$	$\frac{H9}{e9}$	$\frac{H9}{f9}$		$\frac{H9}{h9}$													
H10			$\frac{H10}{c10}$	$\frac{H10}{d10}$				$\frac{H10}{h10}$													
H11	$\frac{H11}{a11}$	$\frac{H11}{b11}$	$\frac{H11}{c11}$	$\frac{H11}{d11}$				$\frac{H11}{h11}$													
H12		$\frac{H12}{b12}$						$\frac{H12}{h12}$													

注：① $\frac{H6}{n5}$、$\frac{H7}{p6}$、$\frac{H8}{r7}$ 在基本尺寸小于或等于 3 mm 和在小于或等于 100 mm 时，为过渡配合。

　　② 标注▼的配合为优先配合。

表 A5　　　　　　　　　　　　　基轴制优先、常用配合

基准轴	孔																				
	A	B	C	D	E	F	G	H	Js	K	M	N	P	R	S	T	U	V	X	Y	Z
	间隙配合								过渡配合				过盈配合								
h5						$\frac{F6}{h5}$	$\frac{G6}{h5}$	$\frac{H6}{h5}$	$\frac{Js6}{h5}$	$\frac{K6}{h5}$	$\frac{M6}{h5}$	$\frac{N6}{h5}$	$\frac{P6}{h5}$	$\frac{R6}{h5}$	$\frac{S6}{h5}$	$\frac{T6}{h5}$					
h6						$\frac{F7}{h6}$	$\frac{G7}{h6}$	$\frac{H7}{h6}$	$\frac{Js7}{h6}$	$\frac{K7}{h6}$	$\frac{M7}{h6}$	$\frac{N7}{h6}$	$\frac{P7}{h6}$	$\frac{R7}{h6}$	$\frac{S7}{h6}$	$\frac{T7}{h6}$	$\frac{U7}{h6}$				
h7					$\frac{E8}{h7}$	$\frac{F8}{h7}$		$\frac{H8}{h7}$	$\frac{Js8}{h7}$	$\frac{K8}{h7}$	$\frac{M8}{h7}$	$\frac{N8}{h7}$									
h8				$\frac{D8}{h8}$	$\frac{E8}{h8}$	$\frac{F8}{h8}$		$\frac{H8}{h8}$													
h9				$\frac{D9}{h9}$	$\frac{E9}{h9}$	$\frac{F9}{h9}$		$\frac{H9}{h9}$													
h10				$\frac{D10}{h10}$				$\frac{H10}{h10}$													
h11	$\frac{A11}{h11}$	$\frac{B11}{h11}$	$\frac{C11}{h11}$	$\frac{D11}{h11}$				$\frac{H11}{h11}$													
h12		$\frac{B12}{h12}$						$\frac{H12}{h12}$													

表 B1   普通螺纹牙型、直径与螺距（GB/T 192—2003、GB/T 193—2003）   单位：mm

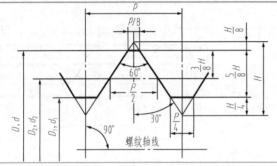

D——内螺纹大径
d——外螺纹大径
D_2——内螺纹中径
d_2——外螺纹中径
D_1——内螺纹小径
d_1——外螺纹小径
P——螺距
H——原始三角形高度

标记示例：

M10（粗牙普通外螺纹，公称直径 d=10，右旋、中径及大径公差带代号均为6g，中等旋合长度）

M10×1LH（细牙普通内螺纹，公称直径 D=10，螺距 P=1，左旋、中径及小径公差带代号均为6H，中等旋合长度）

公称直径 D、d			螺距 P		
第一系列	第二系列	第三系列	粗牙	细牙	
4			0.7	0.5	
5			0.8	0.5	
		5.5			0.5
6			1		0.75
	7		1	0.75	
8			1.25	1,0.75	
		9	1.25		1,0.75
10			1.5	1.25,1,0.75	
		11	1.5	1,0.75	
12			1.75		1.5,1.25,1
	14		2	1.5,1.25,1	
		15		1.5,1	
16			2		1.5,1
		17		1.5,1	
	18		2.5	2,1.5,1	
20			2.5		2,1.5,1
	22		2.5	2,1.5,1	
24			3		2,1.5,1
		25			2,1.5,1
		26		1.5	
	27		3	2,1.5,1	
		28			2,1.5,1

续表

公称直径 D、d			螺距 P		
第一系列	第二系列	第三系列	粗牙	细牙	
30			3.5	(3),2,1.5,1	
		32	3.5	2,1.5	
	33		3.5		(3),2,1.5
		35		1.5	
36			4	3,2,1.5	
	38		4	1.5	
	39		4		3,2,1.5

注：①优先选用第一系列，其次是第二系列，第三系列尽可能不用。括号内尺寸尽可能不用。
　　②M14×1.25 仅用于火花塞。M35×1.5 仅用于滚动轴承锁紧螺母。

表 B2	管螺纹	单位：mm

用螺纹密封的管螺纹（摘自 GB/T 7306—2000）	非螺纹密封的管螺纹（摘自 GB/T 7307—2000）

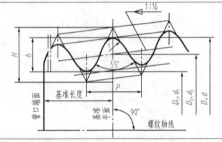 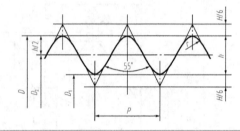

标记示例：
R1 ½（尺寸代号 1½，右旋圆锥外螺纹）
Rc1 ¼-LH（尺寸代号 1¼，左旋圆锥内螺纹）
Rp2（尺寸代号 2，右旋圆柱内螺纹）

标记示例：
G1 ½-LH（尺寸代号 1½，左旋内螺纹）
G1 ¼A（尺寸代号 1¼，A 级右旋外螺纹）
G2B-LH（尺寸代号 2，B 级左旋外螺纹）

尺寸代号	基面上的直径（GB/T 7306） 基本直径（GB/T 7307）			螺距 P/mm	牙高 h/mm	圆弧半径 r/mm	每25.4mm 内的牙数 n	有效螺纹长度/mm （GB/T 7306）	基准的基本长度/mm （GB/T 7306）
	大径 $d=D$ /mm	中径 $d_2=D_2$ /mm	小径 $d_1=D_1$ /mm						
1/16	7.723	7.142	6.561	0.907	0.581	0.125	28	6.5	4.0
1/8	9.728	9.147	8.566						
1/4	13.157	12.301	11.445	1.337	0.856	0.184	19	9.7	6.0
3/8	16.662	15.806	14.950					10.1	6.4
1/2	20.955	19.793	18.631	1.814	1.162	0.249	14	13.2	8.2
3/4	26.441	25.279	24.117				14	14.5	9.5
1	33.249	31.770	30.291					16.8	10.4
1 ¼	41.910	40.431	38.952					19.1	12.7
1 ½	47.803	46.324	44.845					19.1	12.7
2	59.614	58.135	56.656	2.309	1.479	0.317	11	23.4	15.9
2 ½	75.184	73.705	72.226					26.7	17.5
3	87.884	86.405	84.926					29.8	20.6
4	113.030	111.551	110.072					35.8	25.4
5	138.430	136.951	135.472					40.1	28.6
6	163.830	162.351	160.872						

表 C1   六角头螺栓

六角头螺栓—A 和 B 级（GB/T 5782—2000）   六角头螺栓—全螺纹—A 和 B 级（GB/T 5783—2000）

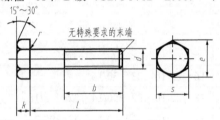 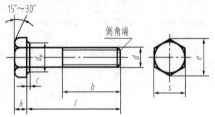

标记示例：螺栓 GB/T 5782   M12×80

（螺纹规格 d = M12，公称长度 l = 80 mm，A 级的六角头螺栓）

螺纹规格 d			M3	M4	M5	M6	M8	M10	M12	M16	M20	M24	M30
b 参考	$l \leqslant 125$		12	14	16	18	22	26	30	38	46	54	66
	$125 < l \leqslant 200$		18	20	22	24	28	32	36	44	52	60	72
	$l \leqslant 200$		31	33	35	37	41	45	49	57	65	73	85
c			0.4	0.4	0.5	0.5	0.6	0.6	0.6	0.8	0.8	0.8	0.8
d_w	产品等级	A	4.57	5.88	6.88	8.88	11.63	14.63	16.63	22.49	28.19	33.61	—
		B，C	4.45	5.74	6.74	8.74	11.47	14.47	16.47	22	27.7	33.25	42.75
e	产品等级	A	6.01	7.66	8.79	11.05	14.38	17.77	20.03	26.75	33.53	39.98	—
		B，C	5.88	7.50	8.63	10.89	14.20	17.59	19.85	26.17	32.95	39.55	50.85
k 公称			2	2.8	3.5	4	5.3	6.4	7.5	10	12.5	15	18.7
r			0.1	0.2	0.2	0.25	0.4	0.4	0.6	0.6	0.8	0.8	1
s 公称			5.5	7	8	10	13	16	18	24	30	36	46
l（商品规格范围）			20～30	25～40	25～50	30～60	40～80	45～100	50～120	65～160	80～200	90～240	110～300
l 系列			12，16，20，25，30，35，40，45，50，55，60，65，70，80，90，100，120，130，140，150，160，180，200，220，240，260，280，300，320，340，360										

注：① A 级用于 $d \leqslant 24$ 和 $l \leqslant 10d$ 或 $\leqslant 150$ 的螺栓；
      B 级用于 $d > 24$ 和 $l > 10d$ 或 > 150 的螺栓。
  ② 螺纹规格 d 范围 GB/T 5780 为 M5～M64；GB/T 5782 为 M1.6～M64。
  ③ 公称长度 l 范围 GB/T 5780 为 25～500；GB/T 5782 为 12～500。

表 C2　　　　　　　　　　　　　　双头螺柱

$b_m = 1d$(GB/T 897—1988)，$b_m = 1.25d$(GB/T 898—1988)，$b_m = 1.5d$(GB/T 899—1988)，$b_m = 2d$(GB/T 900—1988)

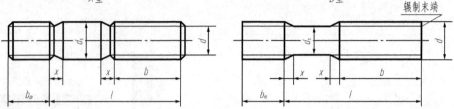

标记示例：

螺柱 GB/T 897-M10×50

（两端均为粗牙普通螺纹，$d = 10$ mm，$l = 50$ mm，性能等级为 4.8 级，不经表面处理，B 型，$b_m = 1d$ 的双头螺柱）

螺柱 GB/T 897 AM10—M10×1×50

（旋入端为粗牙普通螺纹，旋螺母端为细牙普通螺纹（$P = 1$），$d = 10$ mm，$l = 50$ mm，A 型，$b_m = 1d$ 的双头螺柱）

螺纹规格	b_m				l/b
	GB/T 897—88 $b_m = 1d$	GB/T 898—88 $b_m = 1.25d$	GB/T 899—88 $b_m = 1.5d$	GB/T 900—88 $b_m = 2d$	
M5	5	6	8	10	16～22/10，23～50/16
M6	6	8	10	12	18～22/10，23～30/14，32～75/18
M8	8	10	12	16	18～22/12，23～30/16，32～90/22
M10	10	12	15	20	25～28/14，30～38/16，40～120/26，130/32
M12	12	15	18	24	25～30/16，32～40/20，45～120/30，130～180/36
（M14）	14		21	28	30～35/18，38～50/25，55～120/34，130～180/40
M16	16	20	24	32	30～38/20，40～60/30，65～120/38，130～200/44
（M18）	18		27	36	35～410/22，45～60/35，65～120/42，130～200/48
M20	20	25	30	40	35～40/25，45～65/35，70～120/46，130～200/52
（M22）	22		33	44	40～55/30，50～70/40，75～120/50，130～200/56
M24	24	30	36	48	45～50/30，55～75/45，80～120/54，130～200/60
（M27）	27		40	54	50～60/35，65～85/50，90～120/60，130～200/66
M30	30	38	45	60	60～65/40，70～90/50，95～120/66，130～200/72
（M33）	33		49	66	65～70/45，75～95/60，100～120/72，130～200/78
M36	36	45	54	72	65～75/45，80～120/60，130～200/84，210～300/97
（M39）	39		58	78	70～80/50，85～120/65，130～200/90，210～300/103
M42	42	52	64	84	70～80/50，85～120/70，130～200/96，210～300/109
M48	48	60	72	96	75～90/60，95～120/80，130～200/108，210～300/121
l（系列）	16，（18），20，（22），25，（28），30，（32），35，（38），40，45，50，（55），60，（65），70，（75），80，（85），90，（95），100，110，120，130，140，150，160，170，180，190，200，210，220，230，240，250，260，270，280，290，300				

注：① 尽可能不采用括号内的规格。

　　② P—粗牙螺纹的螺距。

表 C3　　　　　　　　　　　　　　　　螺钉

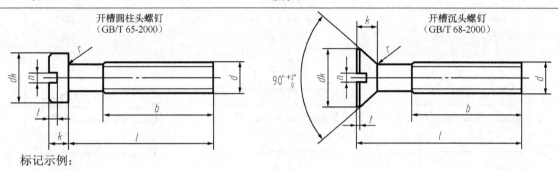

开槽圆柱头螺钉
（GB/T 65-2000）

开槽沉头螺钉
（GB/T 68-2000）

标记示例：

螺钉　GB/T 65 M5×20

（螺纹规格 d = M5，公称长度 l = 20 mm 的开槽圆柱头螺钉）

螺纹规格 d		M1.6	M2	M2.5	M3	M4	M5	M6	M8	M10
P	GB/T 65—2000	0.35	0.4	0.45	0.5	0.7	0.8	1	1.25	1.5
	GB/T 68—2000									
b_{min}	GB/T 65—2000	25				38				
	GB/T 68—2000									
d_{kmax}	GB/T 65—2000	3	3.8	4.5	5.5	7	8.5	10	13	16
	GB/T 68—2000	3.6	4.4	5.5	6.3	9.4	10.4	12.6	17.3	20
k_{max}	GB/T 65—2000	1.1	1.4	1.8	2	2.6	3.3	3.9	5	6
	GB/T 68—2000	1	1.2	1.5	1.65	2.7	2.7	3.3	4.65	5
n 公称	GB/T 65—2000	0.4	0.5	0.6	0.8	1.2	1.2	1.6	2	2.5
	GB/T 68—2000									
r min	GB/T 65—2000	0.1	0.1	0.1	0.1	0.2	0.2	0.25	0.4	0.4
max	GB/T 68—2000	0.4	0.5	0.6	0.8	1	1.3	1.5	2	2.5
t_{min}	GB/T 65—2000	0.45	0.6	0.7	0.85	1.1	1.3	1.6	2	2.4
	GB/T 68—2000	0.32	0.4	0.5	0.6	1	1.1	1.2	1.8	2
l 公称	商品规格范围 GB/T 65—2000	2～16	3～20	3～25	4～30	5～40	6～50	8～60	10～80	12～80
	商品规格范围 GB/T 68—2000	2.5～16	3～20	4～25	5～30	6～40	8～50			
	全螺纹范围 GB/T 65—2000	$l \leqslant 30$				$l \leqslant 40$				
	全螺纹范围 GB/T 68—2000	$l \leqslant 30$				$l \leqslant 45$				
	系列值	2，2.5，3，4，5，6，8，10，12，（14），16，20，25，30，35，40，45，50，（55），60，（65），70，（75），80								

表 C4　　　　　　　　　　　　　　　　　　**紧定螺钉**

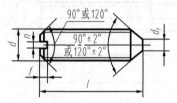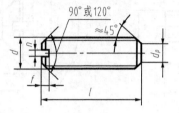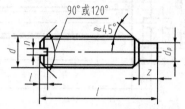

开槽锥端紧定螺钉 (GB/T 71-2003)　　　开槽平端紧定螺钉 (GB/T 73-2003)　　　开槽长圆柱端紧定螺钉 (GB/T 75-2003)

标记示例：

螺钉　GB/T 71　M5×12

（螺纹规格 d = M5，公称长度 l = 12 mm 的开槽锥端紧定螺钉）

螺纹规格 d		M1.2	M1.6	M2	M2.5	M3	M4	M5	M6	M8	M10	M12
P	GB/T 71，GB/T 73	0.25	0.35	0.4	0.5	0.5	0.7	0.8	1	1.25	1.5	1.75
	GB/T 75	—										
d_t	GB/T 71	0.12	0.16	0.2	0.25	0.3	0.4	0.5	1.5	2	2.5	3
d_{pmax}	GB/T 71，GB/T 73	0.6	0.8	1	1.5	2	2.5	3.5	4	5.5	7	8.5
	GB/T 75	—										
n 公称	GB/T 71，GB/T 73	0.2	0.25	0.25	0.4	0.4	0.6	0.8	1	1.2	1.6	2
	GB/T 75	—										
t_{min}	GB/T 71，GB/T 73	0.4	0.56	0.64	0.72	0.8	1.12	1.28	1.6	2	2.4	2.8
	GB/T 75	—										
z_{min}	GB/T 75	—	0.8	1	1.2	1.5	2	2.5	3	4	5	6
倒角和锥顶角	GB/T 71　120°	l=2	L≤2.5		l≤3		l≤4	l≤5	l≤6	l≤8	l≤10	l≤12
	GB/T 71　90°	L≥2.5	L≥3		l≥4		l≥5	l≥6	l≥8	l≥10	l≥12	l≥14
	GB/T 73　120°	—	l≤2	l≤2.5	l≤3		l≤4	l≤5	l≤6	l≤8	l≤10	
	GB/T 73　90°		l≥2	l≥2.5	l≥3		l≥4	l≥5	l≥6	l≥8	l≥10	l≥12
	GB/T 75　120°	—	L≤2.5	l≤3	l≤4	l≤5	l≤6	l≤8	l≤10	l≤14	l≤16	l≤20
	GB/T 75　90°	—	l≥3	l≥4	l≥5	l≥6	l≥8	l≥10	l≥12	l≥16	l≥20	l≥25
l 公称	商品规格范围　GB/T 71	2~6		3~10	3~12	4~16	6~20	8~25	8~30	10~40	12~50	14~60
	商品规格范围　GB/T 73	2~8		2~10	2.5~12	13~16	4~20	5~25	6~30	8~40	10~50	12~60
	商品规格范围　GB/T 75	—	2.5~8	3~10	4~12	5~16	6~20	8~25	8~30	10~40	12~50	14~60
	系列值	2，2.5，3，4，5，6，8，10，12，（14），16，20，25，30，35，40，45，50，（55），60										

表 C5   六角螺母

1 型六角螺母-A 级和 B 级（GB/T 6170—2000）

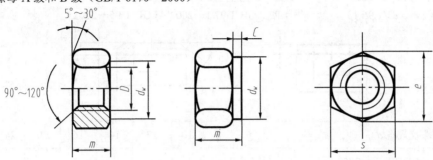

标记示例：

螺母 GB/T 41M12

（螺纹规格 D = 12 mm 的 1 型，C 级六角螺母）

螺母 GB/T 6170 M24×2

（螺纹规格 D = M24，螺距 P=2、性能等级为 10 级、不经表面处理、B 级的 1 型，细牙六角螺母）

螺纹规格 D		M1.6	M2	M2.5	M3	M4	M5	M6	M8	M10	M12	M16	M20	M24	M30	M36
c_{max}	GB/T 6170	0.2	0.2	0.3	0.4	0.4	0.5	0.5	0.6	0.6	0.6	0.8	0.8	0.8	0.8	0.8
	GB/T 6175	—	—	—	—	—										
d_{wmin}	GB/T 41						6.7	8.7	11.5	14.5	16.5	22	27.7	33.3	42.8	51.1
	GB/T 6170	2.4	3.1	4.1	4.6	5.9										
	GB/T 6172.1						6.9	8.9	11.6	14.6	16.6	22.5	27.7	33.2	42.7	51.1
	GB/T 6175	—	—	—	—	—										
e_{min}	GB/T 41						8.63	10.98	14.20	17.59	19.85	26.17				
	GB/T 6170	3.41	4.32	5.45	6.01	7.66							32.95	39.55	50.85	60.79
	GB/T 6172.1						8.79	11.05	14.38	17.77	20.03	26.75				
	GB/T 6175	—	—	—	—	—										
m_{max}	GB/T 41	—	—	—	—	—	5.6	6.4	7.9	9.5	12.2	15.9	19	22.3	26.4	31.9
	GB/T 6170	1.3	1.6	2	2.4	3.2	4.7	5.2	6.8	8.4	10.8	14.8	18	21.5	25.6	31
	GB/T 6172.1	1	1.2	1.6	1.8	2.2	2.7	3.1	4	5	6	8	10	12	15	18
	GB/T 6175	—	—	—	—	—	5.1	5.7	7.5	9.3	12	16.4	20.3	23.9	28.6	34.7
s_{max}	GB/T 41	—	—	—	—	—										
	GB/T 6170	3.2	4	5	5.5	7	8	10	13	16	18	24	30	36	46	55
	GB/T 6172.1															
	GB/T 6175	—	—	—	—	—										

表 C6　　　　　　　　　　　　　　平垫圈

小垫圈（GB/T 848—2002）　　　　　垫圈—倒角型（GB/T 97.2—2002）
大垫圈（A 级）（GB/T 96.1）　　　　平垫圈（GB/T 97.1—2002）（GB/T 95—2002）

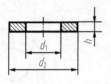
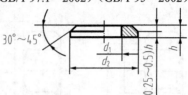

公称尺寸（螺纹规格 d）		4	5	6	8	10	12	14	16	20	24	30	36
d_1 公称（min）	GB/T 848—2002	4.3											
	GB/T 97.1—2002		5.3	6.4	8.4	10.5	13	15	17	21	25	31	37
	GB/T 97.2—2002	—											
	GB/T 95—2002	4.5	5.5	6.6	9	11	13.5	15.5	17.5	22	26	33	39
d_2 公称（max）	GB/T 848—2002	8	9	11	15	18	20	24	28	34	39	50	60
	GB/T 97.1—2002	9											
	GB/T 97.2—2002	—	10	12	16	20	24	28	30	37	44	56	66
	GB/T 95—2002												
h 公称（max）	GB/T 848—2002	0.5			1.6		2		2.5		3		
	GB/T 97.1—2002	0.8										4	5
	GB/T 97.2—2002	—	1		1.6		2	2.5		3			
	GB/T 95—2002	0.8											

表 C7　　　　　　　　弹簧垫圈（摘自 GB/T 93—1987）　　　　　　　　单位：mm

标记示例
垫圈 GB/T 93 16
（规格 16 mm、材料 65Mn、表面氧化的重型弹簧垫圈）
（标准系列，公称尺寸 d = 16 mm 的弹簧垫圈）

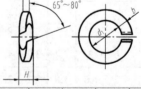
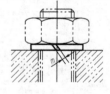

公称尺寸（螺纹规格 d）	2	2.5	3	4	5	6	8	10	12	16	20	24	30	36	42	48
d_{1min}	2.1	2.6	3.1	4.1	5.1	6.1	8.1	10.2	12.2	16.2	20.2	24.5	30.5	36.5	42.5	48.5
$s(b)$公称	0.5	0.65	0.8	1.1	1.3	1.6	2.1	2.6	3.1	4.1	5	6	7.5	9	10.5	12
H_{max}	1	1.3	1.6	2.2	2.6	3.2	4.2	5.2	6.2	8.2	10	12	15	18	21	24
$m \leqslant$	0.25	0.33	0.4	0.55	0.65	0.8	1.05	1.3	1.55	2.05	2.5	3	3.75	4.5	5.25	6

表 C8	普通平键

平键及键槽剖面尺寸（GB/T 1095—2003）

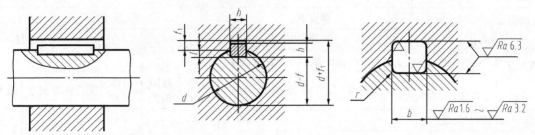

普通平键的型式尺寸（GB/T 1096—2003）

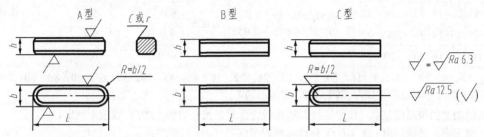

标记示例:

键 10×25　　GB/T 1096—2003

（圆头普通平键, $b = 10$ mm, $h = 8$ mm, $L = 25$ mm）

键 B10×25　　GB/T 1096—2003

（平头普通平键, $b = 10$ mm, $h = 8$ mm, $L = 25$ mm）

键 C10×25　　GB/T 1096—2003

（单圆头普通平键, $b = 10$ mm, $h = 8$ mm, $L = 25$ mm）

轴	键		键　槽									
			槽宽 b				深　度				半径 r	
公称直径 d	公称尺寸 $b×h$	长度 L	公称尺寸 b	极　限　偏　差				轴 t		毂 t_1		
				较松键连接		一般键连接							
				轴 H9	毂 D10	轴 N9	毂 JS9	公称尺寸	极限偏差	公称尺寸	极限偏差	最小	最大
自 6~8	2×2	6~20	2	+0.025 0	+0.060 +0.020	−0.004 −0.029	±0.0125	1.2	+0.10 0	1	+0.10 0	0.08	0.16
>8~10	3×3	6~36	3					1.8		1.4			
>10~12	4×4	8~45	4	+0.030 0	+0.078 +0.030	0 −0.030	±0.015	2.5		1.8			
>12~17	5×5	10~56	5					3.0		2.3		0.16	0.25
>17~22	6×6	14~70	6	+0.030 0	+0.078 +0.030	0 −0.030	±0.015	3.5	+0.10 0	2.8	+0.10 0	0.16	0.25
>22~30	8×7	18~90	8	+0.036 0	+0.098 +0.040	0 −0.036	±0.018	4.0		3.3			
>30~38	10×8	22~110	10					5.0		3.3			
>38~44	12×8	28~140	12	+0.043 0	+0.120 +0.050	0 −0.043	±0.0215	5.0	+0.20 0	3.3	+0.20 0	0.25	0.40
>44~50	14×9	36~160	14					5.5		3.8			
>50~58	16×10	45~180	16					6.0		4.3			

续表

轴	键		键　槽									
			槽宽 b					深　度				半径 r
公称直径 d	公称尺寸 b×h	长度 L	公称尺寸 b	极　限　偏　差				轴 t		毂 t₁		
				较松键连接		一般键连接						
				轴 H9	毂 D10	轴 N9	毂 JS9	公称尺寸	极限偏差	公称尺寸	极限偏差	最小	最大
>58~65	18×11	50~200	18					7.0		4.4		
>65~75	20×12	56~220	20					7.5		4.9		
>75~85	22×14	63~250	22	+0.052 0	+0.149 +0.065	0 −0.052	±0.026	9.0		5.4		0.40	0.60
>85~95	25×14	70~280	25					9.0		5.4		
>95~110	28×16	80~320	28					10.0		6.4		
L 系列	6，8，10，12，14，16，20，22，25，28，32，36，40，45，50，56，63，70，80，90，100，110， 125，140，160，180，200，220，250，280											

注：① 键槽宽的极限偏差中"较紧连接"轴和毂的公差带代号均为"P9"，表中未列出。

② 在工作图中，轴槽深用 t 或（$d-t$）标注，轮毂槽深用（$d+t_1$）标注。

③ （$d-t$）和（$d+t_1$）两组组合尺寸的极限偏差按相应的 t 和 t_1 的极限偏差选取，但（$d-t$）极限偏差值应取为负号（−）。

附表 C9　　　圆柱销不淬硬钢和奥氏体不锈钢（摘自 GB/T119.1—2000）　　　单位：mm

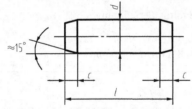

标记示例：销 GB/T119.1　10m6×60

（公称直径 $d = 10$ mm，公差为 m6，公称长度 $l = 60$ mm，材料为钢，不经淬硬，不经表面处理的圆柱销）

d（公称）	0.6	0.8	1	1.2	1.5	2	2.5	3	4	5
c≈	0.12	0.16	0.20	0.25	0.30	0.35	0.40	0.50	0.63	0.80
l（商品规格范围公称长度）	2~6	2~8	4~10	4~12	4~16	6~20	6~24	8~30	8~40	10~50
d（公称）	6	8	10	12	16	20	25	30	40	50
c≈	1.2	1.6	2.0	2.5	3.0	3.5	4.0	5.0	6.3	8.0
l（商品规格范围公称长度）	12~60	14~80	18~95	22~140	26~180	35~200	50~200	60~200	80~200	95~200
l 系列	2，3，4，5，6，8，10，12，14，16，18，20，22，24，26，28，30，32，35，40，45，50， 55，60，65，70，75，80，85，90，95，100，120，140，160，180，200									

注：① 材料用钢时硬度要求为 125~245 HV30，用奥氏体不锈钢 A1（GB/T 3098.6）时硬度要求 210~280 HV30。

② 公差 m6：$Ra \leqslant 0.8\mu m$；公差 h8：$Ra \leqslant 1.6\mu m$。

表 C10　　　　　　　　　　　　**圆锥销（摘自 GB/T 117—2000）**

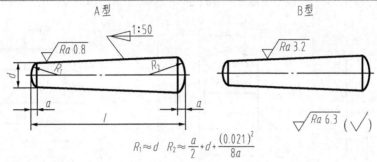

$$R_1 \approx d \quad R_2 \approx \frac{a}{2} + d + \frac{(0.021)^2}{8a}$$

标记示例：销 GB/T 117 10×60

（公称直径 $d = 10$、长度 $l = 60$、材料为 35 钢、热处理硬度 28～38HRC、表面氧化处理的 A 型圆锥销）

d （公称）	2	2.5	3	4	5	6	8	10	12	16	20	25	30
$a \approx$	0.25	0.3	0.4	0.5	0.63	0.8	1.0	1.2	1.6	2.0	2.5	3.0	4
l 范围	10～35	10～35	12～45	14～55	18～60	22～90	22～120	26～160	32～180	40～200	45～200	50～200	55～200
l 系列	2、3、4、5、6～32（按 2 递增）、35～100（按 5 递增）、120～200（按 20 递增）												

表 C11　　　　　　　　　　　　**开口销（摘自 GB/T 91—2000）**

允许制造的型式

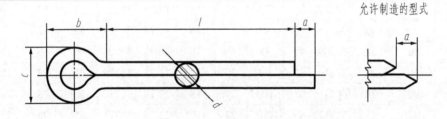

标记示例：

公称直径 $d = 5$、长度 $l = 50$ mm、材料为 Q215 或 Q235、不经表面处理的开口销的标记：

销 GB/T 91　5×50

d	公称	0.8	1	1.2	1.6	2	2.5	3.2	4	5	6.3	8	10	12
	max	0.7	0.9	1	14	1.8	2.3	2.9	3.7	4.6	5.9	7.5	9.5	11.4
	min	0.6	0.8	0.9	1.3	1.7	2.1	2.7	3.5	4.4	5.7	7.3	9.3	11.1
c_{max}		1.4	1.8	2	2.8	3.6	4.6	5.8	7.4	9.2	11.8	15	19	24.8
b		2.4	3	3	3.2	4	5	6.4	8	10	12.6	16	20	26
a_{max}		1.6			2.5			3.2		4			6.3	
l 范围		5～16	6～20	8～26	8～32	10～40	12～50	14～65	18～20	22～100	30～120	40～160	45～200	70～200
l 系列		4、5、6～32（2 进位）、36、40～100（5 进位）、120～200（20 进位）												

注：销孔的公称直径等于 $d_{公称}$，$d_{min} \leqslant$（销的直径）$\leqslant d_{max}$。

表 C12 滚动轴承

深沟球轴承（GB/T 276—1994）	圆锥滚子轴承（GB/T 297—1994）	推力球轴承（GB/T 301—1995）
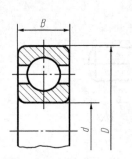	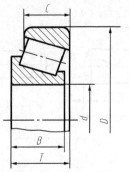	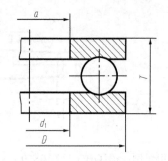
标记示例：	标记示例：	标记示例：
滚动轴承 6310 GB/T 276—1994	滚动轴承 30212 GB/T 297—1994	滚动轴承 51305 GB/T 301—1995

轴承型号	尺寸/mm			轴承型号	尺寸/mm					轴承型号	尺寸/mm			
	d	D	B		d	D	B	C	T		d	D	T	d_1
尺寸系列 [(0)2]				尺寸系列 [02]						尺寸系列 [12]				
6202	15	35	11	30203	17	40	12	11	13.25	51202	15	32	12	17
6203	17	40	12	30204	20	47	14	12	15.25	51203	17	35	12	19
6204	20	47	14	30205	25	52	15	13	16.25	51204	20	40	14	22
6205	25	52	15	30206	30	62	16	14	17.25	51205	25	47	15	27
6206	30	62	16	30207	35	72	17	15	18.25	51206	30	52	16	32
6207	35	72	17	30208	40	80	18	16	19.75	51207	35	62	18	37
6208	40	80	18	30209	45	85	19	16	20.75	51208	40	68	19	42
6209	45	85	19	30210	50	90	20	17	21.75	51209	45	73	20	47
6210	50	90	20	30211	55	100	21	18	22.75	51210	50	78	22	52
6211	55	100	21	30212	60	110	22	19	23.75	51211	55	90	25	57
6212	60	110	22	30213	65	120	23	20	24.75	51212	60	95	26	62
尺寸系列 [(0)3]				尺寸系列 [03]						尺寸系列 [13]				
6302	15	42	13	30302	15	42	13	11	14.25	51304	20	47	18	22
6303	17	47	14	30303	17	47	14	12	15.25	51305	25	52	18	27
6304	20	52	15	30304	20	52	15	13	16.25	51306	30	60	21	32
6305	25	62	17	30305	25	62	17	15	18.25	51307	35	68	24	37
6306	30	72	19	30306	30	72	19	16	20.75	51308	40	78	26	42
6307	35	80	21	30307	35	80	21	18	22.75	51309	45	85	28	47
6308	40	90	23	30308	40	90	23	20	25.25	51310	50	95	31	52
6309	45	100	25	30309	45	100	25	22	27.25	51311	55	105	35	57
6310	50	110	27	30310	50	110	27	23	29.25	51312	60	110	35	62
6311	55	120	29	30311	55	120	29	25	31.50	51313	65	115	36	67
6312	60	130	31	30312	60	130	31	26	33.50	51314	70	125	40	72

表 D1   零件倒圆、倒角（摘自 GB/T 6403.4）   单位：mm

（a）内角倒圆   （b）外角倒圆   （c）外角倒角   （d）内角倒角

（e）$C_1 > R$ （f）$R_1 > R$ （g）$C < 0.58R_1$ （h）$C_1 > C$

直径 D	~3		>3~6		>6~10		>10~18	>18~30		>30~50		>50~80
C、R $\mid$ R_1	0.1	0.2	0.3	0.4	0.5	0.6	0.8	1.0	1.2	1.6	2.0
C_{max} ($C<0.58R_1$)	—	0.1	0.1	0.2	0.2	0.3	0.4	0.5	0.6	0.8	1.0
直径 D	>80~120	>120~180	>180~250	>250~320	>320~400	>400~500	>500~630	>630~800	>800~1000	>1000~1250	>1250~1600
C、R $\mid$ R_1	2.5	3.0	4.0	5.0	6.0	8.0	10	12	16	20	25
C_{max} ($C<0.58R_1$)	1.2	1.6	2.0	2.5	3.0	4.0	5.0	6.0	8.0	10	12

表 D2   中心孔（摘自 GB/T 145—2001）

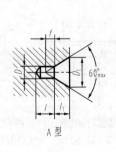   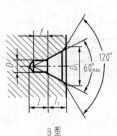   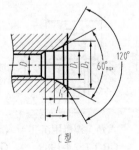

A 型   B 型   C 型

中心孔尺寸

续表

A 型、B 型							C 型					选择中心孔参考数据（非标准内容）		
	A 型			B 型							参考	原料端部最小直径	轴状原料最大直径	工件最大重量
D	D_1	参考		D_1	参考		D	D_1	D_2	l	l_1			t
		l_1	t		l_1	t								
2.00	4.25	1.95	1.8	6.3	2.54	1.8						8	>10～18	0.12
2.50	5.30	2.42	2.2	8.0	3.20	2.2						10	>18～30	0.2
3.15	6.70	3.07	2.8	10.00	4.03	2.8	M3	3.2	5.8	2.6	1.8	12	>30～50	0.5
4.00	8.50	3.90	3.5	12.50	5.05	3.5	M4	4.3	7.4	3.2	2.1	15	>50～80	0.8
(5.00)	10.60	4.85	4.4	16.00	6.41	4.4	M5	5.3	8.8	4.0	2.4	20	>80～120	1
6.3	13.20	5.98	5.5	18.00	7.36	5.5	M6	6.4	10.5	5.0	2.8	25	>120～180	1.5
(8.00)	17.00	7.79	7.0	22.40	9.36	7.0	M8	8.4	13.2	6.0	3.3	30	>180～220	2
10.00	21.20	9.70	8.7	28.00	11.66	8.7	M10	10.5	16.3	7.5	3.8	42	>220～260	3

注：① 尺寸 l 取决于中心钻的长度，此值不应小于 t 值（对 A 型、B 型）。

② 括号内的尺寸尽量不采用。

③ R 型中心孔未列入。

表 D3　　　　　　中心孔表示法（摘自 GB/T 4459.5—1999）

要　　求	符　　号	表示法示例	说　　明
在完工的零件上要求保留中心孔		GB/T 4459.5-B2.5/8	采用 B 型中心孔 $D = 2.5$ mm，$D_1 = 8$ mm 在完工的零件上要求保留
在完工的零件上可以保留中心孔		GB/T 4459.5-A4/8.5	采用 A 型中心孔 $D= 4$ mm，$D_1 = 8.5$ mm 在完工的零件上是否保留都可以
在完工的零件上不允许保留中心孔		GB/T 4459.5-A1.6/3.35	采用 A 型中心孔 $D = 1.6$ mm，$D_1 = 3.35$ mm 在完工的零件上不允许保留

表 D4　　　　紧固件通孔及沉孔尺寸（GB/T 5277-1985，GB/T 152.2-152.4—1988）　　　　单位：mm

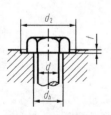
六角头螺栓用沉孔
GB/T 152.4-1988

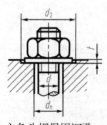
六角头螺母用沉孔
GB/T 152.4-1988

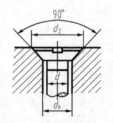
沉头用沉孔
GB/T 152.2-1988

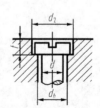
开槽螺钉用沉孔
GB/T 152.3-1988

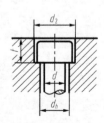
内六角圆柱头用沉孔
GB/T 152.3-1988

续表

螺栓或螺钉 直径 d		3	3.5	4	5	6	8	10	12	14	16	20	24	30	36	42	48
通孔直 径的 d_h	精装配	3.2	3.7	4.3	5.3	6.4	8.4	10.5	13	15	17	21	25	31	37	43	50
	中等 装配	3.4	3.9	4.5	5.5	6.6	9	11	13.5	15.5	17.5	22	26	33	39	45	52
	粗装配	3.6	4.2	4.8	5.8	7	10	12	14.5	16.5	18.5	24	28	35	42	48	56
六角头 螺栓和 螺母用 沉孔	d_2	9	—	10	11	13	18	22	26	30	33	40	48	61	71	82	98
	t	只要能制出与通孔轴线垂直的平面即可															
沉头用 沉孔	d_2	6.4	8.4	9.6	10.6	12.8	17.6	20.3	24.4	28.4	32.4	40.4	—	—	—	—	—
	t																
开槽圆 柱用 沉孔	d_2	—		8	10	11	15	18	20	24	26	33	—				
	t			3.2	4	4.7	6	7	8	9	10.5	12.5					
内六角 圆柱头 用沉孔	d_2	6		8	10	11	15	18	20	24	26	33	40	48	57	—	—
	t	3.4	—	4.6	5.7	6.8	9	11	13	15	17.5	21.5	25.5	32	38	—	—

表 D5　　　　　　　　　　砂轮越程槽（摘自 GB/T 6403.5－2008）　　　　　　　　单位：mm

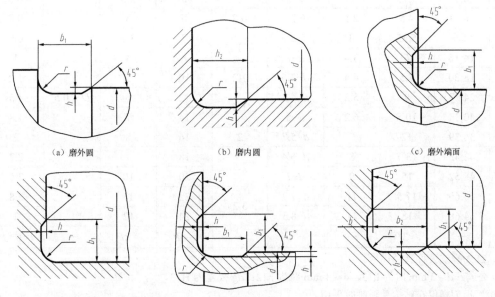

（a）磨外圆　　　　　　　　　（b）磨内圆　　　　　　　　　（c）磨外端面

（d）磨内端面　　　　　　　（e）磨外圆及端面　　　　　　（f）磨内圆及端面

b_1	0.6		1.0		0.6		2.0		3.0	4.0		5.0		8.0	10.0
b_2	2.0			3.0			4.0				5.0			8.0	10
h	0.1			0.2			0.3			0.4			0.6	0.8	1.2
r	0.2			0.5			0.8			1.0			1.6	1.6	3.0
d	～10						10～15					50～100		100	

注：① 越程槽内与直线相交处，不允许产生尖角。

　　② 越程槽深度 h 与圆弧半径 r 要满足 $r \leqslant 3h$。

表 D6 普通螺纹退刀槽和倒角（摘自 GB/T 3－1997）

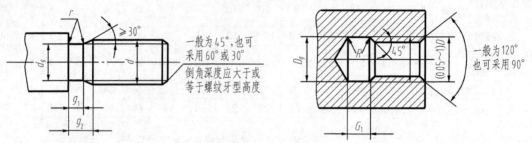

螺距 P	粗牙螺纹大径 d、D	外 螺 纹					内 螺 纹			
		g_2 max	g_1 min	dg	$r\approx$	G_1		Dg	$R\approx$
						一般	短的		
0.5	3	1.5	0.8	d−0.8	0.2	2	1		0.2
0.6	3.5	1.8	0.9	d−1		2.4	1.2		0.3
0.7	4	2.1	1.1	d−1.1		2.8	1.4	D+0.3	
0.75	4.5	2.25	1.2	d−1.2	0.4	3	1.5		0.4
0.8	5	2.4	1.3	d−1.3		3.2	1.6		
1	6;7	3	1.6	d−1.6		4	2		0.5
1.25	8;9	3.75	2	d−2	0.6	5	2.5		0.6
1.5	10;11	4.5	2.5	d−2.3	0.8	6	3		0.8
1.75	12	5.25	3	d−2.6		7	3.5		0.9
2	14;16	6	3.4	d−3	1	8	4		1
2.5	18;20	7.5	4.4	d−3.6	1.2	10	5		1.2
3	24;27	9	5.2	d−4.4		12	6	D+0.5	1.5
3.5	30;33	10.5	6.2	d−5	1.6	14	7		1.8
4	36;39	12	7	d−5.7	2	16	8		2
4.5	42;45	13.5	8	d−6.4		18	9		2.2
5	48;52	15	9	d−7	2.5	20	10		2.5
5.5	56;60	17.5	11	d−7.7		22	11		2.8
6	64;68	18	11	d−8.3	3.2	24	12		3
参考值	—	≈3P	—	—	—	=4P	=2P	—	≈0.5P

注：① d、D 为螺纹公称直径代号。

② dg 公差：$d>3$ mm 时为 h13，d≤3 mm 时为 h12；dg 公差为 H13。

③ "短" 退刀槽仅在结构受限制时采用。

表 E1　　　　　　　　　　　　　　　常用钢材牌号及用途

名称	牌号	应用举例
碳素结构钢	Q215 Q235	塑性较高，强度较低，焊接性好，常用作各种板材及型钢，制作工程结构或机器中受力不大的零件，如螺钉、螺母、垫圈、吊钩、拉杆，也可渗碳，制造不重要的渗碳零件
	Q275	强度较高，可制作承受中等应力的普通零件，如紧固件、吊钩、拉杆等，也可经热处理后制造不重要的轴
优质碳素结构钢	15 20	塑性、韧性、焊接性和冷冲性很好，但强度较低。用于制造受力不大、韧性要求较高的零件、紧固件、渗碳零件及不要求热处理的低负荷零件，热螺栓、螺钉、拉条、法兰盘等
	35	有较好的塑性和适当的强度，用于制造曲轴、转轴、轴销、拉杆、连杆、横梁、链轮、垫圈、螺钉、螺母等。这种钢多在正火和调质状态下使用，一般作焊接件用
	40 45	用于要求强度较高、韧性要求中等的零件，通常进行调质或正火处理。用于制造齿轮、齿条、链轮、轴、曲轴等；经高频表面淬火后可替代渗碳钢制作齿轮、轴、活塞销等零件
	55	经热处理后有较高的表面硬度和强度，具有较好的韧性，一般经正火或淬火、回火后使用。用于制造齿轮、连杆、轮圈及轧辊等。焊接性及冷变性均低
	65	一般经淬火中温回火，具有较高弹性，适用于制作小尺寸弹簧
	15Mn	性能与 15 钢相似，但其淬透性、强度和塑性均稍高于 15 钢。用于制作中心部分的力学性能要求较高且需要渗碳的零件。这种钢焊接性好
	65Mn	性能与 65 钢相似，适于制造弹簧、弹簧垫圈、弹簧环和片，以及冷拔钢丝（≤7 mm）和发条
合金结构钢	20Cr	用于渗碳零件，制作受力不太大、不需要强度很高的耐磨零件，如机床齿轮、齿轮轴、蜗杆、凸轮、活塞销等
	40Cr	调质后强度比碳钢高，常用作中等截面、要求力学性能比碳钢高的重要调质零件，如齿轮、轴、曲轴、连杆、螺栓等
	20CrMnTi	强度、韧性均高，是铬镍钢的代用材料。经热处理后，用于承受高速、中等或重负荷以及冲击、磨损等的重要零件，如热渗碳齿轮、凸轮等
	38CrMoAl	是渗氮专用钢种，经热处理后用于要求高耐磨性、高疲劳强度和相当高的强度且热处理变形小的零件，如镗杆、主轴、齿轮、蜗杆、套筒、套环等
	35SiMn	除了要求低温（−20°C 以下）及冲击韧性很高的情况，可全面替代 40Cr 作调质钢；亦可部分替代 40CrNi，制作中小型轴类、齿轮等零件
	50CrVA	用于（$\phi30\sim\phi50$）重要的承受大应力的各种弹簧，也可用做大截面的温度低于 400°C 的气阀弹簧、喷油嘴弹簧等

续表

名称	牌　　号	应 用 举 例
铸钢	ZG200-400	用于各种形状的零件，如机座、变速箱壳等
	ZG230-450	用于铸造平坦的零件，如机座、机盖、箱体等
	ZG270-500	用于各种形状的零件，如飞轮、机架、水压机工作缸、横梁等

表 E2　　　　　常用铸铁牌号及用途

名称	牌号	应用举例	说明
灰铸铁	HT100	用于制作低载荷和不重要零件，如盖、外罩、手轮、支架、重锤等	牌号中"HT"是"灰铁"二字汉语拼音的第一个字母，其后的数字表示最低抗拉强度（MPa），但这一力学性能与铸件壁厚有关
	HT150	用于制作承受中等应力的零件，如支柱、底座、齿轮箱、工作台、刀架、端盖、阀体、管路附件及一般无工作条件要求的零件	
	HT200 HT250	用于制作承受较大应力和较重要零件，如汽缸体、齿轮、机座、飞轮、床身、缸套、活塞、刹车轮、联轴器、齿轮箱、轴承座、油缸等	
	HT300 HT350 HT400	承受高弯曲应力及抗拉应力的重要零件，如齿轮、凸轮、车床卡盘、剪床、压力机的机身、床身、高压油缸、滑阀壳体等	
球墨铸铁	QT400-15 QT450-10 QT500-7 QT600-3 QT700-2	球墨铸铁可替代部分碳钢、合金钢，用来制造一些受力复杂，强度、韧性和耐磨性要求高的零件。前两种牌号的球墨铸铁具有较高的韧性与塑性，常用来制造受压阀门、机器底座、汽车后桥壳等；后两种牌号球墨铸铁具有较高的强度与耐磨性，常用来制造拖拉机或柴油机中的曲轴、连杆、凸轮轴，各种齿轮，机床的主轴、涡杆、涡轮，轧钢机的轧辊、大齿轮，大型水压机的工作缸、缸套、活塞等	牌号中"QT"是"球铁"二字汉语拼音的第一个字母，后面的两组数字分别表示其最低抗拉强度（MPa）和最小伸长率（$\delta \times 100\%$）

表 E3　　　　　常用有色金牌号及用途

名　　称		牌　　号	应 用 举 例
加工黄铜	普通黄铜	H62	销钉、铆钉、螺钉、螺母、垫圈、弹簧等
		H68	复杂的冷冲压件、散热器外壳、弹壳、导管、波纹管、轴套等
		H90	双金属片、供水和排水管、证章、艺术品等
	铅黄铜	HPb59-1	适用于仪器仪表等工业部门用的切削加工零件及抗磁零件等
加工锡青铜		QSn4-3	弹性元件、管配件、化工机械中耐磨零件及抗磁零件
		QSn6.5-0.1	弹簧、接触片、振动片、精密仪器中的耐磨零件
铸造锡青铜		ZCuSn10Pb1	重要的减磨零件，如轴承、轴套、涡轮、摩擦轮、机床丝杠螺母等
		ZCuSn5Pb5Zn5	中速、中载荷的轴承、轴套涡轮等耐磨零件
铸造铝合金		ZALSi7Mg（ZL101）	形状复杂的砂型、金属型和压力铸造零件，如飞机、仪器的零件，抽水机壳体，工作温度不超过 185℃ 的汽化器等
		ZALSi12（ZL102）	形状复杂的压力铸造零件，如仪表、抽水机壳体，工作温度在 200℃ 以下要求气密性、承受低载荷的零件
		ZALSi5Cu1Mg（ZL105）	砂型、金属型和压力铸造的形状复杂，在 225℃ 以下工作的零件，如风冷发动机的汽缸头、油泵壳体等
		ZALSi12Cu2Mg1（ZL108）	砂型、金属型铸造的、要求高温强度及低膨胀系数的高速内燃机活塞及其他耐热零件

表 E4 热处理名词解释（摘自 GB/T7232-1999）

名　词		解　释
热处理		将固态金属或合金采用适当的方式进行加热、保温和冷却以获得所需要的组织结构与性能的工艺
退火		将金属或合金加热到适当温度，保持一定时间，然后缓慢冷却的热处理工艺
正火		将钢材或钢件加热到 AC3（或 ACCM）以上 30°～50℃，保温适当的时间后，在静止的空气中冷却的热处理工艺
淬火		将钢件加热到 AC3 或 AC1 以上某一温度，保持一定时间，然后以适当速度冷却获得马氏体或贝氏体组织的热处理工艺
调质		钢件淬火及高温回火的复合热处理工艺
表面淬火	火焰淬火	仅对工艺表层进行淬火的工艺，一般包括感应淬火、火焰淬火等
	高频淬火	
深冷处理		钢件淬火冷却到室温后，继续在 0℃ 以下的介质中冷却的热处理工艺
回火		钢件淬硬后，再加热到 AC1 点以下的某一温度，保持一定时间，然后冷却到室温的热处理工艺
渗碳		为了增加钢件表面的含碳量和一定的碳浓度梯度，将钢件在渗碳介质中加热并保温使碳原子渗入表层的化学热处理工艺
渗氮（氮化）		在一定温度下使活性氮原子渗入工件表面的化学热处理工艺
时效处理		合金工件经固溶热处理后在室温或稍高于室温保温，以达到沉淀硬化目的（包括人工时效处理和自然时效处理）
发蓝发黑		将金属零件放在很浓的碱和氧化剂溶液中加热氧化，使金属表面形成一层氧化铁所组成的保护性薄膜
硬度		材料抵抗硬的物体压入其表面的能力称为硬度。根据测定的方法不同，可分为布氏硬度、洛氏硬度和维氏硬度

参 考 文 献

[1] 国家质量技术监督局. 国家标准机械制图. 北京：中国标准出版社，2004.

[2] 技术产品文件标准汇编.机械制图卷. 北京：中国标准出版社，2007.

[3] 中华人民共和国国家标准—产品几何技术规范（GPS）技术文件中表面结构表示法. 北京：中国标准出版社，2006.

[4] 中华人民共和国国家标准—产品几何技术规范（GPS）几何公差形状、方向、位置和跳动公差标注. 北京：中国标准出版社，2008.

[5] 金大鹰. 机械制图（机械类专业）. 北京：机械工业出版社，2007.

[6] 冯秋官. 机械制图. 北京：高等教育出版社，2004.

[7] 王其昌. 机械制图. 北京：人民邮电出版社，2008.

[8] 朱强. 机械制图. 北京：人民邮电出版社，2009.

[9] 朱辉等. 画法几何及机械制图. 上海：上海科学技术出版社，2003.

[10] 华中理工大学等. 画法几何及机械制图. 北京：高等教育出版社，1992.

[11] 金玲，张红. 现代工程制图. 上海：华东理工大学出版社，2008.